GEOPROCESSAMENTO NO SETOR ELÉTRICO
Aplicações Práticas

MARCOS AUGUSTO VILELA
Coordenador

GEOPROCESSAMENTO NO SETOR ELÉTRICO
Aplicações Práticas

editora Del Rey

Belo Horizonte
2022

Impresso no Brasil | *Printed in Brazil*

EDITORA DEL REY LTDA. www.editoradelrey.com.br

Editor: Arnaldo Oliveira

Editor Adjunto: Ricardo A. Malheiros Fiuza (*in memoriam*)

Coordenação Editorial: Letícia Neves

Revisão e Diagramação: Know-how Editorial

Design da Capa: Alfstudio

Editora:
Rua dos Goitacazes, 71 – Lojas 20 a 24
Centro – Belo Horizonte – MG
CEP 30190-050

Comercial:
Tel.: (31) 3284-3284
vendas@editoradelrey.com.br

Editorial:
editorial@editoradelrey.com.br
Tel.: (31) 2516-3340

G342 Marcos Augusto Vilela (coordenador).--
Geoprocessamento no setor elétrico: aplicações práticas /
Belo Horizonte : Del Rey, 2021.
234 p.: il. Formato 15,5 X 22,5 CM

Inclui bibliografias.
ISBN: 978-65-00-33972-7

1. Geoprocessamento. 2. Energia elétrica. 3. Gestão de negócios I. Vilela, Marcos Augusto. II. Título.

CDU: 528

Junio Martins Lourenço – bibliotecário – CRB 6 3167

APRESENTAÇÃO - ABDEM

A Associação Brasileira de Direito da Energia e do Meio Ambiente (ABDEM) é uma entidade sem fins lucrativos, instituída em 2018, que congrega membros de diversas áreas correlatas ao meio ambiente e energia, englobando advogados, engenheiros, geógrafos, dentre outros profissionais com atuação especializada em meio ambiente. O objetivo da ABDEM é reunir esses profissionais de formação multidisciplinar ligados às áreas do direito de energia e do direito ambiental, para aprofundar e promover o estudo de matérias relacionadas a estas áreas do direito, em bases jurídico-regulatórias, nacional e internacionalmente, como forma de garantir o intercâmbio de ideias, o auxílio mútuo, a harmonização de condutas e a concentração de esforços para oferecimento de cursos, seminários, palestras, publicações, entre outras atividades.

Os pilares e pontos norteadores da atuação da ABDEM são:

- **Disseminação do Conhecimento:** consistente na ministração de cursos, realização de eventos, workshops, campanhas, congressos, seminários e conferências na área do direito da energia e do meio ambiente.
- **Responsabilidade Social:** consistente na participação de Audiências e Consultas Públicas, bem como de Grupos de Trabalho, cujos temas centrais tenham relevância para a Associação, para os respectivos associados e para a sociedade.
- **Cooperação Internacional:** consistente na promoção e realização de formação interdisciplinar de lideranças do setor energético com especial interesse na segurança energética e na sustentabilidade ambiental.

A ABDEM tem como presidente o advogado e professor, Alexandre Sion. Sob sua gestão, a ABDEM vem se consolidando e fortalecendo como instituição de excelência, contando com eventos de altíssimo nível e publicações de obras jurídicas que revelam o alto gabarito do corpo interdisciplinar de membros da ABDEM, gerando frutos para as comunidades acadêmica e profissional.

É sob essa perspectiva de excelência que lançamos mais uma obra para tratar de temas tão caros à sociedade e ao desenvolvimento nacional. O livro *Geoprocessamento no setor elétrico:* aplicações práticas reflete a competência de um corpo de associados de alta envergadura e o compromisso da ABDEM com a difusão de conhecimento de qualidade para a população. Esperamos que o livro *Geoprocessamento no setor elétrico:* aplicações práticas seja fonte de estudos para todos que buscam conhecer as aplicações de Geoprocessamento no setor energético.

Canais de comunicação:

Site: https://www.abdem.org/

Instagram: https://www.instagram.com/abdem.oficial/

Linkedin:

Linkedin.com/company/abdemenergiaemeioambiente

PREFÁCIO

Sejam bem-vindos e bem-vindas, caros leitores e caras leitoras. Ao prefaciador incumbe uma tarefa, não raras vezes, demasiadamente árdua. Isto porque não se espera mero resumo, sequer um sumário dos trabalhos aqui compilados ou uma antecipação dos melhores pontos do livro. Ao prefaciador atribui-se o ônus da complementação, da contributividade, do acréscimo de sentido sem furtar-lhe ao livro o tema central. Cabe-lhe o magnetismo sem cair no enfado; a apresentação da temática sem esgotá-la; o prelúdio da obra sem conduzir o leitor ao desinteresse; cabe-lhe a anunciação do conteúdo ao leitor sem lhe tirar o apetite.

O mundo atual apresenta altas e novas exigências às quais importa-nos dar-lhes respostas a partir de instrumentos adequados, com uma atuação responsável, próxima e com a participação de diferentes atores sociais, incluindo, na medida do possível, toda a sociedade.

Essa característica de dinamicidade e constante devir também faz justiça à esfera ambiental e, consequentemente, aos setores que lhes são inerentes, como energia, mineração e saneamento. Com efeito, assim acontece de um modo muito sensível na área ambiental com uma indispensável sustentabilidade que deve permear seus processos.

O Setor Elétrico Brasileiro (SEB) tem sua importância reconhecida como uma indústria de base intimamente associada à melhoria da qualidade de vida da sociedade por ela atendida e responsável por ser o combustível a impulsionar a grande maioria das atividades econômicas do país.

A eletricidade apresenta-se, então, como artigo fundamental à garantia de bem-estar das pessoas e à viabilização de atividades diversas que uma sociedade demanda. Por certo, a ausência de energia elétrica traduz-se como um caos instalado na organização social; trata-se de um transtorno que reflete a dependência da sociedade atual de bem tão caro a todas e todos.

Aliada à importância do setor elétrico para o nosso desenvolvimento, ergue-se outra matéria de extrema relevância, fruto da evolução e aprimoramento constantes dos seres humanos, a inovação tecnológica. A tecnologia é uma ferramenta elementar para operação do sistema elétrico, com destaque, nessa obra, para a tecnologia de geoprocessamento, ferramenta eficiente para aplicações que utilizam mapas e sistemas cartográficos visando à automatização de tarefas de análises complexas e servindo à tomada de decisões nos processos de política e diretrizes da gestão setorial. Noutros termos, o geoprocessamento é entendido como um conjunto de tecnologias facilitadoras da análise integrada das operações de coleta, processamento, análise e visualizações de dados e informações com referência espacial.

A bem da verdade, o geoprocessamento desponta-se como um instrumento apto a ser aplicado em diversas áreas de atuação. Quando aplicado ao setor elétrico as esferas mais beneficiadas pela tecnologia são as que envolvem, dentre outras, o planejamento, dimensionamento e construção de demandas, o inventário patrimonial, a proteção do sistema de geração, transmissão e distribuição e sua manutenção. A tecnologia permite, dessa forma, realizar interações entre os diferentes parâmetros ambientais, bem como realizar a avaliação integrada e um gerenciamento de dados espaciais cada vez mais sólido no setor elétrico.

Tendo em vista que interrupções programadas – nos casos de construção, ampliação e manutenção da rede elétrica –; momentâneas ou não programadas são suscetíveis de ocorrer no sistema elétrico, o geoprocessamento ergue-se como instrumento elementar para a execução precisa, segura, em conformidade com requisitos elétricos preestabelecidos e definidos pela concessionária de energia elétrica ou órgão regulador, despontando como matéria merecedora de grande atenção.

Justamente pela ascensão da discussão no Brasil, a obra faz-se tão importante, com temas que permeiam as geotecnologias e análises ambientais para uma exploração em sua total potencialidade, incluindo, dentre outras, a aplicação do geoprocessamento no processo de regularização fundiária; na gestão de Usinas Hidrelétricas; na gestão estratégica de dados de fontes de energias renováveis; na governança de informações geográficas no setor elétrico; no desenvolvimento de algoritmos que facilitem os processos de detecção de plantas aquáticas que prejudiquem a geração das Usinas Hidrelétricas e na análise espacial de sistemas de transmissão de energia para orientação do processo de licenciamento ambiental.

A interdisciplinaridade é característica marcante dos textos, muito em razão da multiplicidade de formação dos autores, que enveredam pelas áreas da Geografia, Engenharias, Biologia, Agronomia, Saneamento, entre outras. Essa diversidade, contudo, foi um fator de enriquecimento da obra, tratando de temas e problemas comuns a tais áreas e fazendo-se conhecer as experiências práticas e teóricas dos autores.

A presente obra possibilita o acesso de um número relevante de pessoas interessadas aos contributos de grande valor que aqui foram apresentados, tratando de temas atuais e pertinentes aptos a presentear os leitores com conhecimento de qualidade.

Alexandre Oheb Sion
Presidente da ABDEM

NOTA DO COORDENADOR

A publicação do livro Geoprocessamento no setor elétrico: aplicações práticas é um antigo sonho que nutro desde a minha formação em Geografia e meu interesse pelo setor de energia. Vivendo no triângulo mineiro região que concentra várias hidrelétricas o tema foi sempre pauta nos projetos de graduação, especialização e tema de minha dissertação de mestrado. A Geografia estuda em sua essência a distribuição espacial de fenômenos significativos na paisagem que remetem a relação entre o homem e o meio em que habita e transforma. Ao mudar uma palavra nesta afirmação temos: A Geografia estuda em sua essência a distribuição espacial de fenômenos significativos na paisagem que remetem a relação entre um empreendimento e o meio em que habita e transforma.

Quando avaliamos sobre esta ótica da transformação do meio através da instalação e operação de um empreendimento, nenhum setor tem tanta abrangência quanto o setor elétrico, talvez por isso sua relação com geoprocessamento seja tão profunda. O setor elétrico compreende empreendimentos de geração, transmissão e as redes de distribuição de energia, estão presentes no tecido urbano, nos quilômetros de unidades lineares que abrangem as faixas de servidão e na concepção e impacto da instalação de sites de geração.

O geoprocessamento se explica como o conjunto de técnicas e ferramentas que permitem ao analista modelar o mundo real em ambiente computacional, é uma ferramenta da Geografia para potencializar a análise e diagnóstico deste processo de transformação do meio a partir da instalação e da operação de tal empreendimento.

Historicamente as aplicações de geoprocessamento no setor elétrico tiveram uma rápida ascensão, sendo este setor o que mais investe em sistemas de informação geográfica no Brasil e o maior consumidor de licenças de softwares especialistas de SIG comparado a todos os outros setores. Este consumo de soluções de geoprocessamento pelas empresas do setor elétrico pode ser explicado em dois momentos: o primeiro é a necessidade de competitividade em um setor tão concorrido, seja nos estudos de viabilidade para leilões ou na necessidade de redução de custos operacionais em redes e empreendimentos de grande ocupação territorial. Em um segundo momento estão as demandas regulatórias da Agência Nacional de Energia Elétrica que utiliza o geoprocessamento como ferramenta de análise e fiscalização desde o início da década de 2000, demandando para as concessionárias diversas normas regulatórias como a entrega de base de ativos georreferenciados em banco de dados geográficos ocasionando o aumento do consumo de soluções se Sistemas de Informação Geográfica (SIG)

Apesar do uso amplo por diversas concessionárias, principalmente como ferramenta da agência reguladora, não existia a publicação de qualquer livro que trouxesse o tema para estudantes e profissionais de geoprocessamento e do setor elétrico. Por essa razão, ressalto a importância desta obra para a consolidação desta tecnologia como ferramenta de uso intensivo no planejamento, implantação e na operação de ativos de energia elétrica. O livro Geoprocessamento no setor elétrico: aplicações práticas foi pensado em um formato que remete ao antigo Encontro Nacional de Geoprocessamento no Setor Elétrico – ENGEO, organizado pelas empresas do grupo Eletrobrás com sua última edição em 2014. Para a sua construção, foram convidados autores que atuam nas principais empresas de energia do Brasil, assim como em empresas de tecnologia que prestam serviço especializado no setor elétrico.

Recentemente, o geoprocessamento passou a permear os canteiros de obras e as vistorias de manutenção e operação dos empreendimentos. O avanço tecnológico, portanto, possibilitou a saída do SIG do departamento técnico, antes utilizado e manuseado somente por cartógrafos, geógrafos e analistas de geoprocessamento, para a esfera de gestão e conquistou novas áreas usuárias, propiciando um novo modo de trabalho integrado e, inserindo o território no status que sempre lhe deveria ter sido dado, o de denominador comum em uma implantação ou operação de um grande empreendimento, integrando sob uma única plataforma diversas áreas usuárias. A base em que todos produzem informação e em que todos podem consumir esta informação de forma integrada e complementar.

O uso múltiplo e integrado de uma mesma aplicação de geoprocessamento, neste momento, tornou-se tangível com avanço tecnológico e potencializou a ruptura de silos e departamentos. Trouxe para uma única plataforma, dados e aplicações, gerando subsídios técnicos para o setor de meio ambiente, fundiário, O&M e engenharia dentro de uma empresa de energia.

A compilação de artigos buscou autores que atuam no Instituto Brasileiro do Meio Ambiente e dos Recursos Naturais Renováveis – Ibama, responsável pela regulação ambiental de instalação e operação dos empreendimentos e que atuam na Empresa de Pesquisa Energética – EPE, responsável pelo planejamento do setor energético no Brasil. Dentre as empresas que estão aqui representadas por seus colaboradores especialistas em SIG, destacamos no setor elétrico a CPFL, CTG, Chesf, Eletrosul, Engie e Copel. No setor tecnológico a OPT GIS e o programa de pós-graduação em Geografia da Universidade de São Paulo, totalizando 13 artigos com aplicações práticas. O objetivo é trazer estudos de caso de como estas instituições aplicam esta tecnologia e como é possível potencializar ganhos operacionais com redução de custos, utilizando ferramentas tecnológicas como geoprocessamento no setor elétrico.

O conjunto de artigos demonstra na prática como as empresas utilizam do geoprocessamento e os resultados analíticos desses usos. Este conjunto representa uma pequena parte de todo o potencial de aplicação de GIS neste setor e, provavelmente, será complementado por outras edições desta publicação, para abranger outras empresas de igual relevância para o setor.

Por fim, convido a uma leitura com senso crítico para cada um dos artigos apresentados e reforço o caráter desta publicação de uma primeira referência literária para este tema tão atual e importante dentro do setor elétrico e da Geografia.

Marcos Augusto Vilela
Coordenador

SUMÁRIO

1

GESTÃO ESTRATÉGICA DE DADOS ESPACIAIS PARA REGULARIZAÇÃO FUNDIÁRIA NO SETOR DE ENERGIA EÓLICA E SOLAR

*Rafael Oliveira Eugênio**

*Lucas Antonio Providelo***

1 INTRODUÇÃO

Durante a década de 1970, atravessando uma crise energética a exemplo de outros países, o Brasil inicia os estudos do aproveitamento energético do vento, com o processamento de dados anemométricos medidos em aeroportos, realizado pelo Instituto de Atividades Espaciais no Centro Técnico Aeroespacial, IAE/CTA, e com o primeiro Atlas do levantamento Preliminar do Potencial Eólico Nacional em 1979 (CRESESB, 2001).

O cenário evolutivo do mapeamento do potencial eólico no Brasil, aliado à reestruturação do setor elétrico brasileiro, resultou em investimentos em estudos de modelos representativos da paisagem em escala de detalhe, instalação de torres meteorológicas em grandes alturas, estimulando, assim, a publicação dos *Atlas do Potencial Eólico Brasileiro* e *Atlas de Potencial Eólico dos estados do Ceará*, em 2001; da Bahia, em 2002; do Rio de Janeiro, em 2002; Rio Grande do Sul, em 2002; Rio Grande do Norte, em 2003; Paraná, em 2007; Espírito Santo, em 2009; Minas Gerais, em 2010; São Paulo, em

* Graduado em Engenharia Ambiental pela Universidade Federal de Itajubá, com Especialização em Geoprocessamento pela PUC Minas e MBA em Gestão Estratégica e Econômica de Projetos pela FGV. Possui experiência profissional de 14 anos no setor elétrico nas áreas de geoprocessamento fundiário e ambiental.

** Graduado em geografia pela UNESP, mestrado em Análise Espacial Territorial pela UNESP, especialista em Gestão Ambiental e Negócios do Setor Elétrico pela IEE /USP, MBA em Design Estratégico e Inovação do Istituto Europeo di Design – IED São Paulo e Doutorando em Geociência pela Unicamp. Possui experiência profissional de 13 anos no setor elétrico nas áreas de geoprocessamento, desenvolvimento de projetos fundiário e ambiental.

2012; e Bahia, em 2014, com o objetivo de subsidiar os novos investidores de energias renováveis em todo território brasileiro.

Após o estabelecimento da energia eólica e do mercado de energias renováveis, em 2017 é lançado, pelo Instituto Nacional de Pesquisas Espaciais (INPE), o *Atlas de Energia Solar*, com informações sobre o potencial de geração de energia elétrica a partir da matriz fotovoltaica do país, ampliando as possibilidades de negócios para investidores e, ao mesmo tempo, diversificando a matriz energética renovável do país.

No desenvolvimento, construção e operação de empreendimentos de geração eólica e solar, o conjunto de variáveis para viabilizar os projetos é grande, contemplando desde aspectos técnicos de engenharia frente ao território até aspectos legais como restrições ambientais e fundiárias.

A coleta e o tratamento dos dados, em especial os dados fundiários das áreas dos projetos, são fundamentais para o sucesso de viabilização desses projetos, o que torna um desafio constante para os empreendedores o investimento no território brasileiro.

Entretanto, as respostas do território brasileiro, frente ao novo processo de ocupação, revelaram problemas originados por anos de políticas públicas falhas relativas à regularização fundiária, por falta de investimento em infraestrutura, pelo atraso tecnológico e pela ausência de uma cultura de planejamento a longo prazo.

Desse modo, como saber onde estão os dados fundiários? Quantos são? Como estão? A quem pertencem as porções territoriais de maior potencial energético? Como a regularização fundiária se torna estratégica para o processo de locação e exploração de um recurso energético e para o sucesso do negócio? Quais as iniciativas e desafios frente à aquisição e disponibilização de dados do território brasileiro?

Diante do exposto, neste capítulo abordaremos como o geoprocessamento serve de ferramenta para auxiliar na gestão dos dados para o sucesso dos projetos eólicos e solares em zonas rurais brasileiras, e como ele pode contribuir, não apenas para o empreendedor, mas também para a regularização do imóvel e do proprietário rural.

2 BASE DE DADOS GEOGRÁFICOS PARA PROSPECÇÃO E GESTÃO DOS RECURSOS ENERGÉTICOS

O mapeamento da paisagem local de acordo com Castro (2002) é realizado por técnicas de geoprocessamento e sensoriamento remoto, para entidades nela inseridas (casa, florestas, rio, montanha etc.) representadas por pontos, linhas (conjunto de pontos ligados) e polígonos (série de linhas ligadas ou pontos contíguos), seguidas da listagem de seus atributos (dados matriciais) com limites e localização, que apresentam uma escala nominal, ordinal ou intervalar, configurando-se, assim, na "informação espacial", que, segundo Câmera e Medeiros (1996), tem propriedades de localização no espaço por meio de conceitos topológicos (vizinhança, pertinência), métricos (distância) e direcionais ("ao norte de", "acima de"), apresentado uma ideia de conjunto de objetos georreferenciados.

Entre as tecnologias mais sofisticadas utilizadas pelo geoprocessamento, está o Sistema de Informações Geográficas (SIG), que, de acordo com Druck; Carvalho; Câmara; Monteiro (2004), é definido como um complexo banco de dados que permite armazenar e gerenciar uma enorme quantidade de dados dispostos, coletar informações por imagens orbitais (sensoriamento remoto) e outros periféricos como GPS, bases totais, fotografias digitais, em diferentes épocas, produzindo informações espaciais em diferentes formatos como tabelas, gráficos e mapas.

Em decorrência do avanço tecnológico das últimas décadas, as informações espaciais estão disponíveis em quantidade e qualidade nas plataformas de softwares livre ou pagas, para serem utilizadas em larga escala tanto por governos como pela iniciativa privada, em várias fases de um projeto de energia eólica e solar.

A plataforma mais utilizada e distribuída aos estados é a i3Geo, desenvolvida para o acesso e a análise de dados geográficos, em softwares livres, principalmente MapServer, cujo objetivo é difundir o uso do geoprocessamento como instrumento técnico-científico e implementar uma interface genérica para acesso aos dados geográficos existentes em instituições públicas, privadas ou não governamentais. Ela é utilizada por: Acervo Fundiário/ Incra (MAPAS.FUNDIÁRIO), Mapas Ipea/Ipea (MAPAS.IPEA), Funai (MAPAS.FUNAI), MMA (MAPAS.AMBIENTAIS), entre outras inúmeras secretarias de meio ambiente, agências, ONG e ministérios.

Além do acesso à base de dados do site do IBGE (CARTOGRAFIA), há o Mapbiomas, do qual é possível extrair informações de curvas de nível, fotografias aéreas, de vegetação entre outros.

Desse modo, é possível observar que há grande disponibilidade de informações cartográficas para os estudos de projetos eólicos e solares presentes e futuros, no território brasileiro, que, aliada ao trabalho de campo para o levantamento de dados secundários, representa, hoje, o sucesso dos investidores em energias renováveis.

3 ASPECTOS E DADOS FUNDIÁRIOS DO TERRITÓRIO BRASILEIRO

De acordo com Kageyama (1993), no Brasil, três momentos históricos definem o papel da terra, por meio da propriedade, determinando o curso das mudanças políticas do país. O primeiro momento se dá com a promulgação da Lei de Terras (1850); o segundo momento compreende os anos 1920-1930, por meio do questionamento quanto ao tipo de propriedade – latifúndio improdutivo – pelos tenentistas; e o terceiro, no final dos anos 1950 e início de 1960, quando o campesinato surge como ator político na defesa, entre outras propostas, de uma reforma agrária que possibilitasse o desenvolvimento rural por meio de uma distribuição mais igualitária de terras.

De acordo com o art. 4°, inciso I, da Lei Federal n. 4.504, de 30 de novembro de 1964 (Estatuto da Terra), o imóvel rural é definido como "prédio rústico, de área contínua, qualquer que seja a sua localização, que se destina à exploração extrativa agrícola, pecuária ou agroindustrial, quer por meio de planos públicos de valorização, quer através de iniciativa privada".

O processo de regularização fundiária que diz respeito à posse e ao uso da terra para imóvel rural está compreendido em dois sistemas – o Sistema de Registro ou Sistema de Livro da Terra, sob responsabilidade dos cartórios de registro de caráter jurídico; e o Sistema de Cadastro de Imóveis da Propriedade sob Responsabilidade do Instituto de Colonização e Reforma Agrária (Incra), de características legais, fiscais e de uso da terra. Entretanto, nenhum dos sistemas conseguiu, segundo Gobbo (2011), contornar a irregularidade da estrutura fundiária brasileira, que resulta da consolidação de distintos processos de ocupação do território ocorridos ao longo da história, que contaram com a inexistência, a inexecução e a ineficiência de políticas públicas, além da ineficácia de algumas legislações.

O regime de cadastro ou sistema de livro da terra é um documento jurídico, segundo Arruda (2011), sujeito à nulidade de provas, no qual se concentram e atestam-se direitos de propriedade sobre imóveis declarados, representados por meio da matrícula imobiliária – inclusive nos casos de posse com ou sem título –, o imóvel rural a que se refere, quer seja representada por uma única propriedade imobiliária, quer seja pelo grupamento dessas propriedades (§ 3°, do art. 46, da Lei n. 4.504, de 30/11/1964), devendo nela constar: a descrição do imóvel, confrontantes; o código do imóvel e os dados constantes do CCIR; medidas perimetrais e certificação do Incra.

Cada matrícula, segundo Arruda (2011), representa uma unidade imobiliária, mas nada impede que o proprietário requeira ao oficial de registro a unificação das áreas descritas em suas matrículas, desde que a fusão dessas matrículas (ou transcrições) seja juridicamente possível, providência esta que resultará em uma nova matrícula com a descrição do perímetro total dessas áreas, formando-se, assim, uma nova unidade imobiliária.

Entretanto, o retrato denunciado em pesquisa realizada em 2013 pelo Sindicato Nacional dos Peritos Federais Agrários, identificou que, dos 5.565 municípios brasileiros, 1.354 têm sobrecadastramento, o que representa cerca de um em cada quatro, ou ganho de área de dois estados de São Paulo ou 600 mil km² ao território brasileiro de 8,5 milhões de km². Como exemplo é citado o caso do município de Ladário (MS), com área de 34.250 hectares segundo o IBGE, porém a soma dos 139 imóveis registrados chega a 397.999 hectares.

Por essas razões, e também em decorrência do sistema de garantias e direitos estabelecido pela Constituição Federal de 1988 (CF/88), a regularização fundiária foi alçada à prioridade nas agendas das instituições governamentais ligadas aos Poderes Executivo, Legislativo e Judiciário, que, em conjunto, vêm buscando alternativas para a resolução deste grave problema com criação de leis, normas e infraestrutura, firmando uma mudança radical e uma completa reestruturação no Sistema Fundiário Brasileiro envolvendo setores fundamentais como o Cadastro e o Registro.

Neste esforço coletivo, a Lei n. 10.267/01 e seus instrumentos legais complementares são considerados o marco regulatório no Processo de Regularização Fundiária, pois estabelece a implementação gradativa de moderna tecnologia de precisão com georreferenciamento para levantamento e registro das delimitações e contornos dos imóveis rurais, no referido cadastro e nos registros imobiliários das propriedades rurais.

O procedimento de certificação de imóveis rurais passou a ser realizado de forma automatizada, por meio do Sistema de Gestão Fundiária (Sigef), uma plataforma *online* de parceria com Cartórios de Registro de Imóveis e Incra, trazendo maior dinamismo ao procedimento e possibilitando a geração de documentos (planta e memorial descritivo) atualizados com os dados de domínio do imóvel.

Entre as atualizações da Norma de Execução Incra/DF n. 2 de 19 de fevereiro de 2018, o Incra estabeleceu critérios para aplicação e avaliação de produtos gerados a partir de aerofotogrametria para determinação de coordenadas de vértices definidores de limites de imóveis rurais em atendimento ao § 3° do art. 176 da Lei n. 6.015 (sigef.gov.br, 2021)

Em avanço na regularização fiscal dos imóveis, o governo Federal criou o Sistema Nacional de Gestão de Informações Territoriais (Sinter), instituído pelo Decreto n. 8.764, de 10 de maio de 2016, como ferramenta de gestão pública que integrará, em um banco de dados espaciais, o fluxo dinâmico de dados jurídicos, produzidos pelos serviços de registros públicos, ao fluxo de dados fiscais, cadastrais e geoespaciais de imóveis urbanos e rurais produzidos pela União, pelos Estados, pelo Distrito Federal e pelos Municípios (MINISTÉRIO DA ECONOMIA, 2021).

Entre os objetivos do Sinter, tem-se a integração entre informações agregadas de fontes diversas sobre imóveis que permitirá a visão do território brasileiro em um mapa parcelário contínuo vinculado às informações cadastrais, econômicas, fiscais, registrais, geoespaciais e temáticas (MINISTÉRIO DA ECONOMIA, 2021).

A Lei n. 13.465, de 11 de julho 2017, dispõe sobre a regularização fundiária rural e urbana, sobre a liquidação de créditos concedidos aos assentados da reforma agrária e sobre a regularização fundiária no âmbito da Amazônia Legal; institui mecanismos para aprimorar a eficiência dos procedimentos de alienação de imóveis da União; e dá outras providências (BRASIL, 2017).

Quanto à regularização ambiental do imóvel rural, foi criado pela Lei n. 12.651/2012, no âmbito do Sistema Nacional de Informação sobre Meio Ambiente (Sinima), e regulamentado pela Instrução Normativa MMA n. 2 de 5 de maio de 2014, o Cadastro Ambiental Rural (CAR), que é um registro público eletrônico de âmbito nacional, obrigatório para todos os imóveis rurais, com a finalidade de integrar as informações ambientais das propriedades e posses rurais referentes à situação das Áreas de Preservação Permanente (APP), das áreas de Reserva Legal, das florestas e dos remanescentes de vegetação nativa, das Áreas de Uso Restrito e das áreas consolidadas, compondo base de dados para controle, monitoramento, planejamento ambiental e econômico e combate ao desmatamento (MINISTÉRIO DA AGRICULTURA, AGROPECUÁRIA E ABASTECIMENTO, 2021).

A inscrição no CAR é o primeiro passo para obtenção da regularidade ambiental do imóvel e contempla: dados do proprietário, possuidor rural ou responsável direto pelo imóvel rural; dados sobre os documentos de comprovação de propriedade e/ou posse; e informações georreferenciadas do perímetro do imóvel, das áreas de interesse social e das áreas de utilidade pública, com a informação da localização dos remanescentes de vegetação nativa, das APP, das áreas de Uso Restrito, das áreas consolidadas e das Reservas Legais (MINISTÉRIO DA AGRICULTURA, AGROPECUÁRIA E ABASTECIMENTO BRASILEIRO, 2021).

Segundo Gobbo (2011), o mosaico de irregularidades fundiárias tornou-se gerador de conflitos e entrave ao desenvolvimento socioeconômico do país, uma vez que, destituído de registro imobiliário ou sendo este precário, o imóvel não gera segurança jurídica quanto aos direitos e ônus a ele referentes – não se pode falar em direito de propriedade – e, portanto, torna-se deficiente ao integrar o mercado formal como bem capaz de gerar e distribuir riqueza (desenvolvimento).

4 SISTEMAS DE INFORMAÇÃO GEOGRÁFICAS COMO INSTRUMENTO DE ATENDIMENTO DE REQUISITOS FUNDIÁRIOS EM PROJETOS DE ENERGIA

De acordo com Talaska (2011), o conhecimento sistemático da estrutura fundiária é fundamental para o conhecimento do território, de sua ocupação e do seu uso, e o georreferenciamento dos imóveis rurais é a ferramenta propícia para a coleta de tais informações, por possibilitar a constituição de uma base cartográfica, precisa e acurada, que pode ser utilizada nas mais diversas análises espaciais, voltadas às necessidades de instituições públicas ou privadas.

A partir do cenário crítico de regularização fundiária para a viabilização de projetos de energias renováveis, a EPE (Empresa de Pesquisa Energética) lançou em 2012 uma Metodologia para a Análise Socioambiental Integrada, na qual fica claro o conhecimento desta realidade, definindo a regularização fundiária como um dos temas prioritários para gestão ambiental do setor energia. Esta Metodologia identificou o Nordeste como a região de maior potencial eólico, área crítica para trabalhos de regularização fundiária de propriedades, onde o histórico de ocupação irregular e as dificuldades de regularização fundiária, especialmente nas áreas litorâneas, podem dificultar a viabilização do aproveitamento do seu grande potencial eólico devido à falta de documentação e de registro de propriedades para a habilitação técnica nos leilões de energia.

Pois, diferentemente de empreendimentos de geração hidrelétrica no país, para cuja implantação das estruturas das usinas com seus respectivos reservatórios e APP, é necessária a desapropriação total ou parcial de imóveis rurais, no setor eólico e solar houve novas formas de relacionamento junto ao uso do solo na região potencial de geração de energia, como locação/arrendamento ou mesmo a aquisição do imóvel.

Pela regulação do setor elétrico, temos a atualização da normativa de DUP (Declaração de Utilidade Pública) para os empreendimentos de geração e transmissão, obtida de acordo com a Resolução Normativa Aneel n. 919, de 23 de fevereiro de 2021, a qual atualizou os procedimentos gerais para requerimento de DUP de áreas de terra necessárias à implantação de instalações de geração e de transporte de energia elétrica por concessionários, permissionários e autorizados (gov.br, 2021).

Em função da inexistência do instrumento para Declaração de Utilidade Pública pela Aneel para as áreas de potenciais eólicos e solares, e também devido aos poucos dados históricos de ventos e radiação, os empreendedores optam por ter um instrumento temporário no compartilhamento de uso do solo com os proprietários dos imóveis para as fases de desenvolvimento, implantação e operação dos projetos, sendo necessário realizar ações de regularização fundiária para ter a segurança jurídica necessária ao empreendimento ao longo da sua outorga .

De acordo com o Manual da EPE, versão 2021, para habilitação técnica de projetos eólicos e solares em leilões de energia, caso os imóveis utilizados sejam de propriedade de terceiro (não responsável pela solicitação da habilitação técnica), deve ser apresentada, conforme o caso, a promessa de compra e venda, o instrumento de concessão de direito real de uso ou o contrato (contrato de locação, arrendamento, comodato etc.), celebrado entre o proprietário do imóvel e o agente interessado, que vincule o uso ou a disposição do local a ser destinado ao empreendimento (EPE, 2021).

E ainda de acordo com Manual, a certidão de registro de quaisquer imóveis utilizados no projeto, estejam eles inseridos em área rural, urbana ou em área sobre qualquer outra localização e denominação, deverá conter obrigatoriamente a averbação do seu georreferenciamento, que deverá trazer a descrição de toda a área a que se referir a matrícula apresentada e deverá ser executada de acordo com a norma técnica específica para tal finalidade (EPE, 2021).

Além da regularização do georreferenciamento de acordo com a Norma do Incra e demais registros nos cartórios de registro de imóveis, os imóveis rurais também são submetidos às regularizações para atendimento ao processo de licenciamento ambiental dos empreendimentos, sejam eles parques eólicos, parques solares ou mesmo as linhas de transmissão associadas a eles. Neste tipo de regularização, pode-se citar o CAR.

Como exemplo do exposto, no processo administrativo de Autorização para Supressão Vegetal para Uso Alternativo do Solon. 22400513-Sinaflor emitido pelo Idema (Instituto de Desenvolvimento Sustentável e Meio Ambiente do Rio Grande do Norte), em 26 de abril de 2021, pode-se checar a citação do CAR como documento fundamental para implantação de uma usina eólica em duas das 16 condicionantes listadas no Quadro 1.1.

Quadro 1.1 Condicionantes de autorização de supressão vegetal.	
2.4	O Empreendedor deverá respeitar as áreas de vegetação nativa remanescente determinada no Cadastro Ambiental Rural (CAR) do imóvel como Reserva Legal, ficando proibido de exercer suas atividades ou de realizar quaisquer tipos de interferências nas referidas áreas. O Empreendedor fica obrigado ainda a informar expressamente ao proprietário do imóvel para que este delimite em campo toda a área proposta para a Reserva Legal, com marcos e placas, recomendando o seu cercamento, objetivando a sua preservação e evitando o pisoteio da área pela entrada de animais de criação e domésticos.
2.12	O Empreendedor NÃO poderá realizar qualquer tipo de intervenção (supressão vegetal) em área destinada ao abrigo das Reservas Legais averbadas e/ou propostas e em faixas de Área de Preservação Permanente – APP constantes na área e/ou declaradas no CAR – Cadastro Ambiental Rural.

Fonte: IDEMA, 2021.

Em resumo, sobre os requisitos necessários para regularização fundiária do imóvel em projetos de energia eólica e solar, bem como suas linhas de transmissão associadas, temos o fluxograma conforme a Figura 1.1. Neste fluxo do processo fundiário, observa-se o ciclo de vida do projeto em suas fases de prospecção e desenvolvimento, construção e operação.

Em paralelo ao ciclo do projeto, pode-se verificar como os dados fundiários são lapidados ao longo do processo até a construção da usina, com descartes de imóveis não aptos inicialmente e adoção de regularizações e adequações para aptidão.

Em contrapartida, após a construção da usina, a gestão das áreas e imóveis adiciona mais dados que surgem ao longo da outorga e, assim, o SIG entra como ferramenta de apoio na gestão dos projetos e empreendimentos.

As diretrizes do fluxo tomaram como base os requisitos fundiários do manual de cadastramento de projetos na EPE para participação em leilões de energia elétrica. Analogamente, essas diretrizes podem também ser adotadas em mercados livres de energia.

5 IMPACTOS DA REGULARIZAÇÃO FUNDIÁRIA NO TERRITÓRIO BRASILEIRO POR MEIO DO SETOR DE ENERGIAS RENOVÁVEIS

Para Guedes e Reydon (2003), a regularização fundiária apresenta três dimensões que reforçam sua realização de forma eficaz: 1) em seus efeitos sobre o desenvolvimento do sistema financeiro, viabilizando o uso da terra legal como garantia hipotecária; 2) o crescimento econômico em geral, ao impulsionar o investimento, reforçar uma alocação mais eficiente e menos custosa dos recursos e transformar a terra em um ativo; 3) o bem-estar ao reduzir ou eliminar o conflito fundiário.

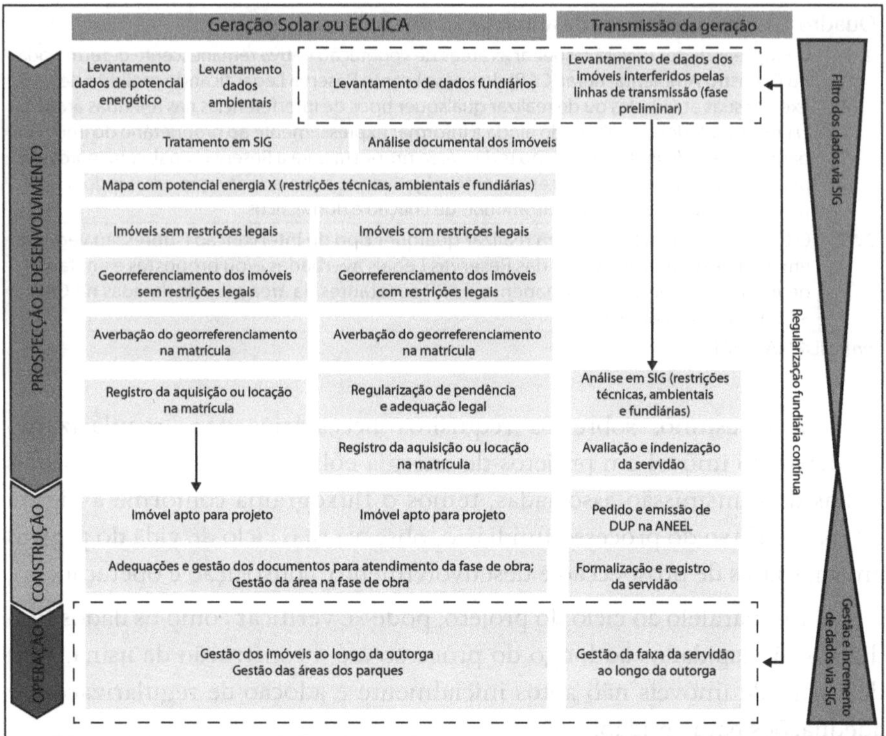

Figura 1.1 SIG no processo de regularização fundiária em projetos solares e eólicos.

Fonte: desenvolvida pela autoria do capítulo.

Ilustrando a declaração de Guedes e Reydon (2003), temos a Figura 1.2 com as três dimensões citadas e, no centro, a Regularização Fundiária, que possibilita as relações comerciais com imóveis, em especial no setor de energias renováveis.

De acordo com Reis e Vilas Boas (2017), as três dimensões citadas por Guedes e Reydon (2003) são reforçadas, e concluem que a regularização fundiária torna-se necessária, útil e adequada nas hipóteses em que a ilegalidade da propriedade ou da posse se apresenta como problema social com potencialidade para gerar grandes conflitos urbanos ou rurais, ou colocar em risco a integridade física e patrimonial das pessoas, além de gerar ou agravar a iniquidade social e os impactos ambientais. Tanto por questões de melhoria da produtividade agropecuária (no âmbito rural) como por razões ambientais ou de equidade social (nos dois casos, urbana e rural), a regularização fundiária revela-se um elemento importante para o desenvolvimento sustentável, que deve cdeve ser conciliado a geração de riqueza com equidade social e proteção ambiental.

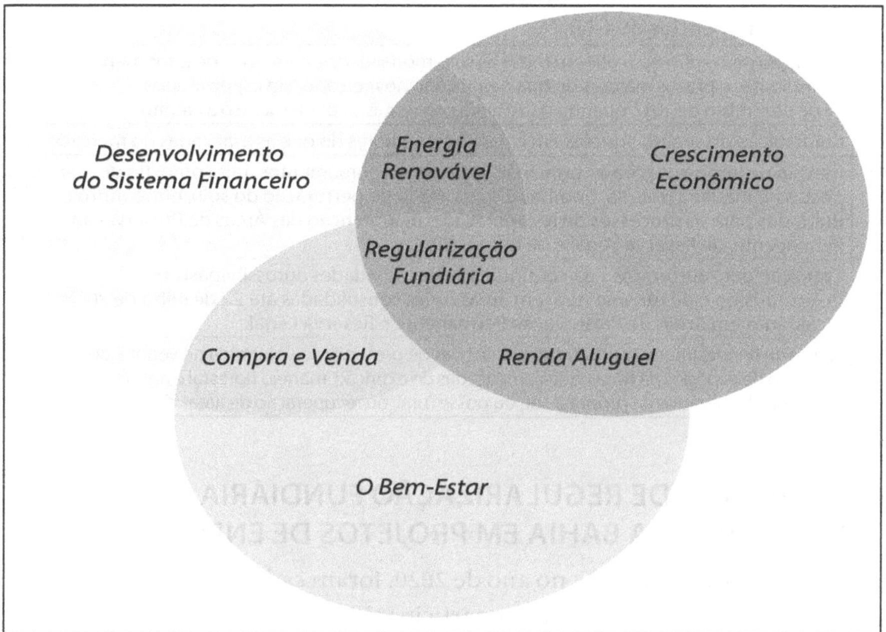

Figura 1.2 Dimensões da regularização fundiária.

Fonte: adaptada pela autoria do capítulo.

Conforme publicado pela *Revista Brasil Energia*, de abril de 2021, os 695 parques eólicos nacionais, a maior parte deles no Nordeste do Brasil (599), provocaram aumento médio do PIB real maior nos municípios onde estão instalados do que outros no mesmo Estado onde os aerogeradores não foram instalados. A conclusão é da GO Associados, encomendada pela ABEEólica, para a qual, no período de 1999 a 2017, a instalação de parques eólicos aumenta em média 21,7% o PIB real dos municípios e em 19,69%, o PIB *per capita*.

Para Sobrinho Júnior (2020), os agricultores afirmaram que é possível conciliar a atividade agrícola com a atividade eólica, sem maiores repercussões nos lotes rurais e sem conflitos aparentes entre agricultores e empresa operadora dos parques. Porém, alguns agricultores identificam perdas na cultura do caju provocadas pela poeira gerada na construção dos parques, o que foi confirmado pelos dados oficiais do IBGE.

Quanto à regularização do CAR, são diretamente listados nas instruções gerais os benefícios para o proprietário que inscrever o imóvel, em que podemos ver itens de bem-estar e desenvolvimento financeiro e, consequentemente, vem em conjunto o crescimento econômico com o empreendedor confiante no uso dos imóveis para seus projetos. O Quadro 1.1 elenca alguns dos benefícios da inscrição no CAR.

Quadro 1.2 Benefícios do CAR.	
1	Obtenção de crédito agrícola, em todas as suas modalidades, com taxas de juros menores, bem como limites e prazos maiores do que o praticado no mercado, em especial após 31 de dezembro de 2017, quando o CAR será pré-requisito para o acesso a crédito.
2	Contratação do seguro agrícola em condições melhores do que as praticadas no mercado.
3	Isenção de impostos para os principais insumos e equipamentos, tais como: fio de arame, postes de madeira tratada, bombas d'água, trado de perfuração do solo, entre outros utilizados para os processos de recuperação e manutenção das Áreas de Preservação Permanente, de Reserva Legal e de uso restrito.
4	Condição para autorização da continuidade das atividades agrossilvipastoris, de ecoturismo e de turismo rural em áreas rurais consolidadas até 22 de julho de 2008, localizadas em Áreas de Preservação Permanente e Reserva Legal.
5	Linhas de financiamento para atender iniciativas de preservação voluntária de vegetação nativa, proteção de espécies da flora nativa ameaçadas de extinção, manejo florestal e agroflorestal sustentável realizados na propriedade ou posse rural, ou recuperação de áreas degradadas.

Fonte: Florestal.gov.br.

6 INICIATIVAS DE REGULARIZAÇÃO FUNDIÁRIA DO ESTADO DA BAHIA EM PROJETOS DE ENERGIA

De acordo com EPE, no ano de 2020, foram cadastrados 1.528 projetos entre eólicos e fotovoltaicos para participação no leilão de energia, em que se observa, pelo Gráfico 1.1, o destaque da Bahia, motivando, então, um destaque sobre esse estado quanto aos seus aspectos e dados fundiários para avanço da energia eólica e solar.

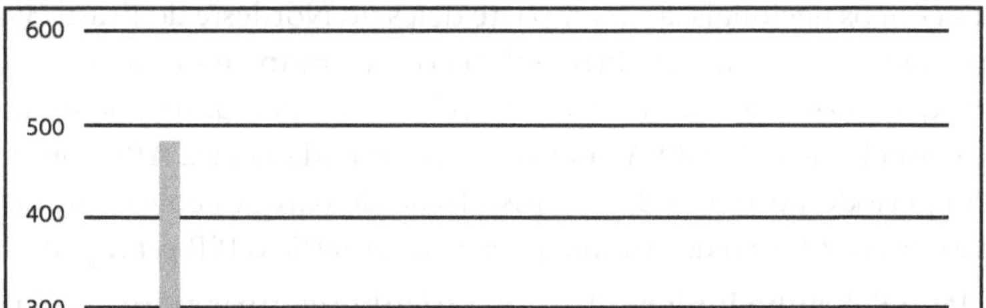

Gráfico 1.1 Número de projetos eólicos e solares cadastrados por estado no leilão de 2020.

Fonte: adaptada de EPE, 2020.

Para Santos (2019), em relação à propriedade da terra no início da colonização, sua aquisição era feita a partir da doação de grandes extensões de terras particulares para quem viesse ao Brasil se dedicar à atividade agrícola. Essas doações, feitas pela Coroa Portuguesa e denominadas "sesmarias", deram origem aos latifúndios escravistas.

De acordo Santos et al. (2014), o estado da Bahia segue a mesma configuração do Brasil, quanto à construção da estrutura fundiária desde a colonização, quando o seu território foi dividido entre donatários.

O estudo realizado pela Imaflora, em 2019, revela que 25% de toda a terra agrícola do Brasil é ocupada pelos 15.686 maiores imóveis do país (0,3% do total de imóveis). Para alcançar os outros 25% da área total, é necessário somar as áreas dos 3.847.937 menores (77% do total de imóveis). O estudo pode ser observado pelo mapa da Figura 1.3.

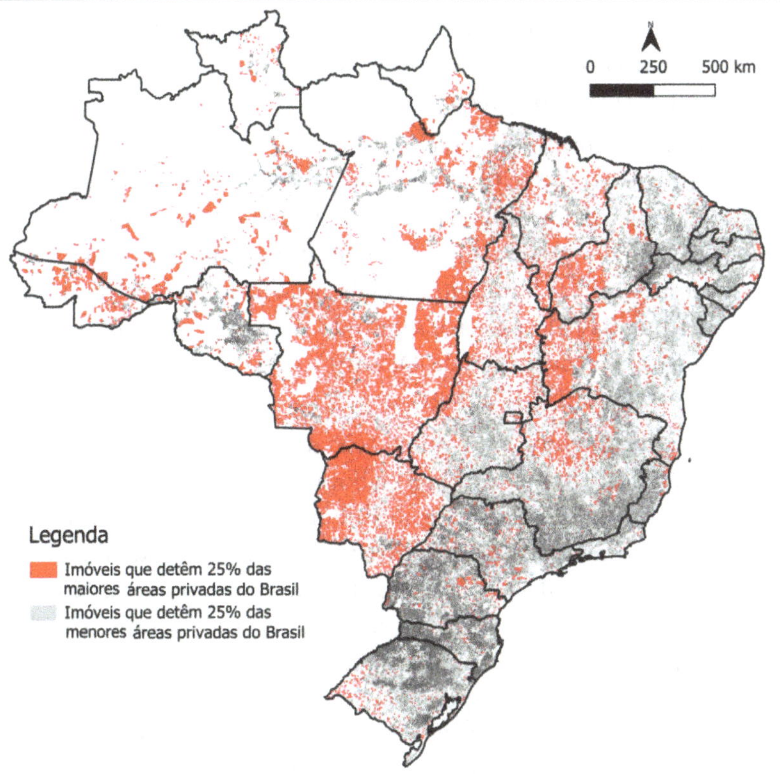

Figura 1.3 Distribuição geográfica dos maiores e menores imóveis que ocupam 25% da área dos imóveis do Brasil.

Fonte: IMAFLORA, 2019.

Como observado no mapa, analisando o caso do estado da Bahia, observa-se que cerca de um quarto do estado se concentra nas maiores propriedades privadas.

A medida provisória n. 910, de 10 de dezembro de 2019, alterou a Lei n. 11.952, de 25 de junho de 2009, que dispõe sobre a regularização fundiária das ocupações incidentes em terras situadas em áreas da União, a Lei n. 8.666, de 21 de junho de 1993, que institui normas para licitações e contratos da administração pública, e a Lei n. 6.015, de 31 de dezembro de 1973, que dispõe sobre os registros públicos (BRASIL, 2021).

Uma das iniciativas pioneiras no Brasil, frente a regularizações fundiárias no sentido de viabilizar a implantação de projetos eólicos em consonância com a Medida Provisória n. 910, é a Instrução Normativa Conjunta da SDE/SDR/CDA/PGE 01/2020, a qual dispõe sobre o procedimento de regularização fundiária em terras devolutas estaduais com potencial de geração de energia eólica, conforme mapeamento realizado pelo estado da Bahia, constante do Atlas Eólico da Bahia, disponível no site www.infraestrutura.ba.gov.br.

Como resultado de convênio, o 3º Centro de Geoinformação do Exército Brasileiro (3º CGEO) finalizou, em 25 de março de 2021, a produção de 1.284 cartas topográficas na escala 1/25.000 e 197 cartas topográficas na escala 1/50.000 do estado da Bahia. Além dos produtos matriciais referentes às cartas topográficas, também foi elaborada uma base vetorial contínua da área contemplada pelo projeto, seguindo o preconizado nas Especificações Técnicas para Estruturação de Dados Geoespaciais Vetoriais (ET-EDGV) (EXÉRCITO BRASILEIRO, 2021).

Ainda de acordo com a publicação do Exército, trata-se de um projeto pioneiro no Brasil, que permitiu a elaboração de uma base cartográfica digital contínua seguindo o recorte ao milionésimo, ou seja, abrangendo uma área maior do que o tradicional formato de folhas individualizadas determinadas para cada escala. Além disso, foram consideradas as especificações técnicas aprovadas pela Comissão Nacional de Cartografia (Concar), como as Especificações Técnicas para Estruturação de Dados Geoespaciais Vetoriais (ET-EDGV); as Especificações Técnicas para Aquisição de Dados Geoespaciais Vetoriais (ET-ADGV); e as Especificações Técnicas de Produtos de Conjuntos de Dados Geoespaciais (ET-PCDG).

Na Bahia, o CAR vem sendo implementado desde 2012, sendo denominado "Cadastro Estadual Florestal de Imóveis Rurais" (Cefir), conforme previsão da Lei Estadual n. 10.431, de 20 de dezembro de 2006. Além de atender os requisitos preconizados pelo novo código, o CAR, nesse estado, inclui a solicitação de autorizações referentes ao licenciamento ambiental e à outorga de uso dos recursos hídricos. O objetivo é que o CAR seja o instrumento por meio do qual sejam solicitados e aprovados todos os atos que dependam de autorização do órgão ambiental (INEMA, 2021).

Em resumo sobre o exposto, as iniciativas legislativas em conjunto com iniciativas para levantamento de dados técnicos podem trazer a maximização do sucesso em processos de regularização fundiária e, consequentemente, liberação de áreas aptas para projetos eólicos e solares.

7 DESAFIOS FUTUROS TERRITORIAIS PARA O SETOR EÓLICO E SOLAR

Os procedimentos de investigação e identificação de um site eólico e solar passam por uma vasta consulta de base de dados e análises técnicas, com o objetivo de viabilizar um site por indicadores como fator de capacidade e taxas de incerteza de vento e radiação.

A ocupação do território brasileiro pela energia eólica e solar está ligada diretamente, além de ao melhor potencial, à disponibilidade de terra regularizada sem restrição ambiental e a pontos de conexão para escoamento dessa energia.

Os problemas com regularização fundiária podem interferir no melhor aproveitamento do recurso eólico e solar, obrigando a adequação do leiaute do parque conforme a restrição fundiária, e não conforme o melhor potencial do site, ocasionado, em alguns casos, a inviabilidade de um parque.

Entretanto, o desafio futuro para geração da energia eólica e solar está ligado ao seu sucesso nos últimos anos, em identificar sites com altos fatores de capacidade, em regiões cada vez mais distantes dos centros de escoamento da energia que, no que lhes concerne, apresentam problemas fundiários complexos, em que técnicas de sensoriamento remoto e geoprocessamento permitem ao empreendedor traçar estratégias por meio de dados variados como onde e quando uma subestação terá espaço, quantos são e onde estão seus concorrentes, estabelecer parcerias para construção de linhas e ampliação de subestações e realizando, ao mesmo tempo, o processo de regularização fundiária.

A regularização fundiária no Brasil a partir da Lei n. 10.267/01 de Certificação do Imóvel Rural e suas complementações, aliada a iniciativas estaduais, está produzindo, pela primeira vez, um vasto acervo de informações espaciais do território brasileiro. O Incra toma a dianteira do processo de governança de cadastro do acervo fundiário, reconhecendo a importância de comunidades vulneráveis (quilombolas, indígenas etc.) e questões ambientais (Unidades de Conservação) como parte complementar a todo o processo.

Atualmente, o Incra é o coordenador do Comitê Interministerial de Governança Fundiária composto pelo MMA, ICMBIO, RFB, MPF, MDA, Ibama, Terra Legal, SRA, SPU, IRIB, Arisp, Funai, Mapa e Embrapa, que visa permitir o compartilhamento das bases de dados entre os diversos órgãos que atuam no tema. A medida permite a troca de informações e consequente prevenção de prática de possíveis ilícitos na esfera patrimonial, ambiental etc.

Como exemplo a ser seguido por outros estados, para a Companhia de Desenvolvimento e Ação Regional do Governo da Bahia, a normativa da CDA torna a Bahia pioneira no país, traz agilidade à emissão dos títulos de terra, beneficiando agricultores e agricultoras familiares que moram nas áreas com potencial de geração de energia eólica, e delas tiram seu sustento, denominadas "Corredores de Vento".

Avançando na publicidade de dados, há o Decreto n. 8.777, de 11 de maio de 2016, o qual Instituiu a Política de Dados Abertos do Poder Executivo Federal, que tem entre seus objetivos promover o desenvolvimento tecnológico e a inovação nos setores público e privado e fomentar novos negócios.

Como resultado dessa Lei, o Incra promoveu, no período de 22 de março a 2 de abril, uma consulta pública para contribuir na elaboração do seu Plano de Dados Abertos (PDA), que terá vigência de julho de 2021 a julho de 2023. Diante disso, os dados classificados como abertos estarão disponíveis para consulta livre com o objetivo de aprimorar a transparência pública, fomentar o controle e a participação social, além de incentivar estudos e análises sobre o meio rural.

Com a regularização do imóvel junto ao Incra e aos registros públicos, o empreendedor consegue trazer segurança jurídica para o negócio a longo prazo; logo, é fundamental, na fase inicial de estudo do projeto, o investimento nas ações de regularização.

Quanto ao proprietário de imóvel, como exposto anteriormente no fluxo do processo de regularização fundiária em projetos eólicos e solares, caso ele tenha pendências e dificuldades com custos de regularização, torna-se de imediato o principal beneficiado do projeto, mesmo que este não se viabilize para avançar na fase de implantação e operação, pois a regularização do imóvel estará disponível para as futuras gerações e respectivos herdeiros da posse da área.

A existência de conflitos no campo em função de vizinhanças pode ser facilmente diluída com a adoção do georreferenciamento averbado na matrícula, que caracterizará, na matrícula conforme a norma, todas as divisas que podem ser facilmente identificadas no campo e debatidas em âmbito judicial ou extrajudicial.

Quanto ao impacto positivo da regularização fundiária em eólica frente ao uso compartilhado do solo, pode não ser tão forte para os empreendimentos solares fotovoltaicos em comparação aos projetos eólicos, uma vez que o formato de projeto solar restringe mais áreas de uso compartilhado em virtude da cobertura de placas.

De qualquer forma, a descentralização de renda e o bem-estar com a regularização e locação dos imóveis para as gerações atuais e futuras são pontos positivos a serem considerados como legado do setor renovável.

De acordo com estudo da Fundação Getulio Vargas, em 2018, empresas estrangeiras foram as principais compradoras de ativos de geração, transmissão, distribuição e comercialização de eletricidade. Considerando todos os leilões de geração desde 2016 até 2018, as empresas nacionais privadas foram responsáveis pela aquisição de 15,9% dos empreendimentos, o restante foi adquirido por empresas estrangeiras, sendo 73,6% privadas e 10,5%, estatais (FGV, 2018).

Considerando o exposto, a aquisição de imóvel rural por estrangeiros é regulada pela Lei Federal n. 5.971, de 7 de outubro de 1971 (Lei n. 5.709/71), e pelo Decreto n. 74.965, de 26 de novembro de 1974 (Decreto n. 74.965/74), os quais tratam das restrições impostas para aquisições por estrangeiros ou empresas estrangeiras autorizadas a operar no Brasil. Diante disso, as políticas públicas de regulamentação devem ser atualizadas e aceleradas para que as empresas possam trabalhar com a melhor gestão do risco.

Para Storto e Cocato (2018), o crescimento do setor eólico constitui-se em nova dinâmica produtiva, econômica e de ocupação dos territórios localizados tanto nas regiões litorâneas como no interior do estado do Rio Grande do Norte, mas também de transformação e impactos socioambientais nos territórios onde estão sendo implantados parques eólicos. Dessa forma, para minimizar os impactos socioambientais dos parques eólicos, as geotecnologias se materializam como grandes aliadas, oferecendo ferramentas importantes na caracterização, monitoramento e gestão do espaço, atuando de forma eficaz na detecção de possíveis impactos.

Com base nas legislações e normas citadas para ampliar a disponibilização de dados e as iniciativas de regularização fundiária rural, o geoprocessamento se insere como ferramenta fundamental para coleta e tratamento desses dados e disponibilização de produtos para gerar oportunidades e mitigar riscos dos empreendedores do setor eólico e solar. As fontes diversas de dados como a Receita Federal, Incra e demais órgãos oficiais clamam por padronizações e normas para evitar distorções e conflitos nas análises das áreas.

Conclui-se que há uma retroalimentação de dados confiáveis a partir do investimento em regularização fundiária pelo empreendedor privado, o que já se torna um grande legado do setor para a sociedade.

O geoprocessamento participa nesse contexto geral no entendimento dos desafios fundiários do território brasileiro, o que permite também informar ao setor público as carências e necessidades para o avanço do setor de geração de energia elétrica renovável eólica e solar.

REFERÊNCIAS BIBLIOGRÁFICAS

ARRUDA, R. Brasil dos cartórios tem 600 mil km² a mais que o Brasil real, revelam peritos, 03 de fevereiro de 2013. *O Estado de São Paulo*. Política. Disponível em: http://www.estadao.com.br/noticias/impresso,brasil-dos-cartorios-tem-600-mil-km-a-maisque-o-brasil-real-revelam-peritos, 992340,0.htm. Acesso em: 12 maio 2021.

ARRUDA, R. M. Conceitos de imóvel rural: aplicação na certificação do Incra expedida no memorial descritivo georreferenciado. *Boletim IRIB em Revista*. Edição 3472012 – XXXIX Encontro dos Oficiais de Registro de Imóveis do Brasil. Disponível em: http://irib.org.br/arquivos/biblioteca/4108_integra.pdf. Acesso em: 12 maio 2021.

BINAS, F. Leilão A-3 pode não ter mais ICG, 15 de janeiro de 2013. *Jornal da Energia*. Disponível em: http://www.jornaldaenergia.com.br/ler_noticia.php?id_noticia=12280&id_secao=9. Acesso em: 12 maio 2021.

BRASIL. *Decreto n. 8.777, de 11 de maio de 2016*. Institui a Política de Dados Abertos do Poder Executivo Federal. Disponível em: http://www.planalto.gov.br/ccivil_03/_ato2015-2018/2016/decreto/d8777.htm. Acesso em: 12 maio 2021.

BRASIL. EXÉRCITO DO BRASIL. *Centro de Geoinformação do Exército Brasileiro*. Conclui projeto pioneiro no Brasil. Diretoria de Serviço Geográfico. Disponível em: https://www.eb.mil.br/web/noticias/noticiario-do-exercito/-/asset_publisher/MjaG93KcunQI/content/id/13142380. Acesso em: 12 maio 2021.

BRASIL. GOVERNO DO ESTADO DA BAHIA. INSTITUTO DO MEIO AMBIENTE E RECURSOS HÍDRICOS – INEMA. CAR BAHIA. Disponível em: http://www.inema.ba.gov.br/programas/car-bahia-cefir/. Acesso em: 12 maio 2021.

BRASIL. INSTITUTO DE DESENVOLVIMENTO SUSTENTÁVEL E MEIO AMBIENTE – IDEMA. GOVERNO DO ESTADO DO RN. Disponível em: http://www.idema.rn.gov.br/. Acesso em: 12 maio 2021.

BRASIL. *Lei n. 10.267 28 de agosto de 2001.* Altera dispositivos das Leis 4.947, de 6 de abril de 1966, 5.868, de 12 de dezembro de 1972, 6.015, de 31 de dezembro de 1973, 6.739, de 5 de dezembro de 1979, 9.393, de 19 de dezembro de 1996, e dá outras providências. Disponível em: http://www.planalto.gov.br/ccivil_03/leis/leis_2001/l10267.htm. Acesso em: 12 maio 2021.

BRASIL. *Lei n. 13.465, de 11 de julho de 2017.* Dispõe sobre a regularização fundiária rural e urbana, sobre a liquidação de créditos concedidos aos assentados da reforma agrária e sobre a regularização fundiária no âmbito da Amazônia Legal; institui mecanismos para aprimorar a eficiência dos procedimentos de alienação de imóveis da União; altera as Leis. Disponível em: http://www.planalto.gov.br/ccivil_03/_ato2015-2018/2017/lei/l13465.htm. Acesso em: 12 maio 2021.

BRASIL. *Medida Provisória n. 910 de 10 de dezembro de 2019.* Disponível em: https://legislacao.presidencia.gov.br/atos/?tipo=MPV&numero=910&ano=2019&ato=107ITVq5keZpWTa36. Acesso em: 12 maio 2021.

BRASIL. MINISTÉRIO DA AGRICULTURA, AGROPECUÁRIA E ABASTECIMENTO. *Mapa disponibiliza aos estados plataforma para análise dos dados do CAR.* Disponível em: https://florestal.gov.br/. Acesso em: 12 maio 2021.

BRASIL. MINISTÉRIO DA AGRICULTURA, AGROPECUÁRIA E ABASTECIMENTO. *Serviço Florestal Brasileiro.* CAR Cadastro Ambiental Rural. Disponível em: https://www.car.gov.br/#/. Acesso em: 12 maio 2021.

BRASIL. MINISTÉRIO DA CIÊNCIA TECNOLOGIA E INOVAÇÕES – INPE. *Novo sistema facilita consulta sobre potencial de energia solar.* 17.04.2019. Disponível em: http://www.inpe.br/noticias/noticia.php?Cod_Noticia=5087. Acesso em: 12 maio 2021.

BRASIL. MINISTÉRIO DA ECONOMIA. RECEITA FEDERAL DO BRASIL – SINTER. *Sistema Nacional de Gestão de Informações Territoriais.* Disponível em: https://receita.economia.gov.br/sinter. Acesso em: 12 maio 2021.

BRASIL. INSTITUTO DE DESENVOLVIMENTO SUSTENTÁVEL E MEIO AMBIENTE – IDEMA. *Identificação do empreendedor e empreendimento.* Disponível em: http://sistemas.idema.rn.gov.br/cerberus/geo_minuta/assinatura/pdf_assinatura.php?t=1 Acesso em: 12 maio 2021.

BRASIL. INSTITUTO NACIONAL DE COLONIZAÇÃO E REFORMA AGRÁRIA – INCRA. *Norma de execução INCRA/DF /n. 2 de 19 de fevereiro 2018.* Disponível em: https://sigef.incra.gov.br/static/documentos/NE-INCRA-DF-N-02.pdf. Acesso em: 12 maio 2021.

BRASIL. EMPRESA DE PESQUISA ENERGÉTICA – EPE. *Estudos do plano decenal de expansão de energia nota técnica de 19/12, metodologia para a análise socioambiental integrada.* Rio de Janeiro: EPE, 2012.

BRASIL. EMPRESA DE PESQUISA ENERGÉTICA – EPE. *Leilões de energia*. Disponível em: https://www.epe.gov.br/sites-pt/leiloes-de-energia/Documents/EPE-DEE-017_2009_R16_EOL.pdf. Acesso em: 12 maio 2021.

BRASIL. EMPRESA DE PESQUISA ENERGÉTICA – EPE. *Plano decenal de energia 2019*. Brasília, 2010. Disponível em: https://www.epe.gov.br/pt. Acesso em: 12 maio 2021.

CÂMARA, G.; MEDEIROS, J. S. *Geoprocessamento para projetos ambientais. Tutorial*. São José dos Campos, INPE. 1996.

CASTRO, A.G. *Técnicas de sensoriamento remoto e sistemas geográficos de informações no estudo integrado de bacias hidrográficas*. 1992. 145p. (INPE – 5494 – TDI/511). Dissertação (Mestrado em Sensoriamento Remoto) INPE – São José dos Campos, maio 1992.

DRUCK, S.; CARVALHO, M.S.; CÂMARA, G.; MONTEIRO, A.V.M. (eds.). *Análise espacial de dados geográficos*. Brasília, Embrapa, 2004.

FUNDAÇÃO GETULIO VARGAS – FGV. *Análise do ambiente concorrencial do setor elétrico no Brasil*. Disponível em: https://gei-sa.fgv.br/sites/gei-sa.fgv.br/files/u49/fgv_setor_eletrico.pdf. Acesso em: 12 maio 2021.

FURTADO, M. Impactos nos Rincões do Brasil. *Revista Brasil Energia*, edição 468, abril 2021. Disponível em: https://editorabrasilenergia.com.br/wp-content/uploads/sites/1/flips/129039/Bia468/26/index.html. Acesso em: 12 maio 2021.

GIRÃO, O. *Reconstrução do clima no nordeste brasileiro:* secas e enchentes do século XIX. Finisterra, XLVII, v. 93, 2012, p. 29-47. Disponível em: https://revistas.rcaap.pt/finisterra/article/view/1256/978. Acesso em: 12 maio 2021.

GOBBO, T. F. N. *Programa minha terra:* a regularização fundiária promovida pela Fundação Itesp no estado de São Paulo Planejamento e Políticas Públicas – PPP, n. 36, jan./jun. 2011. Disponível em: https://www.ipea.gov.br/ppp/index.php/PPP/article/view/224/205. Acesso em: 12 maio 2021.

GUEDES, S.N.R.; REYDON, B.P. Direitos de propriedade da terra rural no Brasil: uma proposta institucionalista para ampliar a governança fundiária. *Rev. Econ. Sociol. Rural* [*online*]. 2012, v. 50, n. 3, p. 525-544. Disponível em: http://www.scielo.br/scielo.php?script=sci_arttext&pid=S0103-20032012000300008. Acesso em: 12 maio 2021.

KAGEYAMA, A. A questão agrária brasileira: interpretações clássicas. *Revista da ABRA*, v. 23, n. 3, p. 6-17, set./dez. 1993.

IMAFLORA ORG. *Estudo mostra o mapa da desigualdade da distribuição de terras no Brasil*. Disponível em: https://www.imaflora.org/noticia/estudo-mostra-o-mapa-da-desigualdade-da-distribuicao-de-terras-no-brasil. Acesso em: 12 maio 2021.
Ministério da Ciência, Tecnologia e Inovações

REIS, E.V.B.; OLIVEIRA, M.L. A regularização fundiária urbana e rural: necessidade de marcos teóricos e de políticas públicas distintos. *Rev. Bras. Polít. Públicas* [*online*]. Brasília, v. 7, n. 2, p. 41-53, 2017.

SANTOS, José Adriano da Conceição; GOMES, Andréa da Silva; BRAGA, Suely Conceição; PIRES, Mônica de Moura. *Estrutura fundiária nos territórios de identidade da Bahia GT 6 – Economia Agrícola e do Meio Ambiente.* In: IV semana do Economista e IV semana dos Egressos em 07 a 10 de outubro de 2014 Universidade Estadual de Santa Cruz – UESC Ilhéus – Bahia. Disponível em: http://www.uesc.br/eventos/ivsemeconomista/anais/gt6-2.pdf.

SANTOS, S. A. *Análise espacial da estrutura fundiária no estado da Bahia:* um estudo a partir do índice de Gini. 100f. Dissertação (Mestrado) – Universidade Estadual de Santa Cruz. Programa de Pós-Graduação em Economia Regional e Políticas. Ilhéus, BA: UESC, 2019. Disponível em: http://www.biblioteca.uesc.br/biblioteca/bdtd/201710251D.pdf. Acesso em: 12 maio 2021.

SILVA, F.; ANDRADE, P. *Certificação de medições anemométricas certificação de produção de energia.* Parque Eólico Royalle Expansão V 16 MW. Curitiba, dezembro/2012.

STORTO, C.; COCATO, G. P. Análise de fragilidade ambiental a partir de técnicas de geoprocessamento: área de influência da hidrelétrica de Mauá – PR. *Revista Brasileira de Geografia Física*, v. 11, n. 5, p. 1694-1708, 2018. https://doi.org/10.26848/rbgf.v11.51694-1708.

TALASKA, A.; ETGES, V.E. Estrutura fundiária georreferenciada: implicações para o planejamento e gestão do território rural no Brasil. *Revista Electrónica de Geografía Y Ciencias Sociales Universidad de Barcelona,* v. XVII, n. 430, 20 de febrero de 2013. Depósito Legal: B.21.741-98. Disponível em: http://www.ub.edu/geocrit/sn/sn-430.htm. Acesso em: 12 maio 2021.

2

GESTÃO TERRITORIAL DE USINAS HIDRELÉTRICAS (UHE)

A REGULARIZAÇÃO FUNDIÁRIA DOS ATIVOS DA UHE PASSO SÃO JOÃO

*Samuel Abati**

*Vivian da Silva Celestino Reginato***

---

* Possui bacharelado em Geografia pela Universidade Estadual de Santa Catarina e formação técnica em Geomensura pelo Instituto Federal de Santa Catarina. Atualmente é geógrafo na Companhia de Geração e Transmissão de Energia Elétrica do Sul do Brasil (CGT Eletrosul). Tem experiência nas áreas de topografia, georreferenciamento de imóveis rurais, geoprocessamento, gestão territorial e regularização fundiária para implantação de empreendimentos de geração e transmissão de energia, e experiência na implantação de sistemas de informação geográfica, fundiária e ambiental para a gestão de imóveis e de ativos de geração e transmissão de energia.

** Possui pós-doutorado em Modelação Geográfica e Gestão Territorial pela Universidade Nova de Lisboa, possui doutorado em Engenharia Civil pela Universidade Federal de Santa Catarina, mestrado em Sensoriamento Remoto e graduações em Engenharia Cartográfica pela Universidade Federal do Rio Grande do Sul, Licenciatura em Filosofia e Pedagogia pelo Centro Universitário Internacional. Atualmente é professora adjunta II da Universidade Federal de Santa Catarina. Tem experiência nas áreas de Modelagem Geográfica e Análise Espacial, Sistemas de Informações Geográficas, Sensoriamento Remoto, Cadastro, Topografia, Cartografia Digital, Qualidade e Atualização Cartográfica, atuando principalmente nos seguintes temas: produção e controle de qualidade de produtos cartográficos/altimétricos, geração de bases cartográficas para SIG, modelagem tridimensional para simulação de cenários, identificação de áreas com potencial para geração de energia elétrica por fontes renováveis, produção de produtos cartográficos para análise da pandemia de Coronavírus, levantamentos para acessibilidade, modelagem conceitual de obras de arte especiais, mapeamentos geotécnicos e de energias renováveis.

1 INTRODUÇÃO

O Brasil é um país favorável à implantação de reservatórios em razão de seu grande potencial hídrico, que, de acordo com Celestino (2014), têm por finalidade suprir as necessidades de abastecimento d'água, irrigação e fornecimento de energia elétrica, entre outras. A área do reservatório representa a superfície do terreno inundada pelo represamento da água de um rio, na cota correspondente ao nível máximo de operação. Os reservatórios se caracterizam pela superfície inundada e pela capacidade de geração de energia. Sua capacidade depende do volume ativo de água, definido pelos níveis máximos e mínimos operativos (MÜLLER, 1996).

Em um processo de desocupação de áreas para a implantação de reservatórios, ocorrem circunstâncias especiais que se refletem diretamente na tranquilidade social, econômica e política das comunidades envolvidas (CELESTINO et al., 2008). Normalmente é definido um plano de aquisição de imóveis que determina a orientação filosófica a ser adotada, o que compreende a indenização social e legal, cujas transações imobiliárias são forçadas devido à Declaração de Utilidade Pública (DUP) do futuro empreendimento:

> As transações normais de compra e venda que se caracterizam, como típicas das livres transações são, por definição, aquelas que se realizam entre as partes desejosas, mas não obrigadas a efetivar o negócio, dispondo de um prazo razoável para se encontrarem; enquanto caracterizam-se como típicas transações forçadas aquelas aquisições efetivadas mediante desapropriações por interesse público, amigáveis ou não, em que a vontade e a disposição para a venda não podem manifestar-se livremente (CELESTINO et al., 2008).

Conforme Fenilli (2002), os principais impactos socioeconômicos provocados pela implantação de hidrelétricas são: criação de expectativas; alteração do cotidiano da população; demografia e quadro de saúde; intensificação do tráfego; perda de terras e benfeitorias; desestruturação da unidade de produção familiar; interferência no fluxo turístico da região. Porém, um impacto positivo decorrente desses processos é a inerente regularização fundiária de propriedades que se encontram, muitas vezes, em desacordo com a legislação fundiária.

A regularização fundiária é o conjunto de medidas jurídicas, urbanísticas, ambientais e sociais que visam à regularização de assentamentos irregulares e à titulação de seus ocupantes, de modo a garantir o direito social à moradia, o pleno desenvolvimento das funções sociais da propriedade urbana e o direito ao meio ambiente ecologicamente equilibrado. É um instrumento para promoção da cidadania, devendo ser articulada com outras políticas públicas (ANOREG/MT, 2021).

Na perspectiva da regularização fundiária, a Lei n. 11.977/2009 estabeleceu cinco princípios norteadores e classificou a regularização em dois tipos.

Existem dois tipos de regularização fundiária: de interesse social, quando a área é ocupada predominantemente por população de baixa renda e atende a pelo menos um dos três requisitos previstos no inciso VII do art. 47 da Lei n. 11.977/2009; e de interesse específico, quando o assentamento não é enquadrado nos critérios já mencionados (ANOREG/MT, 2021).

Há que se fazer uma distinção entre a regularização fundiária propriamente dita e a gestão territorial, imobiliária, patrimonial ou fundiária de imóveis afetados por empreendimentos com DUP. A gestão territorial de áreas destinadas a obras públicas visa o cumprimento de uma função social atrelada à finalidade da obra, que, no caso de usinas hidrelétricas, é industrial visando à produção de energia elétrica. Nesses casos, o título de domínio das áreas (ativos) é realizado em nome da empresa empreendedora e suas obrigações em relação a essas áreas são diferentes daquela associada somente à moradia ou ao uso particular da propriedade.

Pensando na gestão do território e efetivo cumprimento do direito de propriedade, o correto cadastramento de imóveis e a determinação de seus efetivos limites são passos importantes para garantir o direito à propriedade dos imóveis (CELESTINO et al., 2008), tanto públicos como particulares. Pelo fato de esses empreendimentos públicos atingirem diversos tipos de imóveis entre urbanos e rurais, muitos com ocupações informais ou não legalizadas, o empreendedor se obriga a realizar a regularização fundiária de muitos desses imóveis antes da respectiva desapropriação.

Nos cadastros rurais em que a descrição georreferenciada é regida pela Lei n. 10.267/2001, desde 2001 está ocorrendo uma gradativa homogeneização na emissão de matrículas de imóveis rurais georreferenciados de acordo com as normativas do Instituto Nacional de Colonização e Reforma Agrária (Incra) e a respectiva área do imóvel rural.

Em relação aos títulos de propriedade urbana, não existe uma padronização em suas descrições, pois cada cartório realiza a própria notação de forma diferente e, em casos extremos, nem sequer as áreas, logradouros e/ou confrontantes são citados. Esses imóveis somente são retificados e/ou georreferenciados quando existe uma iniciativa por parte dos proprietários, na maioria das vezes para desmembrar ou unificar áreas em conformidade com a Lei n. 6.015/73, trazendo segurança jurídica uma vez que o imóvel é descrito com localização e maior rigor técnico.

Por ainda não existir no Brasil uma regulamentação do registro público urbano, com técnicas, normas, precisões e metodologia para execução de um cadastro georreferenciado, em 2016, por meio do Decreto n. 8.764/2016, foi instituído o Sistema Nacional de Gestão de Informações Territoriais (Sinetr), projetado como um sistema de banco de dados espacial, o qual deverá integrar um cadastro único dos imóveis urbanos e rurais, tanto particulares como públicos, com informações de titularidade e operações realizadas nos imóveis. Como as parcelas terão um código único, acredita-se que esse seja o primeiro passo para a efetivação de um Cadastro Técnico Multifinalitário (CTM) nacional brasileiro, que deverá ser regido pela Receita Federal Brasileira (RFB).

Importante destacar que, em grandes usinas hidrelétricas, é necessário realizar a desapropriação por DUP de grandes áreas para formação do lago propriamente dito, definido pela cota de inundação ou nível de alagamento (NA), do canteiro de obras e das Áreas de Preservação Permanente (APP), entre outras. Muitas empresas, como a CGT Eletrosul, há muitos anos, vêm utilizando recursos e técnicas de Geoprocessamento e Sistemas de Informações Geográficas (SIG) para tratar, processar e analisar dados e informações espaciais de áreas atingidas, o que vem resultando em maior controle, qualidade, agilidade e segurança na execução das atividades que envolvem cada processo de desapropriação. Essa organização dos dados espaciais acerca das áreas atingidas por usinas hidrelétricas também deve estar de acordo com a área de regulação segundo a Agência Nacional de Energia Elétrica (Aneel).

Os Decretos ns. 4.932/2003 e 4.970/2004 dispõem sobre a delegação de competências da Aneel que compreendem as outorgas de autorização de empreendimentos de energia elétrica e as DUP; e, de acordo com a Resolução Normativa n. 116/2004, as atividades de sua competência são diversas. Para uniformizar as informações e exigências pertinentes a estudos e projetos relacionados à implantação de centrais hidrelétricas com relação à cartografia e topografia, a Aneel disponibiliza diretrizes baseadas nos *Manuais e Diretrizes*, publicadas pela Eletrobras e pelo Ministério de Minas e Energia (MME), além das normas técnicas e legislações pertinentes.

Resumidamente, conforme Celestino (2014), as etapas de estudos e projetos para implantação de um aproveitamento hidrelétrico são divididas em várias fases: estimativa do potencial hidrelétrico; inventário hidrelétrico; viabilidade; projeto básico; e projeto executivo. Finalizada a construção, seguem-se a fase de enchimento do reservatório e o início da operação, em que a geração de energia é acompanhada por ações que visam ao monitoramento e à gestão territorial dos ativos.

A concessão da Usina Hidrelétrica Passo São João (UHEPSJ), adquirida pela CGT Eletrosul por meio do Leilão Aneel 002/2005, já com Licença Prévia (LP) n. 710/2005, com operação comercial iniciada em 2012 por meio da Licença de Operação (LO) n. 4.490/2012, foi a primeira usina da empresa a ter todos seus processos cadastrais georreferenciados e em meio digital, tanto os relacionados à gestão territorial das áreas atingidas e desapropriadas pela usina em todas as fases de implantação até a operação como a regularização fundiária de imóveis individuais que apresentavam problemas legais antes da desapropriação, por razões diversas como processos de usucapião, inventário, escrituras de posse, entre outras. Neste trabalho, entendem-se por "regularização fundiária" também as ações necessárias para legalizar as áreas desapropriadas em nome do empreendedor ou da obra implantada, ou seja, os ativos da empresa.

Neste contexto, o objetivo deste trabalho é apresentar o plano de gestão territorial aplicado às áreas atingidas pela UHEPSJ e a inerente regularização fundiária dos imóveis desapropriados resultantes da implantação da usina.

2 CARACTERIZAÇÃO DA ÁREA DE ESTUDO

A área de estudo UHEPSJ está situada na região das Missões, na porção Noroeste do estado do Rio Grande do Sul, a aproximadamente 600 km da capital. O empreendimento ocupa uma área total de 43,16 km², sendo 13,59 km² em Roque Gonzáles e 6,19 km² em São Pedro do Butiá, na margem direita do rio Ijuí, e 7,35 km² em Dezesseis de Novembro, 9,96 km² em São Luiz Gonzaga e 6,07 km² em Rolador, na margem esquerda do Ijuí, conforme apresentação da Figura 2.1.

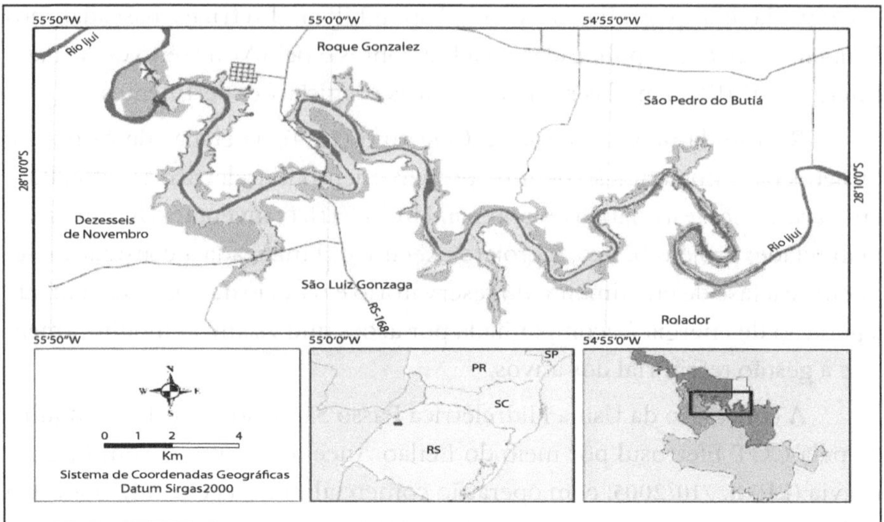

Figura 2.1 Área de estudo.

Fonte: acervo da CGT Eletrosul.

A estrutura fundiária da área é basicamente rural, predominando atividades econômicas de agricultura e pecuária, constituídas por minifúndios, mais uma pequena porção urbana no município de Roque Gonzáles.

3 MATERIAIS E MÉTODOS

No início da obra, foi preciso definir primeiro as áreas necessárias para infraestrutura viária para logística, demarcação da área do canteiro de obras, pátio de manobras, bota-fora etc. Por essas áreas é que se iniciou o cadastramento das propriedades individuais.

Logo após essa definição prévia das áreas para destinação de infraestrutura, as áreas formadoras do lago e da APP também foram definidas mediante identificação e consequente demarcação do NA de 128,35 m (altitude ortométrica) e da respectiva APP de 30 m (patamar mínimo exigido pela legislação). A APP variável consolidada foi demarcada posteriormente à sua definição e conclusão das desapropriações.

Concomitantemente à demarcação do NA e da APP, foi realizado o cadastramento das propriedades do reservatório. O projeto básico da usina previa uma área de alague de 14,51 km² e uma APP de 14,29 km², e o Cadastro Sócio Econômico (CSE) que subsidiou a LP previa 317 propriedades atingidas.

Ver fluxograma dos materiais e método na Figura 2.2.

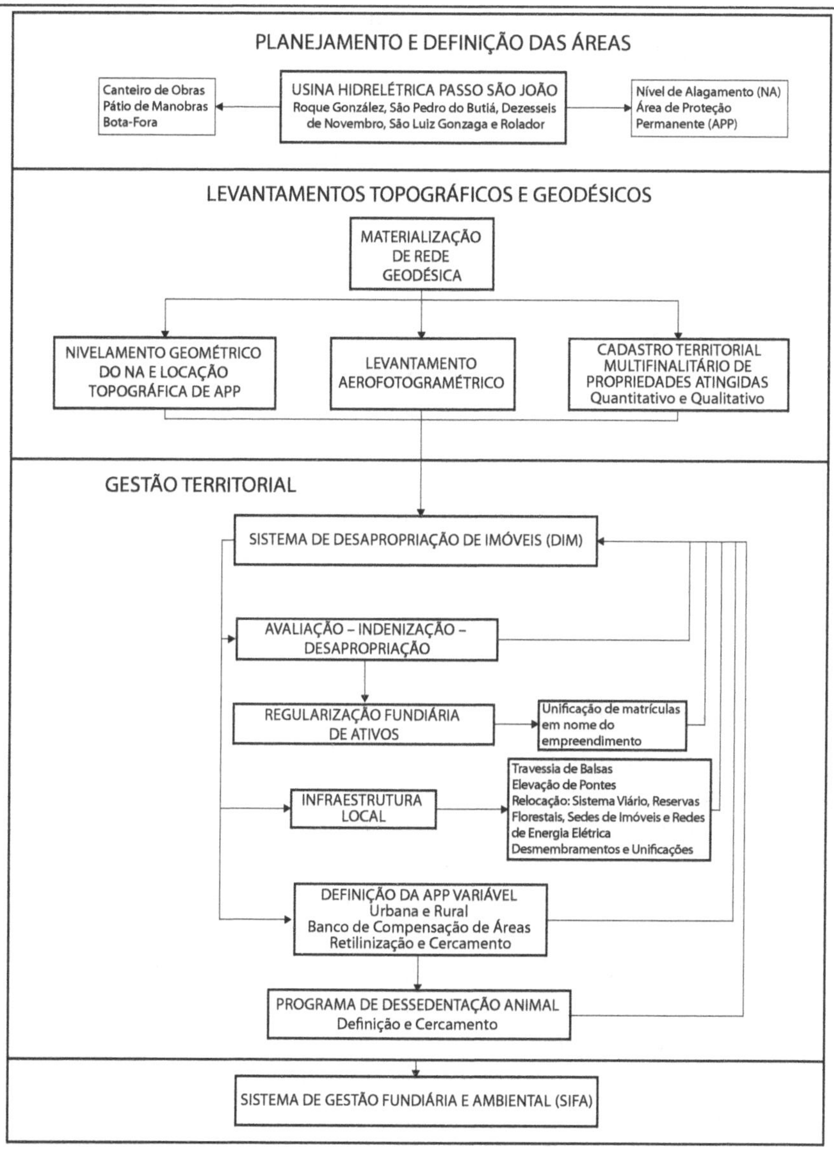

Figura 2.2 Materiais e método.

Fonte: desenvolvida pela autoria do capítulo.

3.1 Planejamento e levantamentos cartográficos e topográficos

A gestão territorial da UHEPSJ iniciou por meio da efetivação de um plano de levantamento da área que iniciou a implantação de rede geodésica para densificação de pontos com coordenadas planialtimétricas referenciadas ao Sistema Geodésico Brasileiro (SGB), que, à época, era o *South American Datum of* 1969 (SAD-69), de acordo com a NBR 14.166/1998 e levantamentos aerofotogramétricos com geração de ortofotocartas na escala 1:5000. Também se efetivaram o CTM das propriedades atingidas pela obra, a demarcação topográfica física do NA por nivelamento geométrico de precisão e a respectiva demarcação de APP por locação topográfica, de acordo com a NBR 13.133/1994. Logo se seguiram o levantamento qualitativo para identificação do uso, ocupação e aptidão do solo dos imóveis atingidos e demais levantamentos de benfeitorias móveis e imóveis visando subsidiar as avaliações para as indenizações das áreas a serem desapropriadas. O cadastro das propriedades foi realizado também conforme a Norma Técnica para Georreferenciamento de Imóveis Rurais (Lei n. 10.267/2001). O CTM foi inserido em banco de dados geográfico para permitir as análises integradas com os demais temas resultantes da restituição aerofotogramétrica, especialmente com a camada de uso e cobertura do solo e definição prévia da APP por intermédio da utilização do sistema ArcGIS da ESRI.

3.2 Definição da APP variável

Conforme previsto na Licença Prévia da UHEPSJ, a área de preservação permanente no entorno do reservatório deveria obedecer ao estabelecido na Resolução Conama n. 302/2002, devendo ser adotada uma faixa variável com patamar mínimo de 30 metros (m), podendo atingir largura superior a 100 m em determinados locais, observados os seguintes critérios principais: abranger uma área total equivalente a uma APP fixa de 100 m de largura; minimizar o remanejamento da população residente na área do entorno do reservatório; promover a manutenção de áreas produtivas; e agregar áreas com remanescentes florestais e de interesse para a reposição florestal, objetivando a formação de corredores ecológicos.

Na UHEPSJ, a definição da faixa de APP foi uma atividade desafiadora devido à organização de inúmeros minifúndios com intensa atividade econômica de subsistência, terras férteis com atividades agrícolas consolidadas e benfeitorias. O empreendimento também atingia uma pequena porção da área urbana (0,2837 km²) no município de Roque Gonzáles. Para diminuir o impacto, houve avaliação da situação de cada propriedade buscando a melhor definição possível dos limites da APP. Sendo assim, com a demarcação do NA, obteve-se uma área inundável de 19,09 km² e, a partir dela, foi projetada a faixa de 100 m que resultou em 16,75 km², sendo esta área o total mínimo de APP que deveria ser implantada na área. A APP foi definida a partir de então, individualmente em cada imóvel, por meio de recursos e técnicas de SIG integrando informações de uso e cobertura do solo oriundas da restituição aerofotogramétrica, dos levantamentos qualitativos de campo e do CTM, para verificar o comprometimento da atividade econômica, dos remanescentes florestais, pastagens, a interferência em benfeitorias, e até mesmo o acesso à infraestrutura pública, como redes elétricas e sistema viário. A ordem de definição iniciou-se a jusante e seguiu a montante do rio Ijuí, concomitantemente em ambas as margens, processo que durou cerca de 3 anos (2007 a 2010). Foi criado um banco de área de compensação de APP que permitia cadastrar áreas além e aquém do necessário. Uma vez definida a proposta de APP para cada imóvel, estas eram apresentadas e validadas com os respectivos proprietários, os quais eram assessorados pela Comissão dos Atingidos. Em função da dinâmica de mudança constante, todo o processo de proposição, análise, exclusão e inserção de APP variável era gerenciado em ambiente de SIG, visando controlar o quantitativo de áreas aprovadas e o saldo faltante para garantir a quantidade mínima necessária. Outro aspecto interessante que caracterizou a definição da APP foi o planejamento do cercamento determinado pela FEPAM, que seguiu uma "retilinização", caracterizada por uma simplificação da linha que definia os limites da APP. Essa linha demarcatória que, originalmente foi projetada a partir de um deslocamento do NA da usina de forma sinuosa, com muitos vértices e seguindo um paralelismo de acordo com a cota de inundação, acabou sendo modificada para um padrão mais retilíneo na maioria dos imóveis, o que evitou a construção de cercas com muitas deflexões ao longo do seu desenvolvimento e facilitou a regularização das áreas em termos legais, como a geração de memoriais descritivos, por exemplo.

3.3 Desenvolvimento do programa de dessedentação animal

O Programa foi destinado ao atendimento de imóveis atingidos que sediavam atividades relacionadas à criação de animais, os quais acessavam o rio para beber água, e destaca-se entre os vários componentes do Plano Ambiental de Conservação e Uso do Entorno do Reservatório Artificial (PACUERA), por sua relação direta com o cercamento da APP. O Programa previu a identificação e o cadastro dos imóveis para definição de corredores de dessedentação visando garantir o direito de acesso dos animais ao lago da usina. Os corredores consistiram em demarcações físicas análogas a cercas, os quais foram construídos durante a construção da cerca da APP. Construíram-se 184 corredores de dessedentação animal, os quais foram georreferenciados e dotados de monitoramento constante para preservar as estruturas e evitar a degradação das APP por parte dos animais.

3.4 Reordenamento da infraestrutura local

O sistema viário público existente foi afetado em nove locais divididos em cinco comunidades do entorno do reservatório. Além do alteamento da ponte sobre o rio Ijuí, na RS-168, que liga os municípios de São Luiz Gonzaga e Roque Gonzáles, e da reformulação da infraestrutura da travessia de balsa sobre o rio entre os municípios de Rolador e São Pedro do Butiá, que seriam afetados pelo aumento do NA com o enchimento do reservatório e exigiram obras especiais de engenharia. As comunidades do Poço Preto de Roque Gonzáles e do Rincão dos Ledur de Dezesseis de Novembro, localizadas mais a jusante do reservatório, também tiveram o sistema viário municipal afetado. A realocação do sistema viário dessas duas comunidades exigiu estudos, análises e gestão integrada entre as áreas de engenharia civil, ambiental e fundiária da Empresa, pois o novo traçado das estradas municipais deveria levar em consideração a definição da APP variável, reservas florestais, estrutura fundiária, aspectos topográficos do relevo e a posição das novas sedes dos imóveis remanescentes que tiveram suas benfeitorias (casas, galpões etc.) condenadas pela futura formação do reservatório. Na comunidade do Poço Preto, foram realocados 13,44 km de estradas que atingiram 39 imóveis (sendo 37 atingidos pelo reservatório e/ou APP e dois somente pelo novo traçado da estrada); e, na comunidade do Rincão dos Ledur, foram realocados 5,16 km de estradas que atingiram 24 imóveis (sendo 20 atingidos pelo reservatório e/ou APP e quatro somente pelo novo traçado da estrada), envolvendo indenizações, desapropriações e regularização fundiária de 11,02 ha de áreas específicas para esta finalidade. Nas demais comunidades, os casos de realocação de estradas foram pontuais e isolados, envolvendo oito imóveis também atingidos pelo reservatório e/ou APP. Após a conclusão dos serviços, as áreas desapropriadas para realocação das estradas foram desmembradas e unificadas em novas matrículas e doadas pela Empresa para os respectivos municípios. Quanto aos serviços de realocação da rede de distribuição de energia, eles não envolveram indenizações e desapropriações de áreas, não afetando, portanto, a estrutura fundiária. Ver detalhes dos levantamentos cartográficos e topográficos, demarcação do NA, da APP e dos corredores de dessedentação animal, e do reordenamento da infraestrutura local na Figura 2.3.

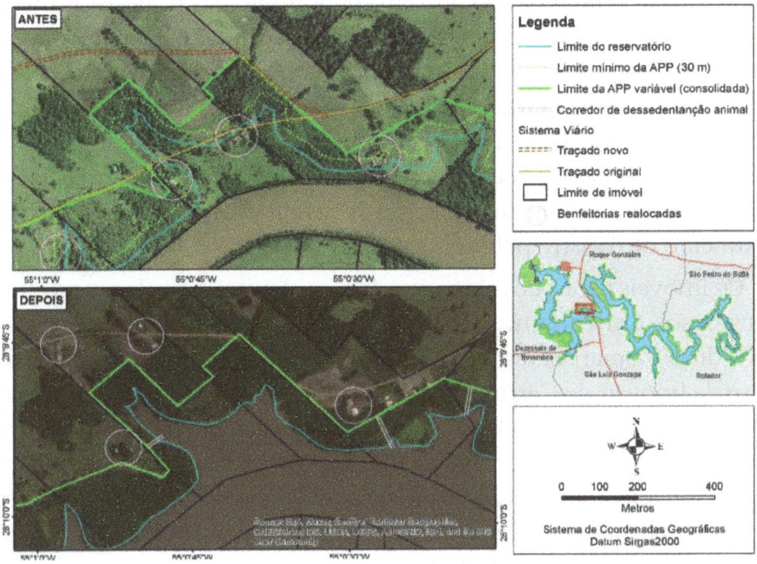

Figura 2.3 Conformação do espaço antes e depois da implantação da usina.

Fonte: acervo da CGT Eletrosul.

4 A GESTÃO TERRITORIAL DA UHEPSJ – REGULARIZAÇÃO FUNDIÁRIA DE ATIVOS

Após a conclusão das desapropriações dos imóveis necessários para implantação do empreendimento, o que ocorreu após a indenização destes aos proprietários, e durante os preparativos para início da operação comercial da usina, iniciaram-se as ações que visavam facilitar e agilizar a dinâmica de gestão territorial das áreas recém-adquiridas.

Diferentemente dos 317 imóveis previstos no CSE, a construção do empreendimento resultou na desapropriação de 522 imóveis, sendo 489 rurais e 33 urbanos, constituídos por 756 registros (transcrições, matrículas e/ou frações ideais) e 16 posses, totalizando 772 parcelas (sendo 264 totalmente e 508 parcialmente desapropriadas), resultando em uma soma de 3.632,48 ha. Em média, cada imóvel (total ou parcial) desapropriado variou de tamanho entre 4,09 ha e 12,08 ha, entre um município e outro, sendo que a média geral entre os cinco municípios foi 6,96 ha, ao passo que a média por parcela variou entre 2,88 e 7,17 ha, entre um município e outro, e a média geral entre os cinco municípios foi 4,7 ha. Do total de parcelas, 743 foram desapropriadas administrativamente mediante escritura pública de desapropriação amigável e consecutivo registro em Cartório de Registro de Imóveis da sua circunscrição, procedendo à abertura de novas matrículas ou permanecendo em condomínio nas respectivas matrículas imobiliárias originais dos imóveis desapropriados. Outras 13 parcelas tiveram os processos de desapropriação judicializados, sendo que sete foram concluídos mediante acordo ou sentença judicial e outros seis ainda tramitam em juízo. Os 16 imóveis de posse foram desapropriados mediante escritura pública de posse ou de cessão de direitos possessórios e hereditários, pois havia ausência ou pendências de documentos ou de realização de inventários, o que impediu o devido procedimento de registro público.

Os imóveis rurais dos cinco municípios abrangidos pelo empreendimento estavam sob a circunscrição de três cartórios de registro de imóveis pertencentes a duas Comarcas distintas: Registro de Imóveis de Roque Gonzáles e Registro de Imóveis de Cerro Largo da Comarca de Cerro Largo, e Registro de Imóveis da Comarca de São Luiz Gonzaga. A questão da permanência em condomínio das parcelas desapropriadas foi um procedimento que dificultou as ações relacionadas à unificação nos Registros de Imóveis da Comarca de Cerro Largo, pois, a partir de um determinado momento, passaram a exigir a extinção prévia das áreas em condomínio para posterior realização de unificação, enquanto o Registro de Imóveis da Comarca de São Luiz Gonzaga realizou todas as extinções de condomínio por requerimento juntamente com as unificações. Imediatamente após a implantação da usina, considerando a quantidade expressiva de matrículas, e a necessidade de se realizar anualmente a gestão territorial dos ativos imobiliários desapropriados; entre elas, o pagamento do Imposto Predial e Territorial Urbano (IPTU) junto aos municípios, a Declaração do Imposto Territorial (ITR) junto à Receita Federal, a atualização do cadastro de imóvel rural junto ao Incra para obtenção do Certificado de Cadastro de Imóvel Rural (CCIR), e o Cadastro Ambiental Rural (CAR) junto ao Ministério do Meio Ambiente, tornou-se necessário a realização de ações que visassem à otimização e adoção de melhores práticas de gestão territorial.

Para maior facilidade e eficiência na gestão territorial, a partir de 2010 foram realizadas unificações das matrículas imobiliárias desapropriadas, objetivando-se reduzir o número de registros que compunham o imóvel da UHEPSJ e visando utilizar o conceito de parcela. Havia vários aspectos a serem verificados, entre eles: as diferentes circunscrições de registros imobiliários e de municípios; a separação natural de unidades imobiliárias por rios afluentes do Ijuí ou pelo sistema viário público; imóveis rurais e urbanos; imóveis com processos de desapropriação judicializados não concluídos e imóveis de posse entre os imóveis registrados; e os prazos legais da obrigatoriedade do georreferenciamento para imóveis rurais.

Os prazos previstos pela Lei do Georreferenciamento e suas alterações por decretos que vigoraram no período das unificações são:

- **Decreto n. 5.570/2005:** georreferenciamento de imóveis rurais obrigatório para imóveis com área superior a 500 há, a partir de 20/11/2008; e com área inferior a 500 ha, a partir de 20/11/2011.
- **Decreto n. 7.620/2011:** georreferenciamento de imóveis rurais obrigatório para imóveis com área entre 250 e 500 há, a partir de 20/11/2013; com área entre 100 e 250 há, a partir de 20/11/2016; com área entre 25 e 100 há, a partir de 20/11/2019; e com área inferior a 25 há, a partir de 20/11/2023.

Apesar do cadastramento dos imóveis ter seguido a Norma Técnica do INCRA, todos os imóveis cadastrados e desapropriados tinham tamanhos inferiores ao obrigatório para o georreferenciamento à época e, portanto, não foram certificados junto ao Incra. Já na etapa de unificação, a certificação das parcelas não foi possível devido à demarcação da APP variável, correspondente ao limite do desmembramento dos imóveis individuais, ter sido realizado por método não contemplado na *Norma Técnica do INCRA* (1ª edição). Neste caso, foi importante considerar o tamanho das parcelas a serem unificadas. De acordo com os decretos publicados até 2011, observou-se que nenhuma unificação resultaria em imóveis com área superior a 250 ha, mas foi estimado que 43% delas resultariam em imóveis com tamanhos entre 100 e 250 ha e o restante, 57%, ficariam com áreas abaixo de 100 ha. Com este cenário, foi possível determinar um planejamento considerando como horizonte os anos de 2016 e 2019 para executar unificações.

Após análise de todas as variáveis envolvidas, chegou-se à conclusão de que os imóveis regularizados poderiam ser unificados em 35 matrículas imobiliárias (parcelas), sendo que os processos judiciais e de usucapião, que não estavam regularizados e registrados em nome da Empresa, foram o principal fator que impossibilitou reduzir ainda mais a quantidade de matrículas, por falta de contiguidade nas áreas.

Conforme apresentado no Quadro 2.1, foram produzidos 35 processos de unificação, sendo 16 na margem esquerda e 19 na margem direita do rio Ijuí. As unificações de todos os processos da margem esquerda foram concluídas entre os anos de 2011 e 2014; já na margem direita, entre os anos de 2010 e 2014, apenas dez processos foram concluídos. Os nove processos restantes não foram unificados até a data de publicação deste artigo por motivos específicos e outros não previstos inicialmente. A partir de 2012, em função de reestruturação da Empresa e desmobilização de parte da equipe que atuava no empreendimento, bem como o início de outros empreendimentos, a atividade foi prejudicada e chegou a ser suspensa temporariamente em 2014.

Quadro 2.1 Quadro resumo das unificações.

Processos de unificação e imóveis de posse e/ou judicializados por município									
Município	**Identificação**	**Área (ha)**	***Status***	**Data de unificação**	**Quantidade de imóveis atingidos**	**Quantidade de registros (parcelas) atingidos**	**Registros com aquisição total**	**Registros com aquisição parcial**	**Área medida de cada registros (ha)**
Roque Gonzalez	UNSJ-RG 0001	32,8437	Concluído	16/01/2014	2	3	3	0	10,9479
	UNSJ-RG 0002	225,2198	Em andamento		18	21	20	1	10,7248
	UNSJ-RG 0003	33,2242	Concluído	09/12/2014	10	12	0	12	2,7687
	UNSJ-RG 0003.10*	9,7515	Em andamento		10	12	2	10	0,8126
	UNSJ-RG 0004*	6,9364	Concluído	16/06/2014	23	26	15	11	0,2668
	UNSJ-RG 0005	95,0662	Concluído	17/02/2014	26	34	13	21	2,7961
	UNSJ-RG 0006	35,9796	Em andamento		8	15	1	14	2,3986
	UNSJ-RG 0006.10	109,0304	Em andamento		7	18	16	2	6,0572
	UNSJ-RG 0007	93,0403	Concluído	14/06/2010	14	23	3	20	4,0452
	UNSJ-RG 0008	111,0639	Concluído	09/12/2010	20	27	8	19	4,1135
	UNSJ-RG 0009**	22,5433	Em andamento		2	2	0	2	11,2717
	UNSJ-RG 0010	43,3269	Concluído	13/02/2014	5	6	2	4	7,2212
	UNSJ-RG 0011	73,0499	Concluído	13/02/2014	7	10	3	7	7,3050
	UNSJ-RG 0012	60,6010	Concluído	25/09/2014	15	19	5	14	3,1895
	UNSJ-RG 0013	163,9177	Em andamento		28	43	9	34	3,8120
	POSSE	10,7766	Em andamento		7	7	1	6	1,5395
	JUDICIAL	12,9233	Em andamento		3	5	0	5	2,5847
Subtotal	**15**	**1.139,2947**			**205**	**283**	**101**	**182**	**4,0258**
São Pedro do Butiá	UNSJ-SP 0001	213,5997	Concluído	27/05/2011	9	13	1	12	16,4307
	UNSJ-SP 0002	94,2656	Em andamento		14	17	2	15	5,5450
	UNSJ-SP 0003	75,6408	Em andamento		23	30	7	23	2,5214
	UNSJ-SP 0004	108,7247	Em andamento		27	38	3	35	2,8612
	POSSE	0,0000	–		0	–	–	–	–
	JUDICIAL	0,0000	–		0	–	–	–	–
Subtotal	**4**	**492,2308**			**73**	**98**	**13**	**85**	**5,0228**

Dezesseis de Novembro	UNSJ–DN 0001	63,8924	Concluído	22/09/2014	8	9	6	3	7,0992
	UNSJ–DN 0002	72,6601	Concluído	17/12/2014	18	19	10	9	3,8242
	UNSJ–DN 0003	91,0285	Concluído	05/04/2011	14	23	8	15	3,9578
	UNSJ–DN 0004	160,9063	Concluído	23/09/2014	5	6	1	5	26,8177
	UNSJ–DN 0005	208,3742	Concluído	24/09/2014	9	32	21	11	6,5117
	POSSE	63,5052	Em andamento		3	3	3	0	21,1684
	JUDICIAL	0,0000	–	–	0	–	–	–	–
Subtotal	**5**	**660,3667**			**57**	**92**	**49**	**43**	**7,17790**
São Luiz Gonzaga	UNSJ–SL 0001	160,3971	Concluído	10/06/2014	11	17	3	14	9,4351
	UNSJ–SL 0002	171,4002	Concluído	11/06/2014	15	41	21	20	4,1805
	UNSJ–SL 0003	198,8145	Concluído	09/02/2011	9	23	23	0	8,6441
	UNSJ–SL 0004	127,4926	Concluído	09/06/2014	13	18	4	14	7,0829
	UNSJ–SL 0005	209,1866	Concluído	23/07/2014	22	35	16	19	5,9768
	POSSE	1,0378	Em andamento		1	1	1	0	1,0378
	JUDICIAL	1,8088	Em andamento		1	1	0	1	1,8088
Subtotal	**5**	**870,1376**			**72**	**136**	**68**	**68**	**6,3981**
Rolador	UNSJ–RO 0001	137,2492	Concluído	10/03/2014	21	37	13	24	3,7094
	UNSJ–RO 0002	125,4877	Concluído	09/04/2014	27	33	13	20	3,8027
	UNSJ–RO 0003	82,2050	Concluído	10/04/2014	26	35	3	32	2,3487
	UNSJ–RO 0004	42,1354	Concluído	07/03/2014	17	23	2	21	1,8320
	UNSJ–RO 0005	21,4295	Concluído	12/03/2014	13	20	1	19	1,0715
	UNSJ–RO 0006	44,4241	Concluído	12/03/2014	6	10	1	9	4,4424
	POSSE	17,5158	Em andamento		5	5	0	5	3,5032
	JUDICIAL	0,0000	–		0	–	–	–	–
Subtotal	**6**	**470,4467**	–	–	**115**	**163**	**33**	**130**	**2,8862**
Total	**35**	**3.632,4765**			**522**	**772**	**264**	**508**	**4,7053**
Total de 26 processos unificados = 2.679,8356 ha (554 parcelas)							Total de 16 imóveis de posse = 92,8354 ha		
Total de 9 processos em andamento = 845,0734 ha (196 parcelas, exceto posses e em juízo)							Total de 06 imóveis em juízo = 14,7321 ha		

* processo composto por imóveis urbanos;
** processo composto por mais 6 imóveis de posse já contabilizados em POSSE.
Fonte: acervo da CGT Eletrosul.

Contudo, os processos de unificação concluídos contemplaram um total de 554 registros imobiliários, os quais foram reduzidos para apenas 26 novas matrículas com área média de 128,59 ha cada, totalizando 2.679,83 ha unificados. Embora os imóveis não estejam certificados pelo Incra, todas a matrículas unificadas estão com a descrição georreferenciada, além de haver a informação da quantidade de área destinada ao reservatório e à APP. Em paralelo, visando à uniformização, foram iniciados também os serviços de recadastramento e unificação das parcelas desapropriadas junto ao município de Roque Gonzáles (imóveis urbanos), Incra e Receita Federal (imóveis rurais), em conformidade com as matrículas unificadas.

Os 16 imóveis desapropriadas mediante escritura pública de posse ou de cessão de direitos possessórios e hereditários estavam distribuídos ao longo do reservatório, sendo sete em Roque Gonzáles, três em Dezesseis de Novembro, um em São Luiz Gonzaga e cinco em Rolador, totalizando uma área de 92,83 ha. Os documentos destes imóveis foram encaminhados ao departamento jurídico da Empresa para realização das ações necessárias para a regularização fundiária mediante processo de usucapião. Com a publicação da Lei n. 13.465/2017, que trouxe facilidades para a usucapião extrajudicial, aş ações para regularização desses imóveis foram efetivamente iniciadas a partir de então, porém também foram suspensas mais tarde por desmobilização da equipe envolvida e, até a data de publicação deste artigo, ainda não haviam sido retomadas.

Atualmente, um novo planejamento para retomada dos serviços suspensos está sendo preparado para concluir a unificação dos nove processos faltantes que contemplam 196 registros imobiliários e somam 845,07 ha, bem como a regularização dos processos de usucapião. Porém, quatro processos com áreas superiores a 100 hectares deverão ser divididos em dois ou três para atenderem ao atual Decreto n. 9.311/2018 vigente, cujo prazo para a obrigatoriedade do georreferenciamento de imóveis rurais com tamanho entre 100 e 250 ha passou a vigorar a partir de 20/11/2018. Neste caso, deverá ser observado o prazo de 20/11/2023, quando entrará em vigor a obrigatoriedade do georreferenciamento para imóveis rurais com tamanho entre 25 e 100 ha.

Após a conclusão da regularização fundiária dos processos de usucapião e de desapropriação judicial, deverão ser possíveis novas unificações de imóveis visando reduzir ainda mais o quantitativo de matrículas imobiliárias, porém, considerando-se os prazos atuais para o georreferenciamento de imóveis rurais e o tamanho dos imóveis já unificados, seria necessário um novo georreferenciamento de todas as áreas da usina a serem unificadas para formarem matrículas de área maior. Também devem ser avaliados a necessidade e os benefícios de novas unificações no curto e no médio prazos, considerando-se os custos envolvidos, uma vez que já foi reduzida significativamente a quantidade de unidades imobiliárias. Também deve ser verificada a possibilidade de não certificação pelo Incra da área da UHEPSJ em virtude de sua finalidade industrial. Ver detalhes da consolidação das unificações (exemplo da parcela UNSJ-RG 0007 limitada por um imóvel judicializado e pelo sistema viário), juntamente com as parcelas remanescentes e demais informações, na Figura 2.4.

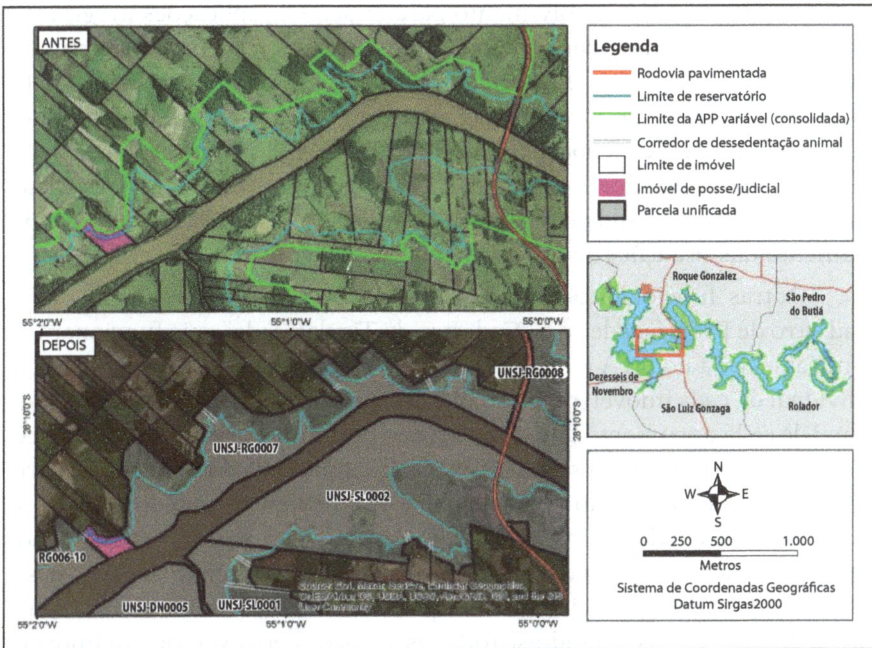

Figura 2.4 Conformação da estrutura fundiária antes e depois da implantação da usina.

Fonte: acervo da CGT Eletrosul.

Recentemente, a CGT Eletrosul implantou um Sistema de Gestão Fundiária e Ambiental (SIFA), operação desde 2019, que possibilitou a modernização da governança dos processos fundiários e ambientais por meio da integração dos dados e informações alfanuméricas com os respectivos dados geográficos, permitindo também o início de desenvolvimento de soluções *webgis* específicas e para finalidades distintas. No caso da gestão territorial, cada imóvel desapropriado até 2018 era cadastrado em um sistema legado limitado a gerenciar poucos dados do processo de desapropriação, que, com o passar do tempo, já não atendia plenamente as necessidades atuais. Neste contexto, os recursos de geoprocessamento e de SIG foram também importantes, e eventualmente únicos, para suprir as necessidades de gestão e controles de dados e informações até então. A partir da implantação e migração dos dados legados para o novo sistema (SIFA), mais robusto e versátil, foi possível aperfeiçoar as práticas de gestão territorial. Atualmente, a base de dados cadastrais migrada para o SIFA está integrada ao SIG, que também teve sua base de dados geográficos reestruturada e convertida para o *Sistema de Referência Geocêntrico para as Américas de* 2000 (SIRGAS 2000), em atendimento à Resolução PR n. 01/2005 do IBGE. Já existem projetos em planejamento e em desenvolvimento para criação de aplicações *webgis* integradas ao SIFA para atender as demandas específicas relacionadas às atividades de cada área da Empresa, bem como outras em operação, por exemplo, a solução "Registro de Ocorrências" para o cadastro georreferenciado de desmatamentos e/ou ocupações irregulares da APP; rompimento de cerca e/ou danos nos corredores de dessedentação, entre outros; além de realizar, por meio de funcionalidade de fluxo de processo, os registros de acompanhamento das situações de cada ocorrência até a conclusão do processo.

Outras funcionalidades importantes para a gestão territorial são o "Cadastro de Propriedade" e o "Cadastro de Titularidade", que funcionam de forma associada no SIFA e integrada ao GIS. O primeiro permite o cadastro individual de cada imóvel (propriedade), e o segundo permite o cadastro individual de cada documento que caracteriza o domínio (transcrições e matrículas) ou a posse (contratos, escrituras etc.), sendo que cada documento ou parte dele pode ser associado ao respectivo imóvel. Portanto, quando imóveis se encontram em condomínio *pró-diviso*, por exemplo, é possível associar cada registro (fração ideal) da matrícula ao respectivo imóvel, sendo possível, desta forma, realizar um gerenciamento amplo, de forma dinâmica e sem redundância de dados, considerando-se todas as situações possíveis de um imóvel.

5 CONSIDERAÇÕES FINAIS

Os estudos para implantação da UHEPSJ iniciados em 2006 e todos os trabalhos realizados até o ano de 2021 puderam demonstrar que a gestão territorial de grandes obras de engenharia não é uma tarefa trivial e, tampouco, fácil. É uma atividade complexa, que demanda planejamento, gerenciamento e tomada de decisão constante para dar conta da infinidade de problemas que possam surgir durante a implantação e operação do empreendimento. É necessário estabelecer uma dinâmica e um diálogo constantes que envolvem tanto os funcionários por parte do empreendedor como os órgãos ambientais, além dos proprietários atingidos e dos movimentos formados a partir da mobilização destes últimos.

Também deve ser considerado o estabelecimento de um plano de conscientização da importância de cumprimento de função social, de um plano de mudança que contenha as diretrizes básicas acordadas entre a empresa e a população afetada pelo reservatório, a partir dos estudos técnicos de recomposição do território, para os trabalhos de relocação dos atingidos, bem como acompanhamento das equipes de assistentes sociais.

Também devem ser considerados os trabalhos de pesquisa de preços de imóveis, *a priori*, da implantação da obra para evitar processos de especulação imobiliária.

Especificamente, para a equipe de geoprocessamento que atuou no empreendimento, houve muitos desafios importantes, entre eles, realização de análises individuais de cada imóvel para definição das áreas a serem desapropriadas, considerando todas as temáticas e condicionantes envolvidas, bem como a realização de controles periódicos da quantidade de áreas de APP consolidadas, que correspondiam às propostas de áreas aprovadas por todas as partes envolvidas: setor de meio ambiente e de avaliação do empreendedor e, principalmente, do aceite final do proprietário e da Comissão dos Atingidos.

Neste sentido, os recursos e técnicas de geoprocessamento empregados foram fundamentais para a realização de controles eficientes, garantindo o acompanhamento técnico dos trabalhos e uma gestão segura dos recursos orçamentários do empreendimento. Atualmente, na fase de operação da usina, continuam sendo fundamentais, principalmente no desenvolvimento de soluções *webgis* integradas a outros sistemas corporativos para apoiar a realização das atividades rotineiras relacionadas à gestão territorial e ambiental, bem como para a manutenção e operação dos ativos de geração. Com isso, espera-se que os recursos de geoprocessamento sejam cada vez mais difundidos, acessíveis e integrados às rotinas de trabalho e ao negócio da Empresa, contribuindo para uma mudança de cultura objetivando usabilidade, segurança, confiabilidade e agregação de valor aos dados geográficos e soluções de geoprocessamento.

REFERÊNCIAS BIBLIOGRÁFICAS

ASSOCIAÇÃO DOS NOTÁRIOS E REGISTRADORES DO ESTADO DO MATO GROSSO (ANOREG/MT). Home page. Disponível em: https://www.anoregmt.org.br//9660/09660_07413_00026.pdf. Acesso: 02 abr. 2021.

CELESTINO, V. S. *Considerações sobre a qualidade altimétrica para projetos de usinas hidrelétricas*. Tese (Doutorado) – Universidade Federal de Santa Catarina, Centro

Tecnológico, Programa de Pós-Graduação em Engenharia Civil, Florianópolis, 2014.

CELESTINO, V. S.; PHILLIPS, J. W.; ROCHA, R. S. *O reordenamento territorial em grandes obras*: o caso da cidade de Itá. Recife/PE: II SIMGEO, 2008.

FENILLI, G. Z.; LOCH, Carlos. *Impactos sócio-ambientais causados pela implantação da Usina Hidroelétrica Itá*. Florianópolis/SC: COBRAC, 2002.

MÜLLER, Arnaldo Carlos. *Hidrelétricas, meio ambiente e desenvolvimento*. São Paulo: Makron Books, 1996.

3

GUIA PARA O BDIT
PREPARATIVOS PARA UMA ANÁLISE MAIS ASSERTIVA

*Micael Barbosa Nadas**
*Pétrik Emanuel Lauermann***
*Valdeci Antônio de Oliveira Júnior****

A Agência Nacional de Energia Elétrica (Aneel) publicou no Diário Oficial da União, em 26 de novembro de 2019, a Resolução Normativa n. 861. A partir dessa publicação, todas as concessionárias que operam linhas de transmissão de energia no Brasil precisam entregar a Base de Dados das Instalações de Transmissão de Energia Elétrica (BDIT), que compreende todas as informações técnicas e cadastrais dos ativos de transmissão no Brasil.

O ONS, agente responsável por executar as atividades de coordenação e controle da operação do Sistema Interligado Nacional (SIN), deve certificar-se de que essas instalações de transmissão atendam aos requisitos estabelecidos no instrumento técnico e nos Procedimentos de Rede, e será a entidade responsável por receber e validar as bases preparadas e enviadas pelas concessionárias dentro dos prazos acordados.

Portanto, essa Resolução Normativa é um instrumento para controle da base de informações de transmissão de energia, resultado de uma articulação entre o Ministério de Minas e Energia, Aneel e ONS.

Entende-se que a motivação desta Resolução é aumentar o conhecimento sobre as redes de transmissão e a capacidade de gestão e redução de riscos na operacionalização do SIN.

* Geógrafo – Universidade do Estado de Santa Catarina. Analista de Geoprocessamento na OPT GIS.

** Especialista em Ciência de Dados – Instituto de Gestão e Tecnologia da Informação, Geógrafo – Universidade do Estado de Santa Catarina. Analista de Geoprocessamento na OPT GIS.

*** Estudante de Geografia – Universidade Federal de Santa Catarina. Estagiário na OPT GIS.

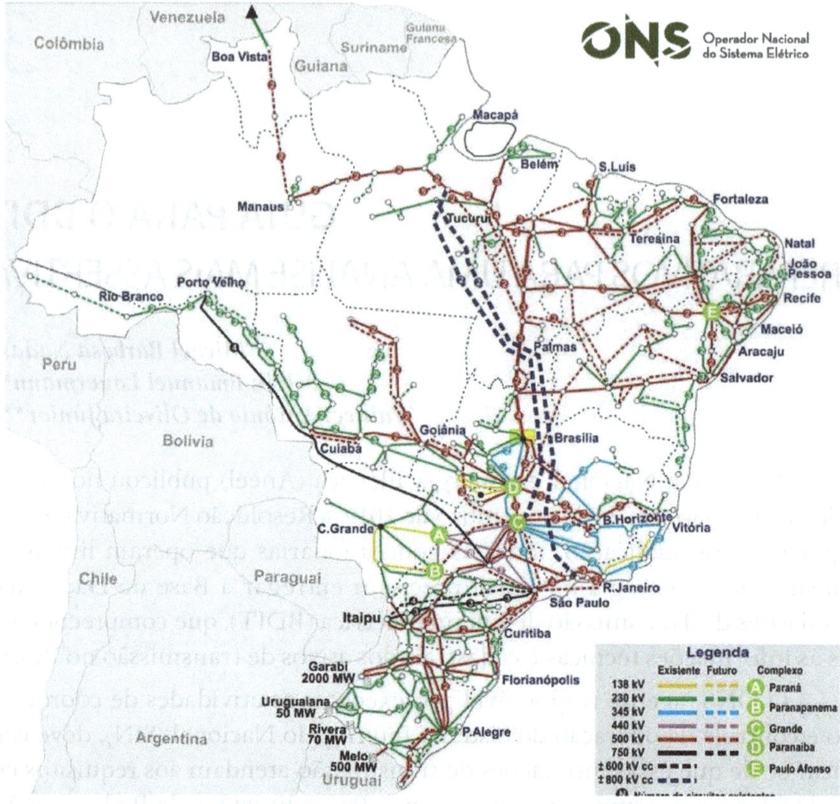

Figura 3.1 Mapa esquemático do SIN.

Fonte: acervo da ONS.

O SIN tem aproximadamente 150 mil km em linhas de transmissão e a gestão destes ativos é um desafio territorial, o ONS realiza uma coordenação centralizada da operação, com capacidade de manobras e intercâmbio de energia entre os subsistemas de geração, atuando no planejamento, na operação em tempo real e na pós-operação com a investigação de falhas e possíveis riscos ao funcionamento de todo o sistema, é na pós-operação que o ONS divulga os resultados para os agentes do setor, os órgãos governamentais, normativos, fiscalizadores e para a sociedade.

Porém, o gerenciamento do ONS é realizado com o perfil esquemático da rede de transmissão, as linhas não estão georreferenciadas no painel de controle. O mapeamento das linhas de transmissão com o cadastro de seus equipamentos é um dos principais motivadores da criação da BDIT.

Em 2013, a Aneel precisou se esforçar muito para encontrar as causas do incidente que ocasionou um dos maiores desligamentos do SIN em toda a década, quando uma queimada em Canto do Buriti, no Piauí, deixou parte da região Nordeste, por algumas horas, sem fornecimento de energia. Uma das grandes preocupações era a falta de informação quanto ao posicionamento das linhas, como estávamos a 1 ano da Copa do Mundo, outro incidente poderia trazer prejuízos ainda maiores. Neste ano, 2013, satélites já monitoravam e identificavam em tempo quase real o surgimento de focos de queimadas, os modelos de geoprocessamento já eram capazes de produzir mapas de risco sobre queimadas de acordo com o mapeamento da cobertura vegetal e índices de biomassa, porém a gestão de risco no setor de transmissão tinha um ponto fraco: o georreferenciamento das linhas de transmissão.

Como monitorar riscos e gerenciá-los, se não é possível sistematizar as cercas virtuais (área virtual em torno das linhas que, em um sistema de monitoramento, podem ser configuradas para disparo de alertas de acordo com proximidade de focos de queimadas *versus* susceptibilidade da vegetação) de uma maneira generalizada para todo o país?

Há 6 anos, algumas empresas de transmissão não tinham plantas físicas com a localização de alguns ativos, ficando a critério das equipes técnicas garantir a manutenção e a fiscalização dos empreendimentos pelo conhecimento empírico da localização.

Sanar esta lacuna de informação passou a ser um dos grandes desafios do setor de transmissão, que vem expandido os investimentos com projetos completos e mapeamentos precisos, porém há ainda grande quantidade de ativos com mais de 20 anos de implantação e sem informações precisas de localização e cadastro de equipamentos desatualizado.

Além do monitoramento de queimadas, o georreferenciamento dos ativos é imprescindível para investigações quanto a desligamentos por descargas atmosféricas, vandalismo, invasões nas faixas, gestão de poda, monitoramento de processos erosivos, gestão eficiente de equipamentos como mapas de idade de isoladores por LT, mapas com danos em equipamentos e identificação de padrões espaciais, já o cadastro completo de informações permite um conhecimento ainda maior sobre idade de equipamentos, modelos, substituição, organização, atualização por troca de equipamentos e gestão completa dos ativos.

Neste contexto de avanço tecnológico permitindo diagnósticos e monitoramentos cada vez mais precisos em que a Resolução Normativa 861 foi publicada, trazendo a obrigatoriedade do cadastro e mapeamento de ativos de transmissão.

Desta forma, a BDIT surge como uma importante ferramenta de gestão espacial que representa, no espaço geográfico, os ativos e todos os diversos agentes envolvidos na operacionalização da rede de transmissão e suas interações espaciais. O denominador comum entre inspeções, trocas de equipamentos, monitoramento por satélite, *drones* e vistorias passará a ser o espaço geográfico. Portanto, entendemos que, no setor elétrico, mais aplicações e sistemas se utilizarão da variável espacial, pois é o meio mais estratégico de se integrarem diferentes processos de negócio, sendo que todos operam em um mesmo espaço. Essa integração proporciona uma complementaridade sobre custos, gerando autonomia e redução de riscos. A base cadastrada e mapeada é só o início de uma gestão cada vez mais eficiente.

1 PRINCIPAIS ASPECTOS DA RESOLUÇÃO

A entrega da base é anual, até 31 de março de cada ano, as transmissoras devem atualizar os dados relativos à condição das instalações sob sua concessão em 31 de dezembro do ano anterior.

A entrega regulatória é uma conciliação do cadastro técnico de ativos, estruturação de todos os equipamentos e informações sobre os equipamentos com a base física georreferenciada, permitindo a criação de banco de dados geográficos nas empresas que pode ser integrado com a base de gestão de ativos, oferecendo um sistema sincronizado entre atualizações de manutenção com a entrega anual da BDIT.

A automatização do cadastro via ferramentas de ETL é uma realidade parcial dadas as características das informações solicitadas, encontramos grande parte das informações em plantas e desenhos técnicos, modelos elétricos complexos, em que não há como automatizar e, neste sentido, depende de equipes especializadas na interpretação destes desenhos para um cadastro correto e completo.

Durante a execução do cadastro, é fundamental para as concessionárias um envolvimento multidepartamental para o "garimpo" dos dados solicitados, estamos executando o cadastro da BDIT, e o envolvimento de especialistas nos departamentos da concessionária é imprescindível para a disponibilização das informações necessárias ao cadastro técnico.

Os dados geográficos serão entregues com duas possibilidades de escala: a primeira com uma precisão intermediária para dar tempo de as concessionárias mapearem os ativos; já a segunda, prevista para 3 anos após a primeira entrega, obriga as transmissoras a atender um padrão de alta precisão sobre o mapeamento.

Para as concessionárias, é fundamental que se tenha ao menos um especialista por equipamento. Esse especialista será o responsável pelo conhecimento de onde se encontram os dados pulverizados dos equipamentos, assim como acionar técnicos especialistas para casos em que a busca esteja mais morosa.

Em um primeiro momento, é recomendado se ter no mínimo um inventário de todos os equipamentos envolvidos, assim como os diferenciar por meio de um código único. Com isso levantado, será possível ter uma visão de todo o escopo e definir melhor táticas de como realizar o avanço na coleta de dados.

A coleta de dados de subestação, até por ter mais equipamentos, é muito mais complexa e onerosa se comparada com as linhas de transmissão. Dependendo da quantidade de linhas de transmissão e subestações que a concessionária tenha em seu parque, o trabalho com linhas de transmissão, proporcionalmente, se torna bem pequeno. Logo, boa parte do que se apresenta neste texto se aplica aos equipamentos de subestação.

Alguns modelos de equipamentos são usados em mais de uma subestação; desta forma, ao se iniciar a coleta por uma subestação que apresenta uma diversidade maior nos tipos de equipamentos, pode ser uma boa estratégia em já ganhar tempo conforme anda a coleta. Modelos de equipamento tendem a se repetir quando são de uma mesma concessão. Desta forma, o número de equipamentos diferentes tende a diminuir conforme a progressão da coleta. Com equipamentos equivalentes, a maioria dos dados cadastrais destes equipamentos será igual, permitindo a transição de dados de uma subestação para outra de forma facilitada.

É natural que não se tenha uma base única com todos os dados necessários para o BDIT, logo variedade de bases diferentes é esperada. Porém, muitas bases podem refletir que os dados estão tão dispersos que seu resgate pode se tornar tão oneroso quanto coletar o dado a partir do zero. Por isso é importante que as bases tenham um mínimo necessário de dados padronizados considerando-se a completude de dados. Para questões de coleta, é melhor que a base tenha dados de todas as subestações, mesmo que em menor quantidade, do que ter dados de apenas uma ou poucas subestações, ainda que mais dados.

A seguir, algumas definições sobre a qualidade das bases:

Quanto à estrutura:

- **Bases estruturadas:** bases em formato definido, em planilha ou banco de dados.

- **Bases organizadas:** bases em que o acesso e a extração de dados possam ser feitos de forma padronizada regular, independentemente da subestação ou do equipamento. O formato da base é pouco importante, pode ser qualquer um, desde que se tenha este padrão (p. ex., sistema interno, pastas em sistemas operacionais).
- **Bases desorganizadas:** base que é bom evitar, pois o reaproveitamento, tanto de dados como de expertise para coletas posteriores, é inexistente. Usar somente a natureza do dado é de suma importância para identificação dos equipamentos individualmente.

Quanto a conteúdo:

- **Bases completas:** bases que têm dados de todas as subestações, não necessariamente todos os atributos da BDIT, mas têm todas as subestações ou próximo disto.
- **Bases incompletas:** bases que não têm todas as subestações, apenas uma parte delas. Independentemente de ter mais ou menos atributos presentes na BDIT. Recomendado não usar.

Em questão de facilidade na extração dos dados segue-se, da mais prática para a mais complicada, o tipo de base e a realização da coleta.

Bases estruturadas completas > Bases organizadas completas
> Bases estruturadas incompletas > Bases organizadas incompletas
> Bases desorganizadas completas > Bases desorganizadas incompletas.

Além dos dados cadastrais encontrados nas bases, também há dados documentais que deverão ser anexados a seus respectivos equipamentos. São documentos, em sua maioria, que apresentam características técnicas dos modelos dos equipamentos (gráficos, ensaios, desenhos detalhados etc.).

Exaurindo as bases trabalhadas, deve-se chegar ao final do processo com no mínimo todos os equipamentos catalogados e identificáveis com dados de fabricante e modelo. Com base nisso, será possível dar um novo passo nas coletas, em que o trabalho em campo poderá ser necessário.

A metodologia empregada para esse novo passo pode variar conforme a natureza dos dados faltantes, assim como a estrutura organizacional da concessionária. Desde conversas diretas, troca de e-mails à construção de formulários para preenchimento em campo e/ou envio de fotos de placas de identificação dos equipamentos. Esta abordagem deve ser discutida com os especialistas e o líder do projeto de coleta de dados do BDIT.

Caso haja necessidade de trabalho em campo, é desejável que seja o mais eficiente possível, enviando pessoas certas com o conhecimento sobre BDIT e sobre os equipamentos. Esses dados podem integrar a base diretamente ou ser uma nova base. Caso seja outra, é essencial que haja entre elas um campo-chave.

Com a base sendo única, pode-se padronizar os valores nela inseridos, de forma que valores iguais sejam de fato iguais. Além disso, respeitar as regras de integridade do BDIT. Tipo de campo (texto, número, data), limites de valores (superior e inferior), valores pré-definidos, identificar possíveis erros, duplicidades e realizar pequenos ajustes. O dado deve estar devidamente padronizado e correto para ser possível enviá-lo ao sistema do BDIT a ser desenvolvido pela ONS.

Para ser possível enviar estes dados, eles devem passar por um processo de transformação para serem compatíveis com o formato esperado pelo sistema; este processo pode ser feito com um roteiro não muito complexo, mas que deve ser revisado minuciosamente.

Sobre o modelo de dados que analisamos da Resolução Normativa, seguem-se algumas considerações:

A BDIT reúne 27 entidades diferentes, sendo 23 referentes à subestação e quatro referentes à linha de transmissão. Cada entidade apresenta atributos e anexos que devem ser levantados e informados para o ONS. Atributos são informações cadastrais dos equipamentos e os anexos são documentos vinculados a esses equipamentos.

Na subestação

Tabela 3.1 Comparativo dos equipamentos relacionados à subestação.

	Equipamento/estrutura	Número de atributos	Quantidade de anexos
1	Subestação[4]	12	1
2	Barramento	27	0
3	Transformador	126	2
4	Disjuntor	83	0
5	Para-raios	30	2
6	Compensador estático	33	12
7	Reator em derivação	66	3
8	Capacitor em derivação	36	0
9	Capacitor em série fixo	49	7
10	Compensador síncrono	53	2

11	Seccionador	54	0
12	Transformador de corrente	45	2
13	Transformador de potencial	43	0
14	Capacitor série a tiristor	49	7
15	Centelhador	27	0
16	Filtro de harmônicos passivo	43	0
17	Válvulas	60	1
18	Reator de alisamento	32	0
19	Filtro PLC	28	1
20	Bobina de bloqueio	34	0
21	Reator limitador	39	0
22	Relés	*	*
23	Registrador digital de perturbação	*	*

Fonte:

Linha de transmissão:

Tabela 3.2 Comparativo dos equipamentos relacionados à linha de transmissão

	Equipamento/estrutura	**Número de atributos**	**Quantidade de anexos**
1	Linha de transmissão[a]	208	0
2	Vão de LT[b]	23	0
3	Torre de transmissão[c]	36	0
4	Ponto de referência[d]	20	0

(a) Linha de transmissão propriamente dita é a entidade com primitiva geográfica que representa a sua localização linear. (b) Espaço entre as torres adjacentes em uma LT, tem primitiva geográfica linear representando sua localização. (c) Localização pontual da torre de transmissão, tem primitiva geográfica pontual. (d) Ponto de referência da LT para os casos em que a LT é subterrânea.

Fonte: desenvolvida pela autoria do capítulo.

Totalizando 1.256[1] atributos a serem coletados assim como 40* tipos de documentos que serão anexados.

Os dados de subestação estão divididos entre 23 equipamentos que a compõem conforme a Tabela 3.2 e são encontrados de diferentes fontes de dados e formatos tais como pdf, dwg, xlsx. Alguns dados se mostram de forma mais fácil no diagrama unifilar da subestação como o código

[1] Equipamento ainda sem definição do número de campos e de anexos até a data 17/09/2021.

operacional, circuito manobrado, a qual módulo aquele equipamento está ligado e faz parte; entre os 969* atributos dos equipamentos, o transformador é o que apresenta maior número de atributos, um total de 126.

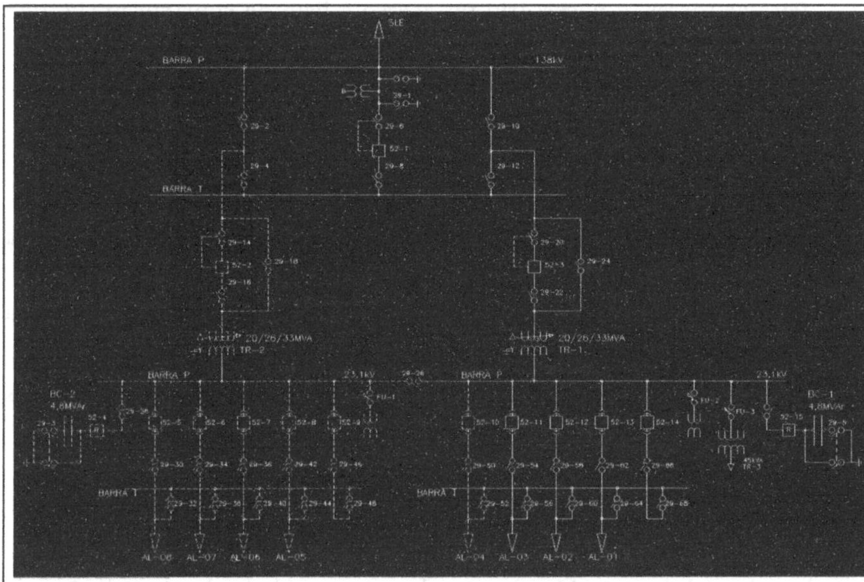

Figura 3.2 Modelo de diagrama unifilar de uma subestação de energia elétrica, em que é possível visualizar os equipamentos que a compõem e sua organização.

Fonte:

Para o preenchimento dos atributos de todos os equipamentos, estão sendo consultados, além dos diagramas unifilares, também o projeto básico, folha de dados, placa de identificação, relatório TAF, relatório de comissionamento, relatório de ensaio, banco de dados do SAP e dados de sistemas como o SAGIT e o SINDAT, em que é possível conseguir dados como a subestação à qual o equipamento está ligado, tensão nominal, modelo, fabricante, código operacional, entrada em operação.

Quanto aos dados mais específicos de alguns equipamentos que estão sendo solicitados para a composição do BDIT, como os de proteção, dados de perdas totais, perdas vazio, derivação dos enrolamentos, entre outros, estão sendo consultados os ensaios realizados pelos fabricantes e os desenhos dos equipamentos.

Os dados de LT solicitados pela ONS se dividem em três categorias: linha de transmissão; torres e vão. Tais informações se encontram em diversos documentos referentes ao empreendimento. A maioria dos dados de linha de transmissão pode ser adquirida nos documentos e estudos de projeto básico, com foco nos capítulos de coordenação de isoladores, dados climatológicos e nos estudos eletromecânicos e elétricos de projeto.

Para as torres, é necessário ter acesso à lista de construção (LC) do empreendimento e, muitas vezes, essa lista pode estar incompleta ou desatualizada, fato para o qual é importante atentar, identificando-o com o auxílio dos especialistas e corrigi-lo, se necessário. Na LC, há informações fundamentais para a obtenção de dados de preenchimento do BDIT, como: número operacional; quantidade de cabos condutores; tipo de cabo para-raios; e altura das torres. Além da LC, os desenhos de silhueta são importantes para obter dados referentes à disposição dos circuitos e informações sobre distâncias na torre, como a distância dos cabos condutores ao eixo de simetria da torre e a distância entre os cabos para-raios.

As informações referentes ao vão podem ser adquiridas na LC e dos desenhos de Planta e Perfil. Algumas informações são repetidas aos itens anteriores, sendo assim, deve-se consultar os arquivos do Projeto básico também.

A primeira versão, de quais seriam os equipamentos/estruturas a serem cadastradas assim como quais atributos seriam levantados, veio no anexo 1 do submódulo 2.2 "Verificação da conformidade das instalações de transmissão aos requisitos mínimos".

Apesar de esse submódulo já apresentar em alguma medida como serão estruturados os dados cadastrais a serem levantados, como a tipologia, classificação e até alguns breves exemplos, conforme o Quadro 3.1 a seguir:

Quadro 3.1 Captura extraída do Submódulo 2.2 – Verificação da conformidade das instalações de transmissão aos requisitos mínimos.

Características da torre		
5	Tipo de torre	estaiada circuito simples, estaiada circuito duplo, autoportante circuito simples ou autoportante circuito duplo
6	Quantidade de circuitos lançados por torre	número
7	Configuração das cadeias de isoladores	CA: III, IVI, Y e vertical ou CC: II
8	Material das cadeias de isoladores	cerâmica, vidro, polímero ou misto
9	Menor número de isoladores em série nas cadeias da torre	número
10	Disposições das fases	horizontal, vertical ou triangular
11	Tipo de fundação	grelha, concreto, outro
12	Resistência de pé da torre (valor de ...	número

Fonte: desenvolvida pela autoria do capítulo.

Até maio de 2021, não estava claro em qual formato estes dados deveriam ser enviados à Aneel; e, quando se pensa em sistema, detalhe desse tipo é importante para que se evitem mal-entendidos e confusões.

Um exemplo é o transformador nos casos de unidades reserva. O documento deixa claro que, quando há unidade reserva, deve ser informado o tempo de substituição, mas não diz onde ou como.

Ainda quanto ao transformador, em tensão, é afirmado que o dado deve ser em formato numérico, mas os transformadores têm mais tensões a fim de realizar a transformação. Desta forma, apresentar dois valores ou mais em um único atributo se torna inviável.

Além desse tipo de ocorrência, há casos de erro, seja de formatação, seja de digitação mesmo, que criam dúvidas e indecisões. Como exemplo, no compensador estático, o dado "modelo computacional" é tido como numérico, mas, na realidade, é arquivo anexo.

Mesmo com esses "problemas", criamos a base de dados para já deixá-la preparada para a consequente coleta. Em alguns casos, foi possível utilizar o bom senso e, em outros, foi escolhida arbitrariamente qual abordagem adotar. Claro que sempre com objetivo técnico. E foi montado no formato de planilha eletrônica o primeiro modelo, quase fidedigno ao submódulo.

Em um momento posterior, tivemos acesso a um novo documento, desta vez bem mais técnico, em que era possível ver o que se espera (por parte do ONS) em relação ao formato dos dados. Esse documento detalha como será a integração entre dados do SAGIT com o que está sendo solicitado no BDIT.

Como os dados agora estão em um formato computacionalmente inteligível, notou-se que algumas decisões prévias que tomamos se concretizaram, enquanto para outras houve entendimento diverso e elas foram devidamente corrigidas.

Mas não houve apenas detalhamentos sobre os dados, há, principalmente em transformadores e disjuntores, mas não somente, um novo conjunto de atributos que antes não haviam sido mencionados. Podemos citar o transformador, sobre o qual entraram 73 novos atributos e foram excluídos 16, o que gerou retrabalho considerável e volume de trabalho não previsto. Além dos atributos específicos de cada equipamento, houve a inclusão de três a quatro atributos (a depender do equipamento) que estão em todos os dados (MRID, Id do agente proprietário, descrição e lista de documentos por meio de ID),

Esse documento, mostrando de fato a natureza dos dados, facilitou a consolidação do modelo, assim como a coleta subsequente. A seguir, a Figura 3.3 traz um exemplo da documentação mostrando os atributos de um transformador (nome padronizado), assim como os valores.


```
"PotenciaNominalPrimario": 500,
"PotenciaNominalSecundario": 600,
"PotenciaNominalTerciario": 50,
"CorrenteCCEnrolamentoPrimario": 40,
"CorrenteCCEnrolamentoSecundario": 50,
"CorrenteCCEnrolamentoTerciario": 50,
"PotenciasResfriamentoTipoResfriamentoPrimeiroEstagio": "ONAN",
"PotenciasResfriamentoTipoResfriamentoSegundoEstagio": "ONAF",
"PotenciasResfriamentoTipoResfriamentoTerceiroEstagio": "ONAF I",
"PrimarioMVAPrimeiroEstagio": 500,
"PrimarioMVASegundoEstagio": 500,
"PrimarioMVATerceiroEstagio": 500,
"SecundarioMVAPrimeiroEstagio": 500,
"SecundarioMVASegundoEstagio": 500,
"SecundarioMVATerceiroEstagio": 500,
"TerciarioMVAPrimeiroEstagio": 500,
"TerciarioMVASegundoEstagio": 500,
"TerciarioMVATerceiroEstagio": 500,
"PerdasTotais": 0.6,
"PerdasVazio": 600,
"TensaoBase": 777,
"PerdasCarga": 777,
"PotenciaBase": 777,
"EnrolamentoReferenciaCurvaSaturacao": "S",
"FormaAterramentoAterramentoNeutroPrimario": 1,
"FormaAterramentoAterramentoNeutroSecundario": 2,
"ResistenciaReatanciaAterramentoNeutroPrimario": 450,
"ResistenciaReatanciaAterramentoNeutroSecundario": 450,
"RelacaoTransformacaoTCBuchaPrimarioNumerador": 480,
"RelacaoTransformacaoTCBuchaPrimarioDenominador": 450,
"RelacaoTransformacaoTCBuchaSecundarioNumerador": 500,
"RelacaoTransformacaoTCBuchaSecundarioDenominador": 450,
```


Figura 3.3 Captura extraída da Especificação Técnica da Integração BDIT-SAGIT.

Fonte:

Porém mesmo no novo documento, ainda se encontram alguns "erros", como caracteres especiais no nome dos atributos; e atributos que têm a mesma finalidade em entidades diferentes, mas com nome fora de padrão. Porém, até o momento, não se encontrou nada que inviabilize o preenchimento de nenhum atributo.

Mas uma questão se tornou aberta em relação aos anexos. Há, nas entidades que têm anexo, um atributo (lista de documentos) que deve ser preenchido com o ID do documento enviado ao sistema. Isso, contudo, obriga que o envio de anexos seja feito, *a priori*, em relação ao envio dos dados cadastrais. Para, assim, preencher esse valor gerado pelo sistema nos atributos dos equipamentos. Isso pode ser um agente que deixe mais lento o processo de envio dos dados cadastrai.

Em meados de julho/2021, nova versão dos documentos foi disponibilizada, com algumas pequenas mudanças em relação aos equipamentos no geral. Porém, houve mudanças significativas no modelo. Primeiro em relação à linha de transmissão: antes eram poucos dados que deveriam ser coletados em relação a LT, mas, nessa nova versão, sua quantidade aumentou em mais de 10 vezes. Vão e torre sofreram poucas diferenças. Outra mudança será em relação ao sistema de proteção: o modelo anterior não era condizente com a realidade. Sendo assim, para o cadastro foram criados dois novos equipamentos a fim de se substituir a "proteção": são os Relés de proteção e Registros Digitais de Perturbação. Essas mudanças tornarão as coletas mais simples e precisas.

Porém, essas mudanças por parte da ONS acabaram punindo, de certa forma, as concessionárias que já estavam se adiantando no cadastro. Em muitos casos, elas tiveram de apagar o que já haviam coletado e refazer a coleta. Isso, aliado aos prazos fechados da ONS/Aneel, não cria um ambiente favorável e confiável para o início dos cadastros dos equipamentos. O receio de retrabalho e de usar recursos que se tornem inúteis é real e ocasiona atrasos e lentidão na carga do banco de dados.

A padronização da base e a possível e desejável integração com outras bases de dados (a base geográfica inclusa) elevam exponencialmente as possibilidades de novos projetos, novas ideias, novas análises. Inclusive, para um profissional de geoprocessamento da área elétrica, essa base será uma porta de entrada para o "geo" em outras áreas da empresa ainda resistentes pelas suas tecnicalidades e especificidades. As concessionárias e o mercado têm muito a ganhar com esse tipo de abordagem, tanto em eficiência como em qualidade. Será possível relacionar dados de rede elétrica com o geoprocessamento, até talvez no âmbito de subestação, com mapeamento interno dos equipamentos, assim como auxiliar as áreas técnicas no gerenciamento e logística desses equipamentos e não só na parte elétrica em si. Também o geoprocessamento como setor das empresas e como área do conhecimento tem muito a ganhar com a BDIT.

Entendemos que o conhecimento sobre os dados eleva a capacidade de gestão a um patamar ainda inédito no setor de transmissão brasileiro e impulsionará novas soluções e uma verdadeira corrida tecnológica para otimizar ainda mais a operação e manutenção das linhas e subestações. Analisar os resultados da BDIT sob uma ótica de ciência de dados fará uma mudança na forma de entender o setor elétrico, os números da BDIT serão impressionantes como magnitude do Sistema Interligado Nacional, o maior sistema de transmissão de energia em alta tensão do mundo.

REFERÊNCIAS BIBLIOGRÁFICA

BRASIL. Operador Nacional do Sistema Elétrico. Ministério de Minas e Energia. *Verificação da conformidade das instalações de transmissão aos requisitos mínimos.* 2019. Disponível em: http://www.ons.org.br/%2FProcedimentosDeRede%2FM%C3%B3dulo%202%2FSubm%C3%B3dulo%202.2%2FSubm%C3%B3dulo%202.2%20 2019.11.pdf. Acesso em: 12 maio 2021.

BRASIL. *Resolução Normativa n. 861, de 26 de novembro de 2019.* Dispõe sobre a definição da Base de Dados das Instalações de Transmissão de energia elétrica e dá outras providências. 233. ed. Brasília, DF: Diário Oficial da União, 3 dez. 2019. Seção 1, p. 46-48. Disponível em: https://www.in.gov.br/web/dou/-/resolucao-normativa-n-861-de-26-de-novembro-de-2019-231012964. Acesso em: 12 maio 2021.

OPERADOR NACIONAL DO SISTEMA ELÉTRICO. *Projeto:* BDIT-SAGIT – Especificação Técnica da Integração. Rio de Janeiro, 2020. 165p.

OPERADOR NACIONAL DO SISTEMA ELÉTRICO. Validador Geográfico BDIT – *Manual do Componente de Validação do ONS.* Rio de Janeiro, 2020. 20p.

4

GOVERNANÇA CORPORATIVA DE INFORMAÇÕES GEOGRÁFICAS NO SETOR ELÉTRICO

*Cleice Edinara Hübner**

1 INTRODUÇÃO

Já é conhecido que a informação geográfica possibilita ações mais eficazes, decisões mais seguras e incrementos na lucratividade. Sabe-se que cerca de 80% dos dados de uma empresa estão relacionados à localização e estima-se que a informação geográfica melhora o rendimento econômico em torno de 15%.

A informação geográfica tem se mostrado um recurso valioso para tomada de decisão no setor elétrico devido à diversidade de atividades de atuação das empresas que estão atreladas ao conhecimento e controle do território onde prospectam, implantam e operam seus empreendimentos.

De acordo com a literatura especializada, os *Geographic Information Systems* (GIS) ou os Sistemas de Informação Geográfica (SIG) possibilitam a empresas e gestores olhar para os problemas espacialmente trazendo como benefícios a melhoria da eficiência, da tomada de decisão, do planejamento, da comunicação e da colaboração e ao mesmo tempo gera transparência (PARR et al., 2012).

O gerenciamento eficaz da informação geográfica faz a diferença nos ambientes altamente competitivos. Não é por acaso que muitas empresas do setor elétrico estão utilizando o GIS em seus processos de negócio, bem como

* Geógrafa formada pela Universidade Estadual de Santa Catarina (UDESC). Mestre em Cadastro Técnico Multifinalitário e Gestão Territorial na Universidade Federal de Santa Catarina (UFSC). Há mais de 11 anos atua nas áreas de licenciamento ambiental, gestão fundiária e geoprocessamento da CGT Eletrosul, empresa de geração, transmissão e comercialização de energia com atuação na região Sul e no estado de Mato Grosso do Sul (MS). Há oito anos coordena o Comitê de Geoprocessamento da CGT Eletrosul.

muitas instituições públicas que têm relação direta com o setor de energia têm usado o GIS em seus processos de regulação e licenciamento, como os processos de regulação da Aneel e de licenciamento dos órgãos ambientais.

Deve-se também considerar que a padronização dos processos de gestão de informações geográficas é uma tendência nacional e internacional e que, de forma direta ou indireta, esses padrões serão exigidos no contexto do setor elétrico.

Neste cenário, é fundamental e estratégico que as empresas iniciem uma mobilização para a adoção destes padrões por meio da gestão sistematizada, visando o atendimento imediato aos órgãos reguladores de maneira transparente e evitando consequentes multas e punições.

No entanto, a implantação de um GIS implica gastos elevados com infraestrutura, software, dados e base cartográfica que muitas vezes são investidos por diversas áreas da mesma empresa, por meio de iniciativas isoladas, e que precisam ser racionalizados, considerando uma governança corporativa de dados e informações geográficas, em que o GIS passa a estar relacionado à coletividade (corporativo) em vez da individualidade.

Desse modo, a organização de dados e informações de forma integrada e padronizada torna-se essencial para construir um processo adequado de acesso às informações geográficas, ou seja, no momento certo, com qualidade e facilidade de acesso. Semelhante a qualquer outro sistema corporativo, um GIS deve estar à disposição da empresa como um todo. Para isso, deve ser assegurado que a solução GIS corporativa esteja compatível com a visão e a missão da empresa, sendo, portanto, alinhada com o planejamento estratégico desta.

Gerir informação geográfica envolve gerenciar os seus insumos (dados) e administrar os aspectos humanos e tecnológicos relacionados com a produção, a organização, o processamento, a disseminação e o uso da informação. Sendo assim, não basta transformar o GIS em ferramenta de negócio da empresa, é também necessário definir e implantar uma política de responsabilidades e acesso aos dados, o que chamamos aqui de "governança corporativa".

Neste sentido, em 2012, a CGT Eletrosul iniciou um trabalho contínuo de estudos e projetos para implantação de um banco de dados geográfico centralizado e na definição de normatização que discipline e oriente a aquisição, organização, atualização, acesso e uso de informações geográficas na Empresa.

Este artigo tem o objetivo de relatar esta experiência para que outras empresas do setor elétrico possam alavancar os seus processos de governança corporativa de dados e informações geográficas, por intermédio da evolução do GIS na empresa, buscando torná-lo corporativo.

2 GIS CORPORATIVO

O GIS deixou de ser uma ferramenta atrelada restritamente a projetos para se tornar um poderoso gerenciador de recursos informacionais organizacionais (*enterprise GIS*) (GONG, et al., 2004). Esses sistemas de informação têm reunido amplamente as necessidades corporativas, suportando arquiteturas robustas associadas a outras infraestruturas e outros softwares corporativos. Quando associados aos recursos da internet, fornecem bases para construir sistemas integrados multidepartamentais que permitem colaboração para coletar, organizar, analisar, visualizar, gerenciar e disseminar informações geográficas para profissionais e não profissionais de GIS.

O GIS é denominado corporativo quando:

- É integrado aos demais sistemas e dados corporativos da empresa.
- Está alinhado com as prioridades da empresa.
- Fornece um conjunto de dados precisos, atualizados e bem definidos para dar suporte ao negócio da empresa.
- Permite a realização de muitas tarefas inter-relacionadas dentro e fora da empresa.
- É acessível a todos os níveis de usuários.
- É relevante para o fluxo de trabalho operacional da empresa nas áreas de operação, planejamento e expansão.
- Demonstra retorno de investimento (ROI).
- Tem sustentabilidade.

São amplamente reconhecidas as vantagens de um GIS corporativo, tais como:

- Gerenciamento eficiente de ativos dispersos em grandes áreas geográficas.
- Incremento na acessibilidade aos dados e redução da sua redundância entre departamentos/áreas.
- Melhoria da qualidade e da confiabilidade das informações a serem utilizadas e disponibilizadas.
- Eliminação do retrabalho no uso e tratamento das informações geográficas.
- Eliminação de aquisição duplicada de informações geográficas.
- Melhor utilização dos recursos reduzindo manutenção e suporte.

- Melhores estratégias de tomada de decisão com a incorporação da dimensão geográfica dos dados.
- Abordagem integrada das necessidades de informações geográficas da empresa.
- Alinhamento às diretrizes e padrões para dados geográficos.
- Maior segurança no armazenamento de dados geográficos estratégicos.
- Melhoria dos processos de negócio da empresa, consequentemente tornando-a mais competitiva no ramo de atuação.

Dessa forma, entende-se que o GIS corporativo não é apenas uma automação do processo de negócios relacionado à produção de mapas, mas também uma infraestrutura para vários processos de negócio da empresa, que vai desde a integração com sistemas legados à proposição de novos sistemas baseados em tecnologia GIS.

Sabe-se que cerca de 80% dos dados de uma empresa estão relacionados à localização. Portanto, o bom uso dessa informação passa pela implantação do GIS corporativo, totalmente integrado aos demais sistemas corporativos, aumentando qualitativamente a análise e poder de decisão que pode ser extraído de tal tipo de informação.

Mas como iniciar? Essa foi a primeira pergunta que surgiu quando a equipe de geoprocessamento da CGT Eletrosul entendeu que o GIS da empresa precisava evoluir e tornar-se corporativo. Com base na experiência da CHESF, buscou-se uma referência de evolução gradual.

Como já exposto, o GIS é denominado corporativo quando integrado ao fluxo de trabalho da empresa, gera melhoria dos processos primordiais da empresa. Por isso, a construção de um projeto de GIS corporativo é uma tarefa complexa que passa por níveis de maturidade, conforme apresentado a seguir.

3 NÍVEIS DE MATURIDADE DE UM GIS CORPORATIVO

A CGT Eletrosul adotou o modelo de evolução em maturidade GIS formulado pela empresa de consultoria em planejamento de GIS estratégico, Even Keel Strategies, de Chicago, estado de Illinois, Estados Unidos da América. Especialmente porque esse modelo propõe ações práticas para a evolução de um GIS dentro de uma organização.

Esse modelo se chama "Níveis de Maturidade de um SIG Corporativo" (*GIS Maturity Levels*) e foi elaborado no ano de 2008. É baseado em cinco estágios diferentes e progressivos para a implantação de GIS corporativo. Começando desde os primeiros usuários de GIS individuais, ou chamados "entusiastas", até o GIS corporativo propriamente dito.

O referido modelo de maturidade contempla cinco níveis para a implantação do GIS corporativo: Nível 1 – Entusiastas; Nível 2 – Departamental; Nível 3 – Centralizado; Nível 4 – Integrado; e Nível 5 – Corporativo, descritos a seguir:

- **Nível 1:** entusiastas – existe na empresa um grupo de indivíduos que, de maneira isolada, adquirem ferramentas de GIS e usam a tecnologia com o único interesse de suportar algumas das suas tarefas isoladamente. Neste nível, a tecnologia GIS é licenciada de maneira individual e usada como aplicações *desktop*. Os dados são adquiridos, usados uma vez e descartados.
- **Nível 2:** departamental – departamentos específicos da empresa reconhecem o valor da tecnologia GIS para seu uso interno. Esses departamentos criam uma infraestrutura própria de hardware e software e disponibilizam serviços baseados em tecnologia GIS para outros setores da empresa. Dados relevantes para o departamento são gerados e armazenados no âmbito de departamentos. À medida que vários departamentos incorporam a tecnologia GIS sem seus processos, inicia-se o processo de replicação e proliferação da base de dados, em que grupos informais dentro da empresa começam um processo de troca de experiências.
- **Nível 3:** centralizado – a empresa busca a centralização, preocupada inicialmente com a consolidação de uma base de dados única e otimização da infraestrutura computacional. Em geral, é estabelecida uma unidade centralizada para disponibilizar serviços GIS a diversos equipamentos. O sistema centralizado inicia a definição de padrões que melhoram a qualidade dos dados e de processos de fluxo de trabalho internos, além da formalização de solicitações. A aquisição de tecnologia de maneira centralizada e compartilhada resulta em redução de custos e otimização dos recursos.
- **Nível 4:** integrado – busca-se a integração da tecnologia GIS aos diversos fluxos de trabalho da empresa, resultando na integração das aplicações corporativas com as funcionalidades GIS, o que resulta na demanda por modelos de dados e tecnologias mais avançadas. O grupo de tecnologia GIS dentro da empresa inicia o

processo de desenvolvimento de um plano estratégico para o desenvolvimento técnico e sustentabilidade de suas operações. São definidos comitês de líderes operacionais (ou grupos temáticos) para coletar as demandas e direcionar a política GIS dentro da empresa.

- **Nível 5:** corporativo – o plano estratégico de tecnologia GIS está alinhado com o plano estratégico corporativo, a tecnologia GIS é reconhecida como fundamental para incremento da eficiência da empresa e como ferramenta de apoio à decisão. Neste nível, a integração da tecnologia GIS com os sistemas corporativos e críticos da empresa é estabelecida. Os atributos do GIS são embutidos nos bancos de dados e a empresa passa a ter a capacidade de prover soluções baseadas em tecnologias GIS onde for demandada, com foco nas aplicações para dispositivos móveis e personalizadas.

4 A EXPERIÊNCIA DA CGT ELETROSUL

Antes de definir qualquer projeto ou ação, foi necessário conhecer claramente como o GIS era utilizado na empresa e como as informações eram geridas e quais problemas precisavam ser resolvidos no âmbito do geoprocessamento. Para isso, formou-se um Grupo de Trabalho em Geoprocessamento (GTGeo), com representantes das principais áreas usuárias de informações geográficas e a área de TI da CGT Eletrosul.

O GTGeo foi formalizado em 2011 e o seu objetivo principal era fazer um Relatório Diagnóstico da Gestão de Informações Geográficas na Empresa, bem como propor ações de evolução do GIS, rumo ao GIS corporativo. Na época do diagnóstico a CGT Eletrosul estava em fase de superação do GIS Nível 1-Entusiastas e experimentando características do GIS Nível 2-Departamental.

O GTGeo foi coordenado pelo Departamento de Patrimônio e Meio Ambiente (DPM) na época, pois era a principal área usuária de GIS devido à grande demanda de atividades de mapeamento e cartografia oriundas da área de meio ambiente e da área fundiário.

O Relatório Diagnóstico da Gestão de Informações Geográficas foi basicamente um dossiê da situação atual do geoprocessamento na Empresa, tendo como base a realização de inúmeras reuniões, seminários, aplicação de formulários e pesquisa de dados. Do conteúdo do relatório, destacam-se:

Identificação dos principais processos usuários de informações geográficas e principais ferramentas utilizadas (GIS e não GIS).

- Mapeamento do fluxo de interações dos principais macroprocessos usuários de geoprocessamento.
- Dificuldades e sugestões apontadas pelos usuários por área de atuação (geração, transmissão e telecom).
- Mapeamento do fluxo de informações por área de atuação (geração eólica, geração hídrica, transmissão e telecom).
- Levantamento da base cartográfica existente na empresa (*raster* e vetorial) e identificação da sua origem (interna ou externa).
- Levantamento da infraestrutura de TI existente (hardware e software).
- Levantamento da infraestrutura necessária e proposição da arquitetura para implantar um GIS Corporativo.
- Identificação de demandas de treinamento e capacitação dos usuários GIS e não GIS.
- Levantamento da regulamentação e de políticas de padronização de dados que têm implicação direta nos processos de negócio da CGT Eletrosul, como as exigências da Aneel, EPE, Incra, Inde, NBR, OCG, ISO/TC 2011, entre outras.
- Identificação e descrição de situações problemáticas no âmbito da gestão das informações geográficas e suas consequências para o negócio da Empresa.

Com este Relatório foi possível comprovar para a Diretoria da Empresa a existência de inúmeros problemas estruturais maiores (macroproblemas) que acarretam diversos problemas pontuais, basicamente associados à inexistência de uma governança corporativa de informações geográficas e devido à crescente demanda e ao uso dessa informação por diversas áreas da Empresa (engenharia, patrimônio imobiliário, meio ambiente e manutenção) sem processos e padrões normatizados.

Em função da ausência de uma política e cultura organizacional das informações geográficas na CGT Eletrosul e de regras que orientem todas as atividades de geoprocessamento, foram identificados muitos problemas que causavam prejuízos econômicos para a Empresa, entre os quais destacamos:

- Comprometimento das decisões tomadas com base em informações geográficas imprecisas ou desatualizadas.
- Ocorrência de situações imprevistas que alteram os cronogramas das obras.

- Aumento dos custos de implantação de empreendimentos.
- Desperdício de tempo e recursos humanos devido ao retrabalho dos dados gerados e contratados.
- Conflito de atividades entre áreas da Empresa.
- Não racionalização de recursos financeiros.
- Aquisição desarticulada e não compartilhada de produtos cartográficos entre as áreas da empresa.
- Pouca agilidade nos processos de negócio usuários de geoprocessamento.
- Duplicação e divergência de dados geográficos.
- Gestão de dados geográficos centrada nas pessoas.
- Falta de mecanismos eficientes de compartilhamento de dados dentro e fora da Empresa.
- Envio de informações desatualizadas ou duplicadas a órgãos externos.
- Informalidade na troca e repasse de dados.

Em contraponto, foi possível demonstrar para a Diretoria Executiva da CGT Eletrosul, que a Empresa tinha condições favoráveis à implantação de um GIS corporativo quando se trata de infraestrutura tecnológica. O grande desafio estava pautado na construção de uma estrutura organizacional para atender a essa necessidade e a qualificação técnica de recursos humanos para operacionalizar e fazer uma boa governança corporativa do GIS e dos processos de geoprocessamento.

4.1 Plano Diretor de Geoprocessamento – PDGeo

Conhecendo melhor a situação da gestão dos dados e informações geográficas da Empresa e entendendo que não seria um projeto único de implantação de uma governança corporativa, mas sim um processo de amadurecimento do GIS, o GTGeo elaborou um Plano Diretor de Geoprocessamento (PDGeo).

O PDGeo estabeleceu um conjunto de ações e projetos específicos para nortear o amadurecimento do GIS na Empresa e alcançar o nível máximo de maturidade de GIS, o nível corporativo. Dessa forma, no PDGeo foram definidas ações a curto, médio e longo prazos para a empresa atingir os Níveis de Maturidade 3 (Centralizado), 4 (Integrado) e 5 (Corporativo) de um GIS.

As ações para atingir o Nível 3 – Centralizado foram o foco principal dessa primeira versão do PDGeo, pois como todo plano, este deve ser revisto periodicamente no intuito de replanejar as ações se necessário e atender novas demandas de negócio da Empresa. Também foram previstos ações e projetos para alcançar os níveis 4 e 5 de maturidade do GIS, porém o amadurecimento das ações, bem como, o cronograma e custo para atingir estes dois níveis geralmente se dá após a conclusão do primeiro nível, o Centralizado.

Na elaboração de um PDGeo devem constar, no mínimo, para todos os níveis de maturidade do GIS: nome dos projetos e/ou ações; descrição do projeto; data de início e fim de execução; objetivos e metas; principais marcos; entregas; resultados esperados; investimento necessário; e equipe envolvida. Relatórios dos projetos concluídos e em andamento também são muito importantes para documentação dos trabalhos, repasse de conhecimento e para reporte à Diretoria da Empresa.

4.2 Política de geoprocessamento

Após a apresentação do Relatório Diagnóstico e do PDGeo em 2013, a Diretoria Executiva aprovou uma Política de Geoprocessamento, pois assim seria possível garantir a execução do PDGeo e a evolução do GIS da CGT Eletrosul ao longo dos anos. A CGT Eletrosul foi pioneira na adoção de uma política de governança corporativa para informações geográficas.

A Política de Geoprocessamento é o instrumento que estabelece princípios e diretrizes para orientar as ações que envolvem Geoprocessamento na CGT Eletrosul de maneira que atendam a todas as áreas, garantindo a gestão eficiente, a qualidade e a segurança dos dados e informações geográficas, assegurando a tomada de decisão estratégica nos processos de negócio que requerem informações dessa espécie.

A formulação e a fiel condução de uma Política de Geoprocessamento têm como principais benefícios a otimização e a racionalização de recursos, o aumento da produtividade, a maior acessibilidade da informação geográfica e a consequente ampliação da vantagem competitiva da empresa.

Além desses benefícios, a Política da CGT Eletrosul considerou a adequação das informações geográficas aos padrões previstos, caracterizando a conformidade da Empresa a normas, resoluções e legislação pertinentes; em especial, aquelas que demandam ações imediatas para o atendimento, justificando os esforços de melhoria dos processos de gestão da informação geográfica na Empresa.

4.3 Comitê de geoprocessamento – COGEO

Um dos grandes desafios encontrados foi definir como operar a Política de Geoprocessamento e seus instrumentos de governança de forma a assegurar que todos os departamentos e áreas da Empresa tivessem acesso à informação geográfica e que pudessem usá-la com a máxima eficiência e segurança.

Considerando que naquele momento não havia intenção da Diretoria da Empresa em criar uma área exclusiva para gestão do geoprocessamento, a decisão foi criar um Comitê de Geoprocessamento – COGEO, composto por equipe multidisciplinar distribuída em três esferas de atuação: Núcleo de Geoprocessamento (NUGEO); Equipe de TI e Responsáveis de Área (Figura 4.1). Para cada esfera, foram definidos empregados representantes (titulares e suplentes) indicados pelas áreas da Empresa.

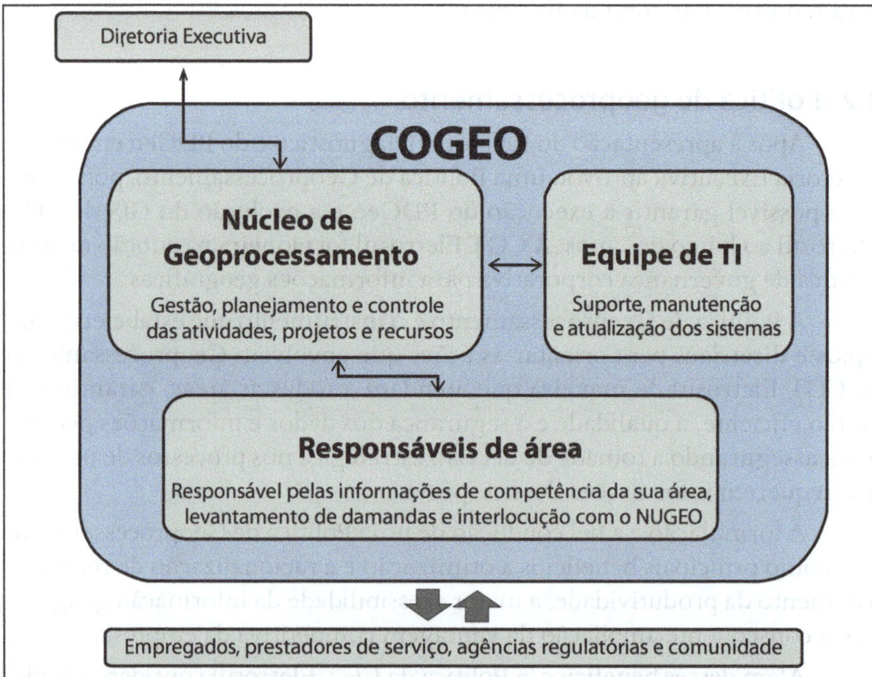

Figura 4.1 Esferas do Comitê de Geoprocessamento da CGT Eletrosul – COGEO.

Fonte:

O COGEO tem como objetivo principal fazer a gestão da Política de Geoprocessamento da CGT Eletrosul, de forma a promover ações para melhoria contínua da gestão das informações geográficas da Empresa, por intermédio do PDGeo e outros instrumentos de gestão. O COGEO foi aprovado pela Diretoria Executiva em 2013 e sua composição é descrita a seguir:

O Núcleo de Geoprocessamento – NUGEO é a esfera responsável pela coordenação do COGEO, composto por profissionais de Geoprocessamento da CGT Eletrosul que têm como atividades principais planejar, implementar, controlar e revisar a Política de Geoprocessamento, incluindo os seus instrumentos normativos e demais recursos associados, entre os quais destacam-se o PDGeo e o GIS.

Atualmente o NUGEO é composto por profissionais de geoprocessamento do Departamento de Engenharia Ambiental e Fundiária (DEA), por este ser a principal área produtora e consumidora de dados geográficos e por contar com o maior número de profissionais com experiência e capacitação em geoprocessamento, inclusive com mestrado e especialização na área. Além disso, o DEA apresenta maior interface com os agentes externos de licenciamento ambiental e regularização fundiária que demandam grande volume de dados e informações geográficas.

A Equipe de TI é constituída por profissionais da tecnologia da informação para dar suporte ao NUGEO no planejamento e implementação da Política de Geoprocessamento, em especial, na administração e manutenção do Banco de Dados Geográfico (BDGeo) e do Portal de Geoprocessamento, bem como serviços e sistemas de geoprocessamento relacionados.

Considerando que a área de TI (Tecnologia da Informação) se constitui em um dos pilares para implantação de um GIS corporativo, profissionais da área de administração de banco de dados, de suporte e desenvolvedores de sistemas devem integrar a área de governança corporativa do GIS. O envolvimento da TI foi um grande desafio na execução das atividades do COGEO, a sua capacitação foi um ponto crucial para o amadurecimento do GIS na corporação.

Os Responsáveis de Área são representantes das principais áreas produtoras e/ou usuárias de informações geográficas que têm o papel de colaborar e acompanhar os trabalhos do COGEO, bem como executar e/ou apoiar a aquisição, validação, organização, estruturação, armazenamento, acesso, compartilhamento e publicação de informações geográficas da sua área de competência. A indicação dos Responsáveis de Área levou em consideração o grau de conhecimento em geoprocessamento e seu envolvimento/interação com a questão na sua área de atuação. A capacitação dos Responsáveis também é fundamental para o desempenho das atividades do COGEO, pois estes têm papel central na criação, obtenção, compreensão, utilização, transformação, distribuição e troca de informações geográficas na Empresa.

4.4 O Projeto GIS transmissão

O Projeto GIS Transmissão (GIS-T) foi a primeira ação para implementação do GIS Centralizado na CGT Eletrosul (Nível 3 de Maturidade), conforme preconizava o PDGeo instituído pela Política de Geoprocessamento. Formatado como um projeto piloto, o Projeto GIS-T foi executado inteiramente pelo COGEO, sem a contratação de serviços.

O Projeto foi executado durante um ano sem custos adicionais para a Empresa, além dos recursos humanos envolvidos. Por intermédio desse Projeto, os dados geográficos dos ativos de transmissão em operação (torres, linhas de transmissão (LT) e subestações de transmissão (SE)) da CGT Eletrosul foram padronizados e centralizados em um único Banco de Dados Geográfico (BDGeo) para serem acessados e consultados por todos os colaboradores da Empresa, por meio do Portal de Geoprocessamento, um sistema WebGIS.

O principal resultado do Projeto foi a disponibilização de um ponto único de consulta dos ativos de transmissão da CGT Eletrosul em operação, contribuindo para maior conhecimento da área de atuação da Empresa, agilizando os processos de negócio envolvendo informações geográficas deste tipo e contribuindo para o aprimoramento da gestão das informações geográficas no contexto corporativo.

A execução do GIS-T foi uma experiência importante para o COGEO, pois, por meio dele, foi possível testar o funcionamento das esferas instituídas e todo o corpo técnico envolvido no Projeto adquiriu e ampliou o conhecimento na temática de forma a replicá-lo para outros projetos, possibilitando avançar nos níveis de maturidade do GIS.

As principais etapas desenvolvidas no GIS-T foram:

- Preparação da infraestrutura (servidores, banco de dados, licenças de software etc.) para o Projeto GIS-T e para futuros projetos.
- Padronização dos dados e informações (dicionário de dados, dicionário de domínios).
- Modelagem do BDGeo (conceitual, lógica e física).
- Definição das conexões e permissões dos usuários.
- Desenvolvimento da aplicação webGIS (Portal de Geoprocessamento).
- Elaboração de manuais de atualização dos dados e de uso do Portal de Geoprocessamento.
- Visitas técnicas para conhecer outras experiências corporativas de uso do GIS.

A partir do Projeto GIS-T, foram definidos alguns padrões para dados, banco, sistemas e documentações que servem de referência até hoje para os demais projetos executados internamente ou contratados para execução por terceiros.

4.5 Norma de gerenciamento de recursos de geoprocessamento

Após a criação de toda a política de governança anteriormente apresentada, faltava ainda estabelecer e documentar claramente as diretrizes e regras de como proceder perante as diversas atividades rotineiras envolvendo gestão e uso de informações geográficas e seus recursos e, por isso, foi proposta pelo COGEO uma Norma de Gestão para o Gerenciamento dos Recursos de Geoprocessamento da Empresa.

Todo o fluxo dos processos e de atores no gerenciamento dos recursos de geoprocessamento foi mapeado (usuários, COGEO, NUGEO, Equipe de TI, Responsáveis de Área, Diretoria, Gerentes de Área, Fornecedor, outras áreas da empresa, agentes externos). O que resultou na definição de quatro procedimentos principais, conforme Figura 4.2. Para cada procedimento foram descritos finalidade, abrangência, etapas, medição do desempenho e itens de verificação/controle de qualidade.

Figura 4.2 Procedimentos da norma de gestão: gerenciamento de recursos de geoprocessamento.

Fonte:

4.6 Sistema de solicitações de geoprocessamento – SOGEO

Para auxiliar o COGEO no atendimento das inúmeras demandas, foi desenvolvido um sistema de gestão das solicitações de serviços e produtos de geoprocessamento das áreas da CGT Eletrosul, o Sistema de Solicitações de Geoprocessamento (SOGEO). Os principais requisitos deste sistema são:

- Permitir ao COGEO gerir (registrar, delegar, priorizar, acompanhar etc.) demandas de geoprocessamento de todas as áreas da CGT Eletrosul.
- Formalizar as solicitações enviadas ao COGEO.
- Permitir ao usuário acompanhar o atendimento da sua solicitação.
- Gerar estatísticas de atendimento e uso do sistema, visando o melhor atendimento dos clientes.
- Quantificar e qualificar as demandas de forma a subsidiar as ações do COGEO (novos projetos, melhoria de sistemas etc.).
- Recuperar facilmente informações e produtos gerados pelo atendimento das solicitações.
- Obter a avaliação do atendimento pelo usuário para acompanhar o grau de satisfação dos clientes de geoprocessamento.

Para o desenvolvimento do sistema, foram realizadas as seguintes atividades:

- Definição dos campos do formulário a ser preenchido pelo solicitante.
- Definição dos fluxos principais das solicitações.
- Definição dos fluxos de exceção das solicitações.
- Definição dos papéis desempenhados no sistema.
- Realização de testes.
- Treinamento de usuários.

O SOGEO foi uma ferramenta importante na gestão das demandas, especialmente da equipe do NUGEO, e no controle de qualidade das entregas aos clientes internos e externos, conforme as diretrizes e as regras de negócio definidas para o Gerenciamento dos Recursos de Geoprocessamento da Empresa.

5 CONSIDERAÇÕES FINAIS

A definição de uma política de governança corporativa de dados e informações geográficas está intrinsecamente relacionada à implantação de um GIS corporativo. Este é um processo e como tal deve ser trabalhado de maneira ininterrupta de modo que a evolução e a maturidade do GIS da organização aconteçam continuamente.

Nem sempre a evolução acontece na velocidade desejada, a CGT Eletrosul vem ao longo dos anos tentando superar o Nível 3 de Maturidade do GIS-Centralizado, apesar de já ter avançando em alguns pontos do Nível

4 – Integrado e iniciado ações para o Nível 5 – Corporativo. Por vezes, essa evolução resulta de fatores externos, como o processo regulatório da Resolução Aneel 861/2019, que estabeleceu diretrizes para geração de dados geográficos com alta precisão posicional para as instalações de transmissão, gerando uma grande oportunidade de melhora dos processos que utilizam estas informações, bem como o desenvolvimento de soluções GIS avançadas para manutenção e operação desses ativos.

O esforço e o custo de implantação de um GIS corporativo são altos, portanto este requer um bom planejamento. Por isso, é muito importante a proposição de Plano Diretor de Geoprocessamento que norteia as ações de amadurecimento do GIS na Empresa até torná-lo corporativo. Mas é importante ressaltar que implantar um GIS corporativo não é apenas uma automação do processo de negócios relacionado à produção de mapas, mas também a implantação de uma arquitetura embasada na tríade: infraestrutura tecnológica, padrões e recursos humanos.

A tecnologia é um dos componentes do gerenciamento da informação geográfica, e não o único ou mais importante. A geração de padrões para dados e processos aumenta a qualidade dos dados geográficos, aperfeiçoa os processos de negócios que utilizam esses dados e aumenta a segurança na tomada de decisão.

A capacitação e a administração dos recursos humanos aumentam a eficiência dos processos de negócios, pois as pessoas têm papel central na criação, obtenção, compreensão, utilização, transformação, distribuição e troca de informações geográficas. A contratação de serviços para a execução dos projetos de GIS em muitos casos é inevitável, mas é importante que a equipe interna da organização possa acompanhar a execução dos projetos de forma a garantir o repasse do conhecimento e a manutenção dos produtos desenvolvidos. A troca de experiência com profissionais de outras empresas também foi essencial para a definição da governança corporativa da CGT Eletrosul. A COPEL e a CHESF foram empresas importantes para o processo de evolução da CGT Eletrosul.

A partir da experiência da CGT Eletrosul, recomenda-se que as empresas do setor elétrico encarem a governança corporativa dos dados e informações geográficas como uma oportunidade de introdução de mudanças fundamentais na maneira de condução do seu negócio. Da mesma maneira que a adoção de sistemas de informação gerenciais impacta o mundo dos negócios, a implantação de um GIS corporativo contribui de maneira efetiva para uma reorganização dos dados e informações que a empresa coleta, mantém e usa para conduzir os seus negócios. Isso resulta em importantes mudanças na empresa, incrementando a eficiência e a efetividade das suas operações.

REFERÊNCIAS BIBLIOGRÁFICAS

EVEN KEEL STRATEGIES. *Introducing a Maturity Model for Enterprise GIS*. 2008. Disponível em: http://portal.evenkeelstrategies.com/MakingHeadway/Blog%20 Attachments/2008/EKS2008_GISMaturity.pdf. Acesso em: 10 agosto 2013.

GONG, J. et al. Technologies and standards on spatial data sharing. In: *International Society for Phogrammetry and Remote Sensing, XX, Istambul, 2004. Proceedings*... Istambul: ISPRS, 2004. Não paginado. Disponível em: Acesso em: 14 maio 2008.

PARR, B.; HINTHORNE, B.; THOMAS, C. *Measuring up:* the business case of GIS. RedLands, CA-USA: ESRI Press, agosto 2012, 128p. v. 2.

5

GEOPROCESSAMENTO NA COPEL

GERAÇÃO E TRANSMISSÃO

*Geraldo Cezar Correa**
*Cleverson Rene Machado***
*Hideson Alves da Silva****

1 INTRODUÇÃO

A Copel Geração e Transmissão S.A., denominada Copel GeT, é uma sociedade por ações, subsidiária integral da Companhia Paranaense de Energia (Copel), que atua com tecnologia de ponta nas áreas de geração e transmissão de energia. Constrói, opera e mantém um sistema elétrico com parque gerador próprio de usinas (hidrelétricas, térmicas e eólicas), linhas de transmissão e subestações, incluindo infraestrutura em parcerias por meio de sociedades de propósito específico. A Copel GeT atua em 10 estados brasileiros e 92% do parque gerador utiliza fontes renováveis.

---

* Engenheiro Eletricista formado pela Universidade Federal do Paraná (UFPR), Mestre em Informática Industrial pela Universidade Tecnológica do Paraná (UTPFR), Especialista em Geoprocessamento pela UFPR e Especialista em Gestão Empresarial pela Fundação Dom Cabral – PUC de Minas Gerais. Tem mais de 30 anos de experiência com desenvolvimento, implantação e manutenção de sistemas computacionais para a área de engenharia. Tem grande experiência na aplicação de tecnologia de geoprocessamento, gerência de projetos e coordenação de equipes para desenvolvimento e implantação de sistemas.

** Bacharel em Ciência da Computação pela UFPR e com MBA em Gestão de Projetos pela Pontifícia Universidade Católica do Paraná (PUCPR). Atua como analista de sistemas na Companhia Paranaense de Energia desde 2010, especializado no desenvolvimento de soluções de geoprocessamento.

*** Bacharel em Processamento de Dados pela Universidade Positivo, Mestre em Ciências pela Universidade Tecnológica do Paraná e Doutor em Informática pela PUCPR. Atuou em vários desenvolvimentos de sistemas em diferentes áreas e atualmente é analista de sistemas de geoprocessamento da Copel Geração e Transmissão.

Está na B3 há mais de 24 anos, 13 anos na carteira ISE B3, índice de sustentabilidade empresarial, é negociada na Bolsa de Nova York há 21 anos e há 16 anos participa da bolsa europeia em Madrid.

Atualmente, a Empresa tem mais de 95% de seus ativos em situação operacional e é detentora de 46 participações societárias em ativos de geração e transmissão.

Com todo esse parque de ativos e grande abrangência geográfica, a Copel GeT utiliza-se de tecnologias avançadas para atingir seus objetivos, e é neles que a tecnologia de geoprocessamento é utilizada.

A Copel tem um longo histórico com o geoprocessamento e, na área de Geração e Transmissão, o primeiro aplicativo desenvolvido com esta tecnologia foi o Sistema de Gestão de Linhas de Transmissão (GLT), cujo desenvolvimento iniciou em 1999 internamente. Na época, a plataforma de geoprocessamento da Copel era o software Vision, no ambiente Unix. A implantação desta primeira ferramenta foi uma grande mudança de paradigma e abriu espaço para o desenvolvimento de novos aplicativos baseadas em geoprocessamento. O sistema GLT operou até 2008 quando foi substituído por uma nova versão desenvolvida na plataforma ArcGIS, no ambiente Windows, e, então, passando a ser chamado de LTG (Sistema de Linhas de Transmissão).

A tecnologia de geoprocessamento também é utilizada largamente na área de meio ambiente da Copel GeT. Em 2001, foi composto um grupo de trabalho que propôs o desenvolvimento do Sistema de Gestão Ambiental (SGA). A proposta do SGA previa o desenvolvimento de vários módulos, sendo que o primeiro, um projeto chamado "Harpia", tinha o objetivo de fazer o controle patrimonial das áreas no entorno das barragens, a título de regularização e controle de invasões, incluindo o gerenciamento de documentos. Seguindo-se a sugestão do grupo de trabalho, foi criado também um comitê permanente para definir e priorizar o desenvolvimento das funcionalidades do SGA, comitê este que foi muito importante devido à grande abrangência do projeto. A Figura 5.1 é um exemplo de janelas do Harpia, cuja primeira versão foi implantada em 2002.

Em 2003, a GET recebeu o prêmio "Special Achievement in GIS" oferecido pela empresa ESRI, fornecedora da plataforma ArcGIS.

A Copel também teve experiência com software livre para geoprocessamento. Em 2008, desenvolveu o aplicativo GBA (Gestão de Bacias), software de geoprocessamento, totalmente construído com software livre, que permitia que os dados do programa PGAIM (Programa de Gestão Ambiental Integrada por Microbacias) fossem acessados por todo o estado do Paraná. O PGAIM promoveu a ação integrada entre as Secretarias de Estado, Copel e Sanepar em torno de objetivos comuns: a melhoria da qualidade; e a disponibilidade das águas no âmbito do Estado.

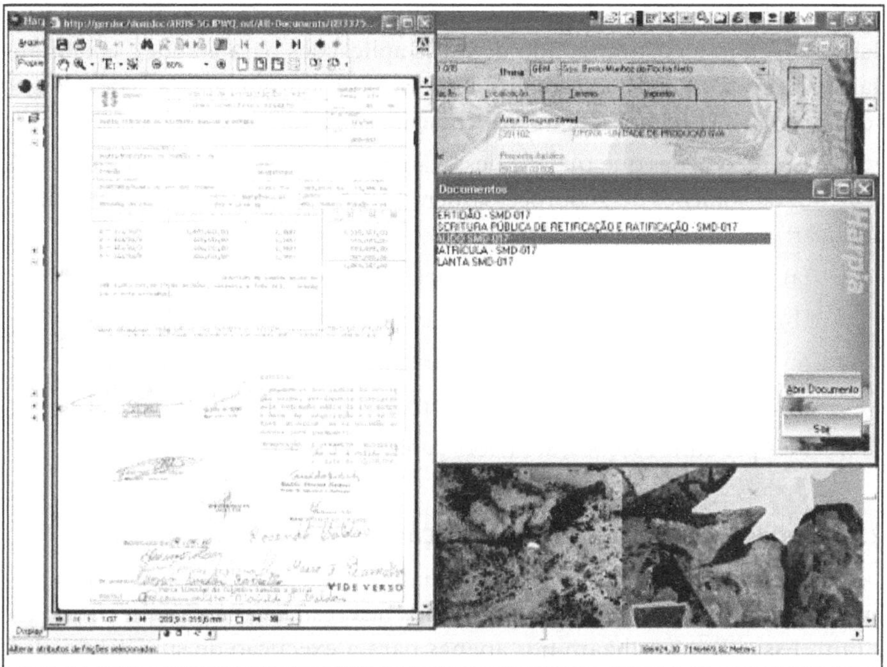

Figura 5.1 Tela do projeto Harpia.

Fonte:

A seguir, estão relacionadas algumas ações que foram necessárias na governança de TI para organizar e tornar mais produtivos os aplicativos de geoprocessamento e também alguns dos aplicativos que usam esta tecnologia em operação na Copel GeT.

2 GOVERNANÇA DE TI PARA GEOPROCESSAMENTO

Há algum tempo que o Brasil é um polo que gera tecnologia na área de geoprocessamento, por seu tamanho territorial e diversidade encontrada dentro de um único país (Barros, 2016). Esse fato reflete nas empresas de energia elétrica, as quais, em geral, atendem grandes áreas territoriais e, consequentemente, têm uma grande diversidade cultural.

Nessas empresas, o desenvolvimento de ferramentas de geoprocessamento auxilia nas mais diversas áreas do negócio (redes de transmissão e distribuição, geração de energia, fundiário e meio-ambiente), em que cada empresa desenvolveu e inovou com as ferramentas de geoprocessamento, não só para melhorar os procedimentos internos, mas também para atender exigências regulatórias.

A Copel GeT utiliza-se de várias ferramentas de geoprocessamento, desenvolvendo e customizando diversas aplicações para atender as demandas do negócio. Para que este ambiente seja produtivo, várias ações de governança de TI (Tecnologia da Informação) são adotadas.

Entre as ações que mais se destacam para que o ambiente de desenvolvimento de soluções de geoprocessamento tenha boa produtividade, pode-se destacar:

(a) Consolidação da administração do banco de dados.

(b) Infraestrutura de geoprocessamento.

(c) Gestão da segurança da informação.

(d) Manter um processo de desenvolvimento de software.

Nas próximas seções, será abordada cada ação.

2.1 Consolidação da administração do banco de dados

Em geral, há muita produção de dados geográficos em grandes empresas, mas a grande maioria desses dados fica restrita às áreas que os produziram. Essas áreas utilizam-nos apenas para a execução de suas atividades, muitas vezes não observando todos os processos da empresa.

Essa situação, apesar de trazer agilidade para a área que detém os dados, tem outras consequências, entre as quais:

(i) Gerar retrabalho em outras áreas, já que estas, se precisarem dos dados e se não souberem da sua existência dentro da empresa, buscarão adquiri-los novamente.

(ii) Somente uma área atualizando estes dados pode não ser suficiente para mantê-los atualizados conforme a necessidade de toda a empresa.

Uma premissa que deve ser observada é que os dados devem ter entradas únicas (no respectivo processo) e, a partir desta entrada, estabelece-se o compartilhamento mediante consulta e atualização com os demais processos e áreas. Esses compartilhamentos, então, obedecem às regras de segurança e evitam a redundância que gera inconsistências e podem invalidar o uso de uma base de dados.

Observado isso, a TI da Copel GeT organiza uma estrutura para consolidar os dados em bancos de dados espaciais e compartilhá-los por meio de um portal de mapas. A Figura 5.2 demonstra este fluxo, em que os dados são coletados com auxílio de um portal colaborativo e, então, são estruturados e armazenados em um banco de dados espacial.

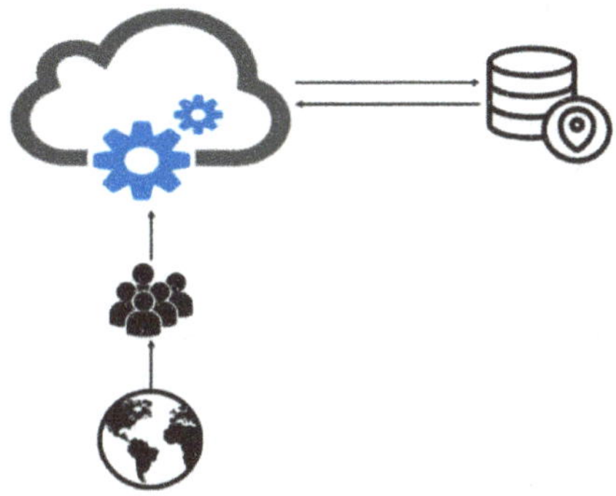

Figura 5.2 Fluxo de armazenamento dos dados georreferenciados.

Fonte:

O ganho para a empresa é o compartilhamento entre diversos processos, áreas e usuários, em diferentes negócios[1], aumentando a produtividade e otimizando os recursos. Isso sempre configurando os níveis de segurança para que o acesso seja universal ou restrito, dependendo das necessidades.

2.2 Infraestrutura de geoprocessamento

Ao decompor um sistema de geoprocessamento, são encontrados os seguintes grandes elementos:

- recursos humanos;
- dados;
- metodologias e processos;
- softwares;
- hardware.

Sendo todos essenciais e imprescindíveis no sucesso da implantação.

O hardware é a infraestrutura física de equipamentos de TI necessários para a aquisição, armazenamento, manutenção, visualização e análise de dados. Com a evolução da tecnologia, são disponibilizados diversos dispositivos, que podem ser divididos em:

(a) **Infraestrutura:**

É o hardware necessário para manter a estrutura de TI que suporta o uso de geoprocessamento de forma compartilhada (colaborativa) dentro de uma empresa.

1 Entenda-se por "negócios" a transmissão e geração hidráulica e eólica de energia.

(b) **Desktop/mobile**

É o hardware utilizado pelos usuários na "linha de frente", tais como computadores pessoais, equipamentos *mobile* (celulares e tablets), dispositivos de posicionamento global (GPS, A-GPS, Glonass, BeiDou, Galileo), VANT (veículos aéreos não tripulados), etc.

A oferta de opções e tipos de hardware para uso em geoprocessamento requer uma gestão da distribuição destes recursos na empresa. A estrutura proposta na Figura 5.3 procura segregar o ambiente de hardware mantido pela TI e o ambiente utilizado pelos usuários finais. Esta estrutura implementa, por meio de um portal de mapas, uma "conexão" entre os diversos equipamentos (e, por que não dizer?, os tipos de dados) que o usuário utiliza com a infraestrutura fornecida pela empresa.

Isso proporciona ao usuário uma experiência de uso da tecnologia sem a necessidade de entender sobre bancos de dados, sistemas operacionais e linguagens de programação. Assim, ele pode focar em utilizar a tecnologia de geoprocessamento para resolver as questões do negócio.

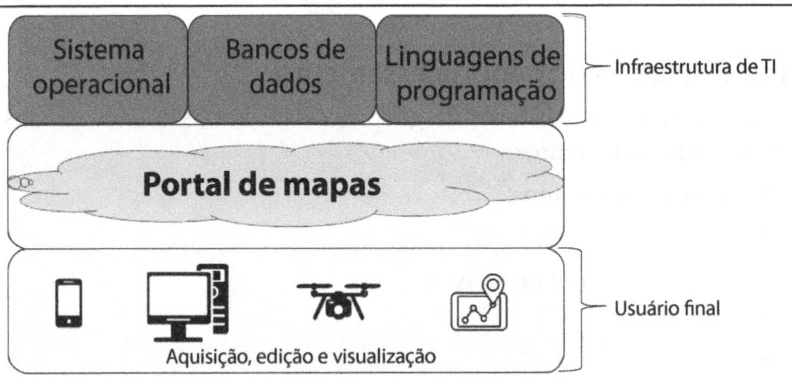

Figura 5.3 Opção de infraestrutura de geoprocessamento.

Fonte:

2.3 Gestão da segurança da informação

Há muito tempo a questão da segurança da informação é vital para as empresas em qualquer área de negócios. A transformação digital veio para ficar, e pode-se falar hoje que, no mundo, moderno tudo passa por algum nível de informatização.

As empresas de energia elétrica não são diferentes, e a digitalização dos processos só aumentou, reduzindo tempos de execução das atividades, melhorando a qualidade dos serviços oferecidos à população e diminuindo os custos.

Mas há um lado obscuro da transformação digital que vem preocupando a evolução tecnológica dentro das empresas: os ataques cibernéticos. O assunto ficou muito conhecido da população em geral pelo evento que ocorreu em maio de 2021, nos Estados Unidos, quando um grupo de *hackers* desconectou um oleoduto e roubou informações (BBC News, 2021).

Na área de energia elétrica, no começo do ano de 2021, duas empresas relataram ao mercado que sofreram ataques cibernéticos (GOULART, 2021); e, no ano de 2020, pelo menos quatro casos foram relatados (TERESA, 2021).

Assim como outras tantas tecnologias utilizadas dentro das empresas, o geoprocessamento deve estar num ambiente seguro. Deve-se dar atenção especial aos portais de mapas utilizados, pois, além de ser a porta de entrada para o ambiente de geoprocessamento, também o é para o restante da infraestrutura de TI.

A estrutura de geoprocessamento está alinhada com a estrutura de TI para que "herde" todas as regras de segurança utilizadas na empresa. Uma questão importante é utilizar um serviço de diretório, por exemplo, do Active Directory (AD), do Microsoft Windows®. Isso permite, por exemplo, consolidar a autenticação de usuários do portal de mapas com a mesma autenticação utilizada no restante da infraestrutura, permitindo que o gerenciamento de regras de acessos seja consolidado, tornando a gestão de acesso mais eficaz.

Mantendo a infraestrutura de geoprocessamento consolidada com o restante de TI, as regras de segurança de informação também são consolidadas, tornando a gestão mais eficiente para todo o ambiente da empresa.

2.3.1 LGPD – Lei Geral de Proteção aos Dados

A LGPD é a Lei n. 13.709, aprovada em agosto de 2018, e com vigência a partir de agosto de 2020. Com o advento dessa Lei, as empresas tornam-se obrigadas a fazer uma gestão efetiva sobre os dados pessoais e isso se estende à área de geoprocessamento.

Na Copel GeT, as aplicações de geoprocessamento foram revisadas para atender a LGPD, em que as aplicações têm acesso apenas aos dados estritamente essenciais ao processo no qual trabalham.

2.3.2 Manter um processo de desenvolvimento de software

Organizar o processo de desenvolvimento de software (PDS) na empresa é fundamental para promover a melhoria contínua de qualidade e velocidade de entrega dos softwares desenvolvidos.

No desenvolvimento de software, estão relacionadas as atividades básicas, muito comumente abordadas na literatura, as quais resumidamente são:

(a) levantamento de requisitos;

(b) análise de requisitos;

(c) projeto em si;

(d) testes;

(e) implementação e

(f) manutenção.

Mas não é suficiente abordar essas atividades sem inseri-las num processo organizado e alinhado com as pessoas que fazem parte do processo.

No geoprocessamento, assim como em outras áreas, há uma diversidade de profissionais no desenvolvimento; além dos analistas de sistemas focados no software, há os profissionais das áreas fins, que devem ser alinhados ao processo de desenvolvimento.

Na Copel, foi implementado um PDS, o qual é revisado constantemente, para atender a área demandante e executante. O processo tende a organizar as ações adotadas no desenvolvimento e principalmente alinhá-las para que as exigências legais sejam atendidas, e preserve-se a segurança da informação dentro da empresa.

O processo tem como resultado a melhoria contínua da qualidade e velocidade de entrega dos softwares.

2.3.3 LTG – Cadastro de Linhas de Transmissão e Subtransmissão

O sistema georreferenciado para cadastro de linhas de transmissão e subtransmissão (LTG) entrou em produção em 18/12/2008 – substituindo o antigo sistema de gestão de linhas de transmissão (GLT), construído na antiga plataforma Vision. Iniciou como um repositório das informações dos projetos seguindo a NBR 5.422/85, que regula as condições básicas para projetos das linhas aéreas de transmissão. Nele são especificados diversos dados, como os parâmetros meteorológicos, cabos condutores e cabos para-raios, isoladores, suportes e fundações.

Em seu primeiro ciclo de vida, o principal desafio foi a conversão dos dados da antiga plataforma para os parâmetros da nova tecnologia utilizada, o software ArcMap na versão 9.

Foi iniciado um trabalho de levantamento e extração de dados do sistema original. Essa extração teve como solução prática a criação de arquivos de planilhas contendo as informações do projeto e, no final da extração, havia uma planilha por linha de transmissão sob responsabilidade da concessionária. Foi criado um módulo para conferência dos dados para determinar sua exatidão, e este módulo evoluiu para uma ferramenta de carga. Apesar de o módulo fazer uma extensa validação dos dados, foi necessário incluir um passo de conferência humano para garantir visualmente o traçado das linhas de transmissão antes do seu salvamento em bases de dados, com isso a perda de dados foi minimizada na época da implantação.

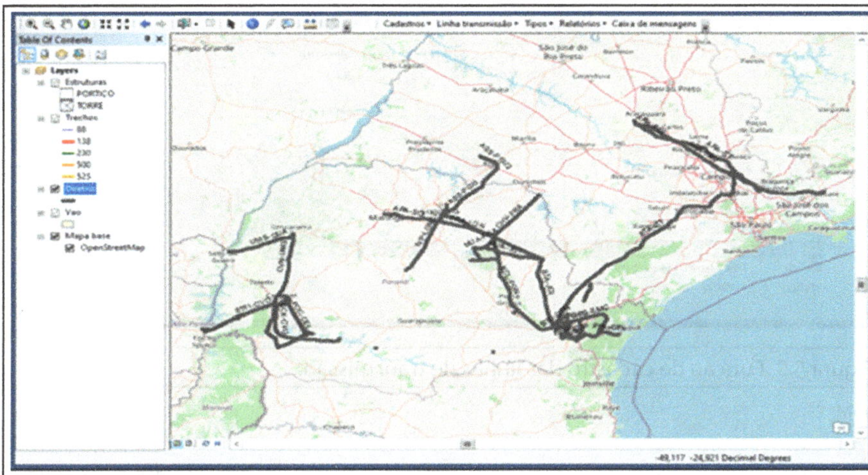

Figura 5.4 Sistema de linhas de transmissão.

Fonte:

Nos ciclos seguintes, foram adicionadas funcionalidades voltadas à área de manutenção das linhas de transmissão.

Uma das funcionalidades adicionadas foram o cadastro de cabos OPGW e as caixas de emendas das fibras ópticas da Copel Telecomunicações. Também foi feita comunicação com o sistema de controle fundiário, responsável pela manutenção dos imóveis próprios ou de servidão.

Em 2015, foi elaborada a Resolução Normativa n. 674/2015, Manual do Controle Patrimonial do Setor Elétrico (MCPSE). Por ter sido afetado diretamente pela resolução, o sistema LTG foi adaptado para incluir as novas informações. Foram elaborados relatórios de acompanhamento e, nesse período, por iniciativa da Copel Distribuição, os sistemas de cadastro da transmissão e da subtransmissão foram separados, e o LTG passou a administrar apenas dados de transmissão sem os dados de subtransmissão.

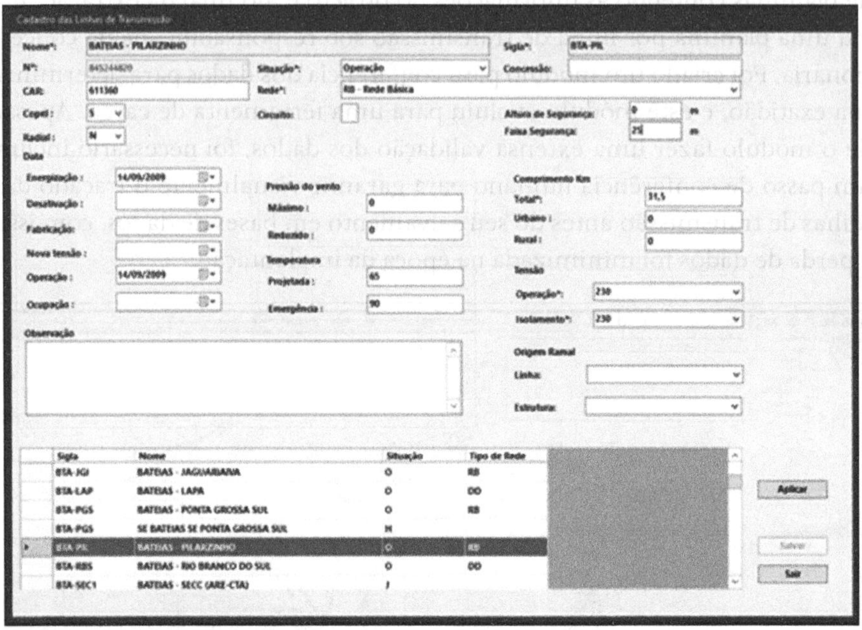

Figura 5.5 Função de cadastro das linhas de transmissão.

Fonte:

Uma nova RN entrou em vigor em 2019 e novas adaptações foram necessárias no sistema, como a complementação com dados de operação e as classificações diferenciadas das do manual do controle patrimonial.

O sistema LTG é uma extensão do software ArcMap. No *roadmap* do LTG, está prevista a migração para a tecnologia *web* utilizando um portal de mapas (ArcGIS Enterprise), e também o desenvolvimento de novos módulos.

3 SSA – SISTEMA SOCIOAMBIENTAL

O SSA (Sistema de Informações Geográficas Socioambiental) tem por objetivo fornecer aos usuários uma visão geoespacial dos processos e variáveis socioambientais que a Copel tem de atender quando trabalha em um empreendimento, além de reduzir os riscos socioambientais resultando em empreendimentos cada vez mais sustentáveis social, ambiental e economicamente.

Com sua utilização, os usuários contam com uma significativa redução de tempo e custos comparativamente à maneira como o trabalho era feito antes e também auxiliou a corrigir problemas que nem sequer eram identificados, por exemplo, na área de licenciamento socioambiental, foram identificadas e mapeadas não conformidades que, até então, passavam despercebidas.

O SSA foi implantado com a missão de aproximar as áreas de meio ambiente das áreas de engenharia, projetos e manutenção. Já os responsáveis pela análise e estudo de empreendimentos utilizaram a SSA para agilizar as decisões quando da participação em leilões da Aneel.

O SSA é utilizado em várias atividades da Copel GeT, alguns exemplos:

- Ao longo de 2011 e 2012, estava sendo executada a supressão vegetal da UHE Gov. Jaime Canet Júnior, em que o SSA foi particularmente importante junto com o ArcMap nas atividades de suporte operacional. As atividades de suporte operacional consistem na geração de mapas e relatórios de geoprocessamento para o planejamento das frentes de supressão (por exemplo, mapas de declividade e porte de vegetação), bem como para avaliação do desempenho realizado pelas empreiteiras contratadas (por exemplo, relatório de avanço diário, semanal e mensal). Além disso, foi prestado intenso suporte operacional para a otimização dos serviços da empresa responsável pela medição e monitoramento das atividades de supressão vegetal.
- As áreas responsáveis pelo PBA (Plano Básico Ambiental) da UHE Colíder empregaram o sistema SSA para acompanhar a execução de alguns dos seus principais programas.
- O SSA auxiliou em contrato de prestação de serviços para o monitoramento da execução, medição e registro fotográfico mensal das áreas de supressão vegetal e dos serviços correlatos na área do futuro reservatório da Usina Hidrelétrica de Colíder (UHE Colíder). O Contrato tinha por objetivo prestar suporte operacional aos gestores e fiscais operacionais e documentais da supressão vegetal e todos os demais contratos correlatos. Como resultado, obteve-se uma fonte segura e concreta de informações sobre as atividades de campo (número frentes de supressão, número empregados por frente,

número de máquinas por frente, número de máquinas paradas, etc.). O processo implementado permitia aos gestores e fiscais obter informações diárias sobre o andamento das obras de supressão vegetal e serviços correlatos. Nesse processo, havia por objetivo prover minucioso suporte cartográfico ao acompanhamento da supressão vegetal da UHE Colíder, considerando-se as experiências vivenciadas no projeto anterior (UHE Gov. Jaime Canet Júnior). As especificações foram elaboradas em 2012, sendo que o processo de contratação foi conduzido pela área administrativa em 2013. Em 2014, quando da assinatura dos contratos de supressão vegetal, esse contrato foi então iniciado. Cabe ressaltar que todo o processo foi desenvolvido (em 2012) e implementado (em 2014), prevendo uma precisão de 0,5 m na obtenção das coordenadas geográficas nas frentes de supressão. Essa precisão foi dez vezes superior àquela empregada à época das medições da supressão vegetal da UHE Gov. Jaime Canet Júnior. O resultado desse aperfeiçoamento reflete diretamente na redução de custos do projeto de supressão vegetal, pois os limites das áreas de supressão podiam ser estabelecidos com maior confiabilidade. O sistema SSA foi modernizado e passou a ser um aplicativo provido pelo Portal de Mapas da Copel (ArcGis Enterprise).

Nele foi liberado acesso a camadas de áreas quilombolas, terras indígenas, unidades de conservação, áreas de preservação permanente, monitoramento de incêndios pelo *Visible Infrared Imaging Radiometer Suite* (VIIRS), além a áreas de interesse e empreendimentos da Copel, como áreas de subestações, linhas de transmissão e reservatórios de usinas. Também foi desenvolvido um novo módulo para o aplicativo, o SSA Ocorrências. Esse módulo permite a captura de incidentes ambientais nos diversos empreendimentos da Copel, alguns exemplos de ocorrências são: assoreamentos; uso irregular do solo; vegetação degradada; invasão de vegetação exótica; desbarrancamentos etc.

Um dos avanços que o módulo de ocorrência permitiu foi a captura de ocorrências em campo. Uma vez configurado o aplicativo no portal de mapas, é possível fazer acesso aos dados de um mapa do portal no aplicativo móvel Collector.

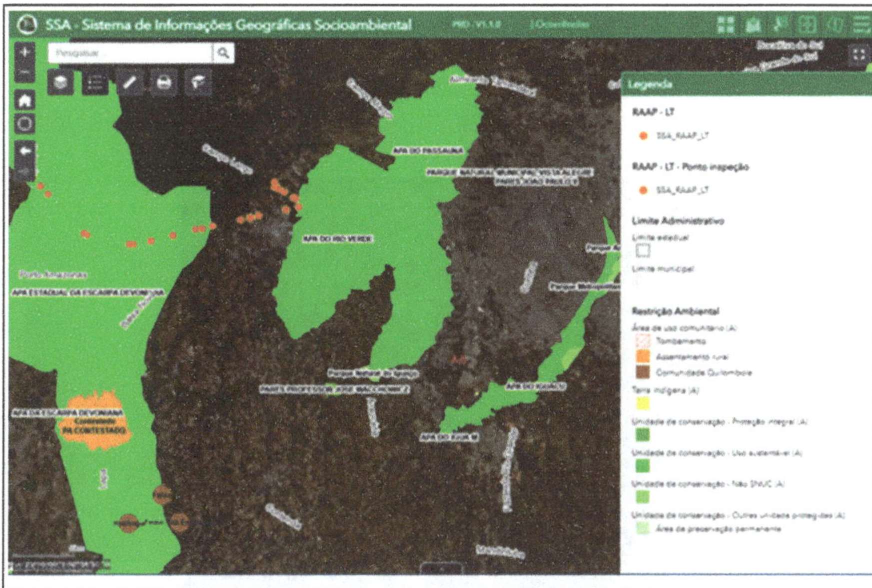

Figura 5.6 Sistema SSA.

Fonte:

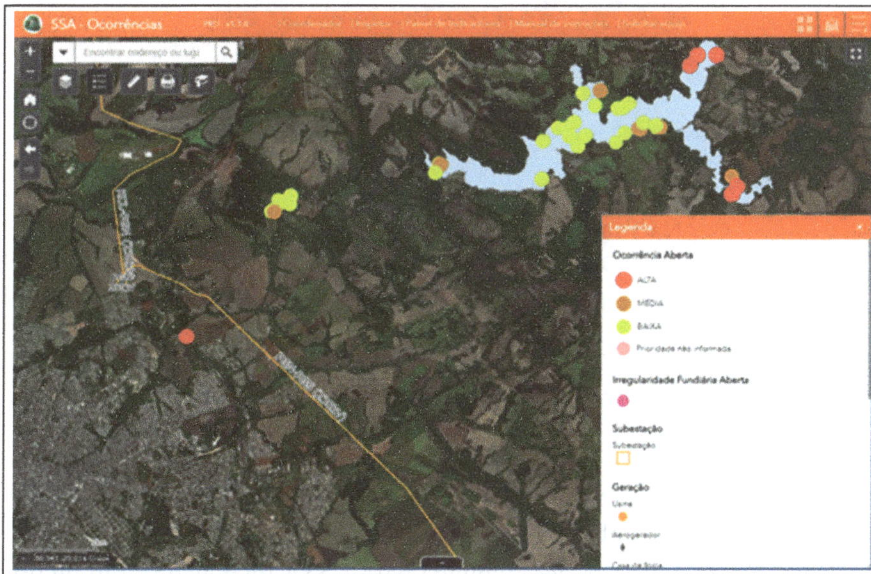

Figura 5.7 Sistema SSA módulo ocorrências.

Fonte:

Figura 5.8 SSA Collector.

Fonte:

Assim, os inspetores de campo podem realizar cadastros e atualizações das ocorrências ambientais levantadas diretamente no local da ocorrência. Uma última melhoria desenvolvida para o SSA foi a elaboração de um *dashboard* de acompanhamento das ocorrências. Nele é possível, em tempo real, acompanhar o andamento das ocorrências levantadas em campo.

4 ISP – INSPEÇÃO EM CAMPO DE LINHAS DE TRANSMISSÃO

Seguindo o conceito do desenvolvimento do SSA ocorrências, mas para atender inspeções de linhas de transmissão foi criado, em 2019, o Sistema ISP.

Antes desse desenvolvimento, as inspeções eram documentadas por meio de fichas de papel com preenchimento livre. A falta de padronização nos preenchimentos e a perenidade de fichas de papel que vão e voltam para o campo motivaram o desenvolvimento inicial do sistema. As camadas do ISP foram baseadas nos dados do sistema LTG e criadas funcionalidades de comunicação com o sistema de ordens de serviço e controle de horas trabalhadas. A possibilidade de visualizar as informações de linhas de transmissão em campo e atualizar possíveis situações de forma padronizada ao realizar as inspeções promove agilidade nas atividades de campo e permite que sejam realizadas atualizações auditáveis nas alterações das linhas de transmissão.

Também foi criado um módulo para cadastro de roçadas nas áreas de linha de transmissão. O módulo permite ao inspetor verificar a realização da roçada nas áreas abaixo das linhas de transmissão, agendar novas roçadas e podas.

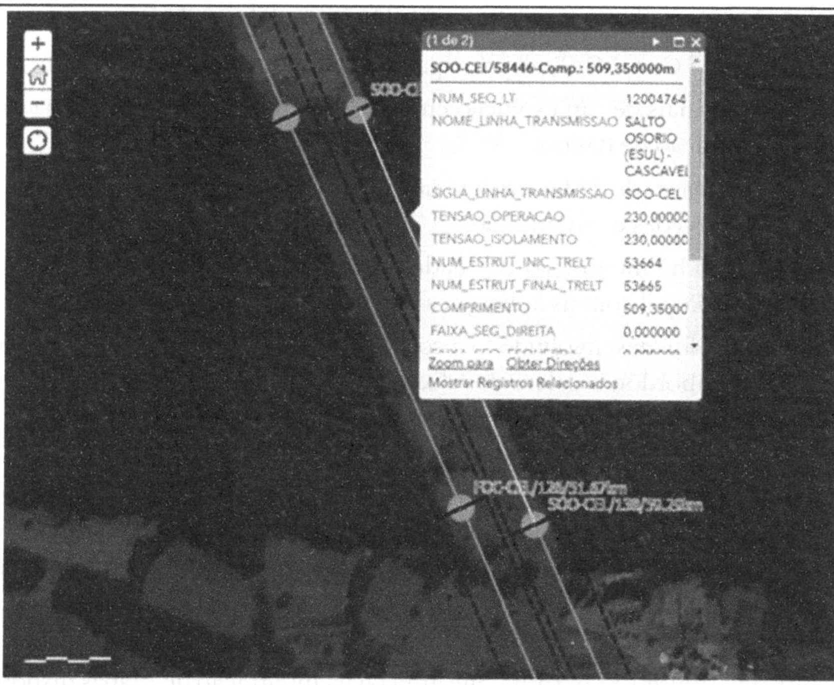

Figura 5.9 Sistema ISP Web.

Fonte:

5 PROJETO DE NAVEGAÇÃO CURVA-A-CURVA

As equipes de campo necessitam se deslocar entre os diversos ativos da companhia, e esses deslocamentos ocorrem nas áreas urbanas e rurais, em diferentes condições de trânsito, ruas, estradas, acessos precários e trilhas.

Atualmente o deslocamento ocorre com base na experiência dos profissionais (ocasionando uma dependência) e com o auxílio de aplicativos obtidos na internet. Esses aplicativos utilizam dados obtidos gratuitamente e/ou são disponibilizados para avaliação pelo fornecedor da solução.

Esta situação não tem garantido a qualidade, uma vez que esses dados precisam de manutenção para que sejam atualizados e corrigidos periodicamente para manter a qualidade e acurácia da solução em uso.

Observou-se nesta situação que a tecnologia pode ajudar com as aplicações de navegação, as quais utilizam-se de dispositivos móveis, tais como celulares ou tablets, ou dispositivos específicos. Essas aplicações de navegação são softwares que utilizam algoritmos *shortest path*, considerando-se os dados de cartografia e outras variáveis (por exemplo, a menor distância entre dois pontos, a velocidade média das vias, as condições das vias, o tráfego atual etc.) para o cálculo e desenho de rotas entre dois pontos.

No contexto da Copel GeT, as principais implicações observadas foram:

- Há mais de uma solução em uso, dificultando o suporte e padronização de dados.
- As bases de dados em uso não têm padrão nem procedimentos de correções e atualização.
- Não há integração dos dados de ativos cadastrados nos sistemas da Copel com as aplicações em uso.

Assim, foi desenvolvido o projeto NAV (Navegação para a Copel GeT), o qual abordou a coleta dos dados específicos e particulares e a integração com dados cartográficos de arruamento.

A Figura 5.10 exemplifica o projeto em que o profissional de campo realiza a coleta dos dados específicos, que são armazenados em uma base de dados. Nessa mesma base de dados, são carregados dados de arruamento, por exemplo, a base OSM (*Open Street Map*) e, então, integrada com os dados específicos, e a integração de navegação é disponibilizada para uso por meio do software *Navigator for Arcgis*.

Esta arquitetura permite que ainda haja integração de mapas disponibilizados no software ArcGIS Collector com a base de navegação existente no *Navigator for ArcGIS*.

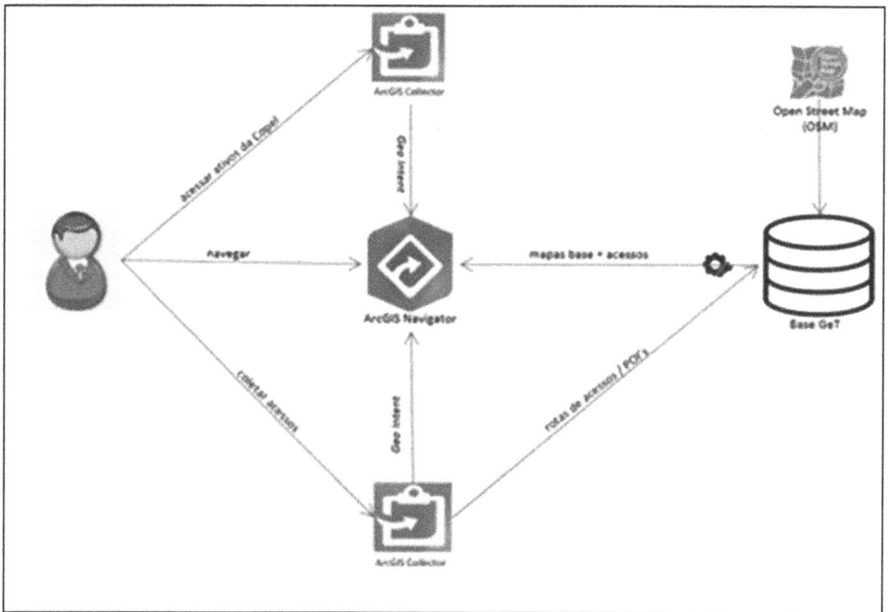

Figura 5.10 Arquitetura do projeto NAV.

Fonte:

A solução entrega ao profissional de campo uma agilidade maior nas suas atividades e, para a empresa, uma eficiência maior com a redução de custos de deslocamento e consolidação de dados que podem ser utilizados nas atividades de vários profissionais, independentemente da área de atuação no campo, por exemplo, manutenção, planejamento, fiscalização etc.

REFERÊNCIAS BIBLIOGRÁFICAS

BARROS, L. *Geoprocessamento:* exceção à regra na indústria de TI brasileira. 2016. Disponível em: http://processamentodigital.com.br/2016/07/14/geoprocessamento-excecao-a-regra-na-industria-de-ti-brasileira/. Acesso em: 22 maio 2021.

BBC News. *O ataque de hackers ao maior oleoduto dos EUA que fez o governo declarar estado de emergência.* Disponível em: https://g1.globo.com/economia/tecnologia/noticia/2021/05/10/o-ataque-de-hackers-a-maior-oleoduto-dos-eua-que-fez-governo-declarar-estado-de-emergencia.ghtml. Acesso em: 31 maio 2021.

GOULART, J. *Ataque hacker em oleoduto nos EUA deixa elétricas brasileiras em alerta.* Disponível em: https://veja.abril.com.br/blog/radar-economico/ataque-hacker-em-oleoduto-nos-eua-deixa-eletricas-brasileiras-em-alerta/#:~:text=Neste%20

ano%2C%20Eletronuclear%20e%20Copel,das%20empresas%2C%20muitas%20
vezes%20evit%C3%A1veis. Acesso em: 31 maio 2021.

TEREZA, Irany. *O cerco dos hackers às companhias de energia*. Disponível em: http://gesel.ie.ufrj.br/app/webroot/files/publications/30_tereza_2021_02_08.pdf. Acesso em: 31 maio 2021.

6

A IMPORTÂNCIA DE FERRAMENTAS INTERATIVAS NO PLANEJAMENTO ENERGÉTICO

O WEBMAP DA EPE

*Bernardo Regis Guimarães de Oliveira**
*Hermani de Moraes Vieira***
*Elisângela Medeiros de Almeida****

1 INTRODUÇÃO

Instituições ao redor do globo têm cada vez mais utilizado ferramentas que enriqueçam a experiência dos usuários ao acessar suas páginas de internet. O usuário quer se sentir seguro, em um ambiente visualmente agradável e com conteúdo de acesso rápido e de entendimento fácil. Além disso, o usuário quer ter à disposição um canal com a empresa para esclarecimento de dúvidas e obtenção de mais informações. Esses têm sido os desafios da Empresa de Pesquisa Energética (EPE) nos últimos anos ao produzir e disponibilizar conteúdos mais acessíveis, didáticos e inclusivos a respeito de seus estudos sobre o planejamento energético do Brasil. Neste processo

---

* Geógrafo, formado pela Universidade Federal do Rio de Janeiro (UFRJ), Especialista em Análise Ambiental e Gestão do Território pela Escola Nacional de Ciências Estatísticas (ENCE), Mestre em Engenharia Ambiental pela Universidade do Estado do Rio de Janeiro (UERJ). Ingressou na EPE em 2014 e atua como Analista de Pesquisa Energética na Superintendência de Meio Ambiente.

** Geógrafo, formado pela Universidade Federal do Rio de Janeiro (UFRJ). Entre 1996 e 2001, trabalhou com geoprocessamento em diversos projetos da UFRJ, Agência Nacional de Águas, Ministério do Meio Ambiente, Embrapa, entre outras instituições, e atuou também como geógrafo da empresa Threetek Geomática. Foi coordenador de geoprocessamento do Serviço Geológico do Estado do Rio de Janeiro (DRM/RJ), entre 2001 e 2006. Ingressou na EPE em 2006 e atualmente atua como Consultor Técnico da Superintendência de Meio Ambiente.

*** Bióloga, formada pela Universidade Federal de Uberlândia (UFU) e Doutora em Ecologia pela UERJ. Desde 2017 ocupa o cargo de Superintendente de Meio Ambiente da EPE, atua no Comitê de Segurança da Informação e Comunicação da empresa e no Comitê de Tecnologia da ABDEM.

de adequação de conteúdo, a EPE espera comunicar melhor e ampliar seu público, tornando a linguagem do planejamento compreensível aos diversos atores sociais e econômicos interessados no assunto. Entre esses conteúdos, destaca-se a ferramenta do Webmap EPE, que em cinco anos se tornou um dos maiores sucessos de comunicação da EPE.

Nas seções seguintes, serão abordadas questões sobre o modo como a ferramenta contribui com interatividade e transparência para o planejamento energético, sobre as características que definem este tipo de ferramenta e sobre a forma como ela foi estruturada para atrair o interesse dos usuários. Finalizando, serão apresentados alguns comparativos com ferramentas similares em outros países ou regiões e as melhorias já identificadas para o desenvolvimento das próximas versões do Webmap EPE.

2 INTERATIVIDADE E TRANSPARÊNCIA NO PLANEJAMENTO ENERGÉTICO

Uma infraestrutura de energia moderna e equilibrada é fundamental para o desenvolvimento de qualquer nação, pois um suprimento adequado de energia facilita o desenvolvimento sustentável da economia e avanços sociais significativos. Dessa forma, o planejamento dessa infraestrutura de energia em nações modernas e democráticas precisa ser construído a partir de algumas premissas. No caso brasileiro, há dois principais instrumentos que sintetizam os estudos de planejamento: o Plano Decenal de Expansão de Energia (PDE), um documento informativo elaborado anualmente pela EPE sob as diretrizes do Ministério de Minas e Energia (MME); e o Plano Nacional de Energia (PNE), instrumento de suporte ao desenho da estratégia de longo prazo do planejador em relação à expansão do setor de energia. Como premissa, esses Planos se caracterizam por serem indicativos, pois não determinam a expansão do setor energético baseada em projetos, a não ser a expansão nos primeiros cinco anos do horizonte do PDE que consideram um conjunto de projetos leiloados ou já contratados, e os diversos energéticos disponíveis por integrarem os estudos e modelos que subsidiam a sua elaboração. A esta perspectiva primordialmente indicativa e integrada, somam-se os desafios da transparência e da participação dos atores nacionais no processo de planejamento. Os desafios correspondem à diversidade da matriz energética brasileira, à continentalidade do território e aos diferentes graus de acesso à informação da sociedade. Neste contexto, o Webmap EPE se apresenta como uma ferramenta que facilita o acesso público às informações georreferenciadas consideradas nas análises e nos estudos de planejamento que os planos procuram sintetizar. As informações e dados presentes na ferramenta são periodicamente conferidos e atualizados, com toda a base disponível para *download* e suas referências descritas nas fichas de metadados que acompanham as camadas disponibilizadas. Além disso, o usuário nacional e de outros países têm um canal aberto de comunicação por meio do Serviço de Informações ao Cidadão (eSIC da EPE para criticar e contribuir para a evolução da ferramenta.

3 O QUE É UM WEBMAP?

Os serviços de mapeamento via *web* e o uso de informações geoespaciais *online* evoluíram rapidamente nas últimas décadas. Mesmo sem se dar conta disso, a maioria dos usuários da internet, sobretudo os de smartfones, faz ou fez uso de algum serviço de webmap. Serviços de localização como Waze e Google Maps, aplicativos de transporte, serviços de locação de imóveis e serviços de previsão do tempo têm utilizado webmaps como recurso de comunicação mais clara e interativa com seus usuários.

De acordo com Newmann (2008), *web mapping* é o processo de projetar, implementar, gerar e entregar mapas na rede mundial de computadores. Essa definição, entretanto, desconsidera o crescente fluxo bidirecional de requisições e de entregas que caracteriza os atuais serviços. Para Dorman (2020), um webmap é uma exibição interativa de informações geográficas, na forma de uma página da *web*.

Embora os atuais serviços apresentem configurações diversas, a estrutura de um webmap se divide simplificadamente em três elementos principais:

(1) O cliente que se caracteriza normalmente por um navegador capaz de enviar requisições a um servidor remoto e projetar graficamente as respostas obtidas por essas solicitações.

(2) O servidor que é o sistema capaz de receber solicitações do cliente, processar o pedido e produzir uma resposta que pode ser enviada na forma de imagens ou sequências de informações que serão interpretadas pelo cliente.

(3) A internet ou rede de comunicação (*world wide web*) responsável pela troca de dados, isto é, dos protocolos de requisição e resposta entre o servidor e o cliente.

A Figura 6.1 apresenta esquematicamente os agentes envolvidos em um serviço de webmap.

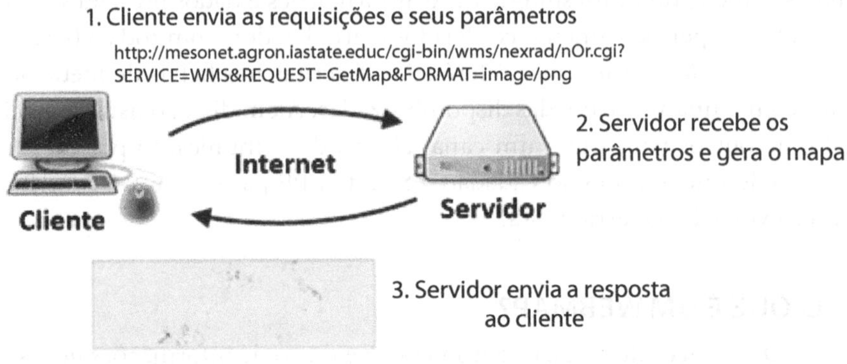

Figura 6.1 Exemplo esquemático de fluxo de demanda e resposta dos agentes envolvidos em um serviço de webmap.

Fonte: adaptada de QUINN S., DUTTON J. A., 2020.

Os webmaps resultam da evolução dos processos de cartografia digital. O surgimento dos primeiros sistemas de produção de mapas em formato digital com o uso de mainframes e desktops representa uma revolução no processo de produção cartográfica. Esses sistemas, entretanto, funcionavam de forma isolada e, durante décadas, a maioria das informações geográficas foi restrita àqueles que tivessem acesso aos *desktops* e aplicativos especializados necessários para visualização ou manipulação dos dados, restringindo consideravelmente o público que poderia se beneficiar do seu uso (DORMAN, 2021).

Com a popularização da internet, especialmente a partir da década de 1990, vários esforços foram envidados para a disponibilização de serviços de mapas por este meio digital. Os primeiros esforços configuraram na publicação de figuras estáticas em páginas HTML, funcionando como simples visualizadores da informação, mas sem a capacidade de interação por parte do usuário final. Com o rápido desenvolvimento tecnológico e a evolução das capacidades dos navegadores na representação de imagens dinâmicas, aumentaram-se a interatividade entre usuários e as aplicações *web*. A simples apresentação estática dos mapas foi substituída por aplicações dinâmicas baseadas em servidores especializadas em representação cartográfica, como Map Server e o Esri ArcIMS lançados em meados da década de 1990 e o Geoserver em 2001 (ver Figura 6.2).

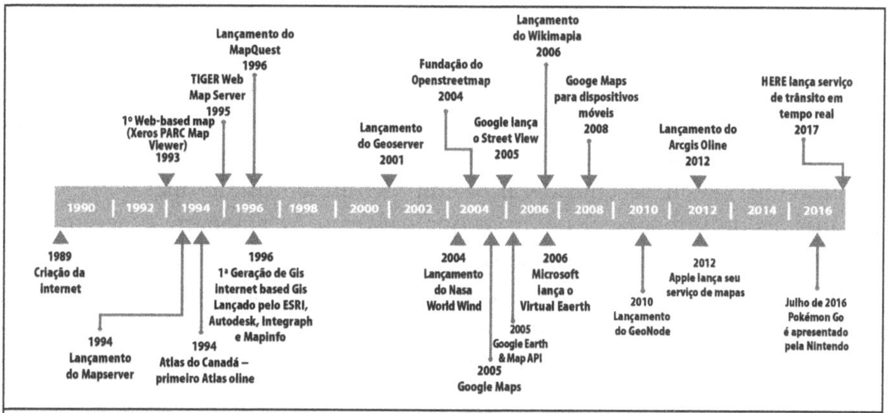

Figura 6.2 Linha do tempo de alguns eventos significativos de webmapping.

Fonte: adaptada de VEENENDAAL, B. et al., 2017.

Tais sistemas permitiram ao usuário final a manipulação interativa dos dados dando-lhe a capacidade de alteração da escala e do enquadramento e de fazer a investigação de atributos e a seleção dos níveis de informação que lhe fossem mais convenientes. A crescente capacidade de interação permitiu o desenvolvimento de sistemas de mapeamentos colaborativos em que o usuário final tem a capacidade de carregar e até editar informações baseadas nos servidores remotos. O desenvolvimento de modelos de globos digitais contribuiu para a popularização dos webmaps, mas a massificação de seu uso ocorreu a partir do acesso por sistemas móveis como celulares e tablets, o que permitiu o acesso quase universal aos dados publicados nos diferentes webmaps disponíveis. O principal benefício desse processo é a massificação do acesso a dados geoespaciais permitindo que qualquer pessoa com acesso à internet possa explorar essa categoria de dados que, há poucas décadas, era restrita a um pequeno número de usuários altamente especializados.

4 POR QUE UM WEBMAP NA EPE?

Lewin (2020), em seu artigo para a versão de inverno da ArcUSER, aponta cinco razões pelas quais uma organização necessita de uma estratégia geoespacial:

> *... destravar novas fontes de geração de valor; fortalecer uma estratégia digital; enriquecer a experiência do cliente; estabelecer uma base compartilhada de dados; e corrigir o fato de que as estratégias de TI (tecnologia de informação) não consideram as ferramentas e dados geoespaciais.*

Essas razões não constituem exatamente aquelas que levaram à criação do Webmap EPE, mas ajudam a definir o contexto que propiciou as condições ideais para o desenvolvimento da ferramenta. Um bom exemplo para explicar essas condições é esclarecer que o planejamento energético, mesmo em sua face indicativa, sempre estará relacionado à localização de seus ativos existentes de produção e transporte de energia elétrica e de combustíveis, da mesma forma que as unidades consumidoras. Assim, é correto imaginar que o planejamento energético, ao considerar os empreendimentos em operação e todas as camadas de informações com as quais estes se relacionam, é geograficamente explícito, ou seja, todas as suas relações acontecem num determinado lugar. Compreender essa perspectiva importa para entender o porquê de a EPE buscar o desenvolvimento de uma ferramenta que pudesse atender a necessidade de desenvolvimento de uma estratégia geoespacial de divulgação de dados e informações do setor de energia no Brasil, ou seja, a construção de ambiente interativo para apresentar informações setoriais, em conjunto com outras informações relevantes para orientar a tomada de decisão não somente voltadas ao planejamento energético, mas também para o mercado, incluídos os agentes comerciais e todos os prestadores de serviços que orbitam a indústria energética e aqueles que estudam e deliberam ações relacionadas ao setor energético (licenciamento ambiental como um exemplo destacado).

A EPE tem se dedicado nos últimos anos a fortalecer uma estratégia digital de divulgação dos seus conteúdos. Essa estratégia tem, para além do caráter informativo, também uma perspectiva didática de contribuir para o debate do planejamento energético brasileiro. Essa preocupação com a formação de interlocutores evidencia-se por meio de uma das áreas mais acessadas da página de internet da EPE, o ABCDEnergia[1], que busca uma linguagem mais cotidiana para os assuntos de energia.

As demais motivações apresentadas por LEWIN (2020) também contribuíram para a criação do Webmap EPE. Enriquecer a experiência do cliente, trazendo a informação espacial agregada aos relatórios e dados tabulares já disponíveis na página de internet da empresa, era altamente recomendável e gerou bons resultados e resposta da sociedade. Compartilhar dados, especialmente pelo setor público, traz transparência, presta contas e evita desperdício de recursos, por isso, mais que uma motivação, o compartilhamento de dados se constitui em obrigação e dever de bom senso na esfera pública. De volta aos argumentos de Lewin (2020):

> *organizações existem para criar valor: aos clientes por meio de produtos e serviços de qualidade; aos investidores pelo retorno financeiro; aos empregados pela satisfação* (e reconhecimento) *do trabalho; e à sociedade através de uma ativa responsabilidade social corporativa.*

---

1 Disponível em: https://www.epe.gov.br/pt/abcdenergia. A página ABCDEnergia foi criada em 2018 para apresentar conceitos sobre energia de forma lúdica e acessível.

Em suma, o autor exemplifica que numa organização tudo se traduz em valor. A condição específica da EPE como empresa pública, que atende a demandas do Ministério de Minas e Energia, somada ao fato de que o interesse por seus produtos se estende para toda a sociedade nacional e internacional interessada nas questões energéticas e seus desdobramentos e vinculações com questões sociais, ambientais, econômicas, climáticas, políticas etc. gera uma abertura quase infinita de rebatimentos em cadeias de valor. Assim, o conjunto de empreendimentos apresentado no Webmap EPE se relaciona com oportunidades de investimento que extrapolam o setor energético e o território brasileiro.

5 O QUE O WEBMAP EPE APRESENTA?

Na sua terceira versão, lançada em dezembro de 2020, o Webmap EPE apresenta mais de 60 camadas de dados geográficos divididas em oito grupos temáticos (ver Figura 6.3), reunindo aproximadamente 10 mil empreendimentos[2] do setor energético nacional. Os grupos apresentam a localização e as características das informações referentes aos Sistemas Elétricos Existente e Planejado, de Biocombustíveis, da Infraestrutura de Combustíveis Líquidos, da Infraestrutura de Gás Natural, e da Exploração e Produção de Petróleo e Gás. Há também um grupo dedicado às camadas relevantes para os temas de meio ambiente e outro destinado para os estudos da EPE e Recursos Energéticos.

Figura 6.3 Visão inicial do Webmap EPE.

Fonte: https://gisepe.epe.gov.br/WebMapEPE/.

2 Foram contabilizadas apenas as camadas de geração e transmissão de energia, biocombustíveis e infraestrutura de combustíveis líquidos e de gás natural.

Nos grupos dos sistemas elétricos existente e planejado, é possível conhecer os empreendimentos que fazem parte dos estudos que subsidiam o planejamento energético nacional e os estudos de expansão da geração e transmissão de energia elétrica. São apresentadas as Usinas Hidrelétricas (UHE); Pequenas Centrais Hidrelétricas (PCH); Centrais Geradoras Hidrelétricas (CGH); Usinas Termelétricas (UTE), discriminadas por tipo de combustível; parques eólicos; usinas fotovoltaicas; linhas e subestações de transmissão de energia elétrica; os subsistemas do Sistema Interligado Nacional (SIN) e as Unidades da Federação. Além da localização, estão disponíveis informações como o nome do empreendimento, potência, data prevista para entrada em operação e Código Único de Empreendimentos de Geração (CEG).

O grupo de Biocombustíveis apresenta as plantas de etanol, biodiesel e biogás, a situação de cada planta, capacidade, entre outras características.

No grupo de Infraestrutura de Combustíveis Líquidos, estão as bases de combustíveis, bases de GLP, instalações de processamento e terminais de petróleo e derivados. O nome e a capacidade de cada empreendimento podem ser vistos nas tabelas de atributo.

Por sua vez, a Infraestrutura de Gás Natural apresenta os terminais de GNL, os polos de processamento de gás natural, as estações de compressão, pontos de entrega de gás natural, dutos de escoamento e os gasodutos de transporte e distribuição. Para todas as feições, é possível visualizar a categoria e a fonte da informação.

As camadas de Exploração e Produção de Petróleo e Gás apresentam as unidades produtivas (áreas da união e áreas sob contrato), o histórico de blocos ofertados e a oferta permanente, resumo do Zoneamento Nacional de Recursos de Óleo e Gás, polígono do pré-sal, entre outros.

Também é possível obter informações sobre estudos desenvolvidos pela EPE (inventários hidrelétricos, avaliações ambientais integradas e viabilidades de hidrelétricas, além do Estudo Ambiental de Área Sedimentar do Solimões) e Recursos Energéticos (solar, eólico, localização de torres anemométricas), além de ainda relacionar as informações do setor energético com temas transversais de meio ambiente e fundiários, tais como: unidades de conservação; terras indígenas; territórios quilombolas; sítios arqueológicos; cavidades naturais; e projetos de assentamento.

6 A UTILIZAÇÃO DO WEBMAP EPE

O Webmap EPE apresenta diversas ferramentas que possibilitam ao usuário realizar consultas, comparar camadas, medir áreas e distâncias, obter coordenadas e adicionar seus próprios dados. Também é possível fazer o *download* dos dados em formatos vetorial e *raster* e exportar as tabelas de atributos em formato CSV. O usuário pode ainda imprimir mapas e utilizar as camadas como serviço WMS (Web Map Service) para visualizá-las em seu próprio projeto ou aplicação. Os usuários podem consultar os metadados de qualquer camada. Desse modo, consegue-se maiores confiabilidade e transparência no uso da geoinformação.

Após o lançamento da terceira versão em dezembro de 2020, foram registrados aproximadamente 25 mil acessos nos três primeiros meses de disponibilidade da ferramenta, conforme apresentado na Figura 6.4. Em fevereiro de 2021, houve a divulgação da nova versão do Webmap EPE na página principal e nas mídias sociais da EPE. Após essa divulgação, o número de acessos cresceu expressivamente, o que demonstra a relevância das mídias sociais na visibilidade das corporações e seus produtos.

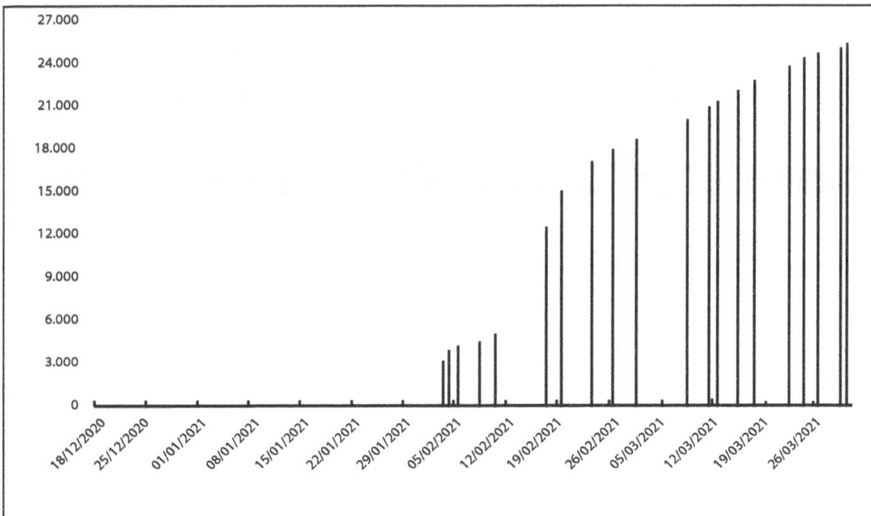

Figura 6.4 Evolução do acesso ao Webmap EPE a partir de fevereiro de 2021.

Fonte:

Ao longo dos cinco anos de existência, o Webmap EPE recebeu diversas solicitações. Inicialmente, as mais comuns estavam relacionadas ao *download* das camadas e à possibilidade de uso compartilhado das camadas como geoserviços. Essas questões encontram-se atendidas na versão corrente da ferramenta. Outra solicitação antes recorrente era sobre a indisponibilidade do sistema, que acontecia porque nas versões anteriores havia necessidade de parar várias vezes o sistema para manutenções e correções, essa contingência diminuiu na versão atual por conta da adoção de procedimentos menos indisponibilizadores. Há também solicitações de correção de dados inseridos no Webmap EPE; entretanto, a massa de dados disponibilizada não permite uma checagem individualizada de cada empreendimento. Com isso, algumas vezes, usuários conhecedores de temáticas específicas assinalam a necessidade de revisão de algum dado. Mais recentemente, alguns usuários solicitaram integrar suas próprias informações, um bom exemplo disso é a base de unidades de conservação estaduais e municipais produzida pela Eletrobras, ao Webmap, o que traduz o reconhecimento do alcance da ferramenta.

7 O FUTURO DO WEBMAP EPE

O Webmap EPE se equipara a dois exemplos internacionais com objetivos bem próximos. A EIA (U.S. Energy Information Administration), agência norte-americana responsável por coletar, analisar e disseminar informações sobre o setor de energia nos Estados Unidos, mantém uma plataforma digital interativa de mapas e conjunto de dados bastante extensiva (ver Figura 6.5).

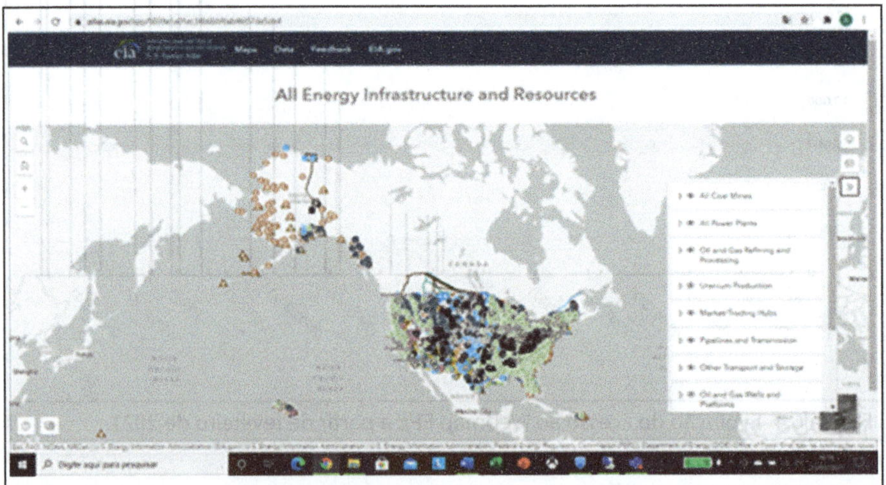

Figura 6.5 Visão do webmap da EIA/US.

Fonte: https://atlas.eia.gov/app/5039a1a01ec34b6bbf0ab4fd57da5eb4.

A União Europeia (EU) também mantém uma plataforma digital de dados georreferenciados do setor de energia por meio da Agência Executiva de Redes e Inovação, nesta plataforma (ver Figura 6.6), além da base existente, destaca-se a presença dos projetos de interesse comum dos membros da EU.

Figura 6.6 Visão do webmap da União Europeia.

Fonte: https://ec.europa.eu/energy/infrastructure/transparency_platform/map-viewer/main.html.

Ambas as plataformas evidenciam a diversidade dos energéticos e a continentalidade dos territórios abrangidos, tal qual o contexto brasileiro. Tanto nos Estados Unidos como na Europa, preza-se ao extremo a importância do dado público aberto, transparente e acessível para geração de valor. No caso europeu, para o conjunto de dados abertos (incluindo aí os dados georreferenciados), relata-se, no documento "The economic impact of open data, 2020", o alto impacto desses dados em setores como administração pública, técnico-científico, informação e comunicação, transporte e armazenamento, além do alto potencial para diversos outros setores. Em relação ao conteúdo dessas plataformas internacionais, o Webmap EPE tem uma indicação de seguir agregando mais informação sobre os recursos energéticos, dados administrativo-territoriais e outras informações de cunho social. Outras ações capazes de gerar mais valor para o Webmap EPE seriam adicionar descrições técnicas e outras informações relativas aos projetos nominados na expansão e implementar uma versão em inglês, ampliando o alcance da ferramenta para investidores e interessados em outras partes do mundo.

8 CONSIDERAÇÕES FINAIS

O projeto Webmap EPE teve como objetivo reunir em um único ambiente *web*, de acesso público e gratuito, as geoinformações produzidas pela EPE e de terceiros relacionadas ao setor de planejamento energético brasileiro. Além dessas informações setoriais, foram incorporadas informações socioambientais que auxiliam nas análises e na tomada de decisão sobre o contexto regional e local dos empreendimentos planejados e existentes de energia. As geoinformações presentes na ferramenta são públicas, como as informações contidas no Plano Decenal de Energia (PDE). A construção da ferramenta se constituiu num exercício de transversalidade dentro da EPE, pois contou com a colaboração de todo o seu corpo técnico, tanto das áreas finalísticas (geração, transmissão, petróleo, gás, biocombustíveis e derivados e meio ambiente) como da área de tecnologia da informação (TI). Também, solicitou-se em alguns momentos o suporte a empresa Imagem, que representa a plataforma ArcGIS. A ferramenta representa uma centralização dos dados do setor energético numa única plataforma, uma vez que os webmaps das demais instituições da governança do setor (Operador Nacional do Sistema, Agência Nacional de Energia Elétrica, Agência Nacional de Petróleo, Gás Natural e Biocombustíveis) apresentam, em suas ferramentas, as informações mais pertinentes a suas atribuições.

Desde 2017, o projeto do Webmap EPE está inserido no Plano de Dados Abertos da empresa e a nova versão da ferramenta buscou trazer mais aderência dos metadados (públicos, detalhados e disponibilizados no portal da EPE) às orientações básicas do Perfil de Metadados Geoespaciais brasileiro (PMG) da Infraestrutura Nacional de Dados Espaciais (INDE). A nova versão foi desenvolvida justamente com objetivos de se alinharem aos padrões nacionais de dados geoespaciais e de melhorar a experiência dos usuários com as informações do setor energético e compartilhadas com toda a sociedade. Assim, acredita-se que a exposição das informações por meio de webmap pode agregar valor por ser uma forma mais comunicativa, informativa, transparente e acessível ao público em geral.

REFERÊNCIAS BIBLIOGRÁFICAS

DORMAN, M. *Introduction to Web Mapping*. Chapman and Hall/CRC, 2020. Disponível em: https://doi.org/10.1201/9780429352874.

LEWIN, M. Why organizations need a geospatial strategy. *ArcUser Magazine* (Winter 2020), v. 23, n. 1. Redlands: Esri, 2020.

NEUMANN, A. Web mapping and web cartography. *In:* SHEKHAR, S.; XIONG, H. (eds.). *Encyclopedia of GIS*. Springer, Boston, MA, 2008. Disponível em: https://doi.org/10.1007/978-0-387-35973-1_1485.

QUINN, S.; DUTTON, J. A. *e-Education Institute, Department of Geography, College of Earth and Mineral Sciences, the Pennsylvania State University*. The history and importance of web mapping. GEOG 585: Open Web Mapping. Disponível em: https://www.e-education.psu.edu/geog585/node/643. Acesso em: 20 março 2021.

VEENENDAAL, B.; BROVELLI, M.A.; LI, S. Review of web mapping: eras, trends and directions. *ISPRS Int. J. Geo-Inf,* n. 6, p. 317. 2017. Disponível em: https://doi.org/10.3390/ijgi6100317.

Agradecemos aos técnicos da Superintendência de Meio Ambiente
da Diretoria de Estudos Energéticos e Ambientais da EPE,
Clayton Borges da Silva, Silvana Andreoli Espig
e Federica Natasha G. A. S. Sodré
que colaboraram com sugestões ao texto.

7

METODOLOGIA DE ANÁLISE ESPACIAL DE SISTEMAS DE TRANSMISSÃO DE ENERGIA NO LICENCIAMENTO AMBIENTAL FEDERAL

*Felipe Ramos Nabuco de Araújo**
*Rafael Cavalcanti de Albuquerque Ajuz***
*Alysson Bezerra Ramos****

1 INTRODUÇÃO

A questão ambiental no Brasil passou a ter alguma relevância somente após a Conferência das Nações Unidas sobre o Desenvolvimento e Meio Ambiente Humano, realizada em 1972, em Estocolmo, na Suécia. Uma estruturação de políticas públicas voltadas para a "questão ambiental" foi promovida após a delegação brasileira retornar da Conferência de Estocolmo (CALDARELLI, 2011).

---

* Engenheiro ambiental formado pela Pontifícia Universidade Católica do Rio de Janeiro (PUC-Rio), mestre em Análise e Modelagem de Sistemas Ambientais pela Universidade Federal de Minas Gerais (UFMG) e especialista em Gerenciamento de Projetos pela Fundação Getulio Vargas (FGV). Analista ambiental do Instituto Brasileiro do Meio Ambiente e dos Recursos Naturais Renováveis (Ibama), possui experiência em licenciamento ambiental de empreendimentos do setor elétrico e hoje atua como chefe da Divisão Técnico-Ambiental do Ibama, em Roraima.

** Biólogo formado pela Universidade de Brasília (UnB), mestre em Biologia Animal também pela UnB. Analista ambiental do Ibama, atuando no licenciamento ambiental de empreendimentos de transporte de energia (dutos e sistemas de transmissão de energia elétrica).

*** Engenheiro agrônomo formado pela UnB, mestre em Meio Ambiente e Desenvolvimento Rural pela UnB e especialista em Gestão e Manejo Ambiental de Sistemas Agrícolas pela Universidade Federal de Lavras(UFLA). Analista ambiental do Ibama, atuando no licenciamento ambiental de empreendimentos de transporte de energia (dutos e sistemas de transmissão de energia elétrica).

Como marco legislativo dessa nova questão, a Política Nacional de Meio Ambiente (PNMA), por meio da promulgação da Lei n. 6.938, de 31 de agosto de 1981 (BRASIL, 1981), foi resultado da adoção dessa diretriz de desenvolvimento sustentável por parte do governo brasileiro. Entre os instrumentos estabelecidos no art. 9º, dessa Lei, destacam-se, no inciso IV, o licenciamento e a revisão de atividades efetiva ou potencialmente poluidoras.

O licenciamento ambiental de atividades efetiva ou potencialmente poluidoras já é um instrumento consolidado no Brasil, tratando-se de um procedimento administrativo de caráter preventivo, em que a realização de atividades utilizadoras de recursos ambientais ou com potencial de degradação ambiental deve ser autorizada previamente por um ente governamental (SANCHÉZ, 2006).

O processo que subsidia a supracitada tomada de decisão é a Avaliação de Impactos Ambientais (AIA), que pode ser conceituada como: "um processo de identificação, previsão, avaliação e mitigação dos efeitos relevantes – biofísicos, sociais e outros – de propostas de desenvolvimento antes de decisões fundamentais serem tomadas e de compromissos serem assumidos" (IAIA, 1998).

No mesmo sentido, a Avaliação de Impactos também é entendida como "uma entre várias abordagens que respaldam políticas em evidências" (GERTLER et al., 2015) e, no caso da sua aplicação no Licenciamento Ambiental Brasileiro, ocorre por meio da elaboração e análise de estudos ambientais exigidos para novos empreendimentos.

No Brasil, a AIA é regulada principalmente pela Resolução Conama n. 01/86 (BRASIL, 1986) e, de forma complementar, por outras resoluções do Conselho Nacional do Meio Ambiente e de dispositivos legais específicos emitidos pelos órgãos ambientais competentes para o licenciamento, conforme estipulado na Lei Complementar n. 140/2011 (BRASIL, 2011).

A prática da AIA envolve múltiplas etapas, previstas no quadro jurídico normativo brasileiro e também na literatura científica nacional e internacional. Entende-se que a etapa mais importante deste processo consiste no desenvolvimento de alternativas locacionais e tecnológicas. Trata-se de um passo essencial para a tomada de decisão em um processo de licenciamento ambiental, que, além de permitir maior participação e transparência ao público interessado, promove e estimula o debate acerca do projeto proposto e seus impactos socioambientais.

Ressalta-se que a escolha da alternativa locacional menos impactante é essencial no sentido de se evitarem impactos, o que, de acordo com a hierarquia da mitigação, seria preferencial para o controle dos impactos ambientais (JESUS et al., 2013).

Na avaliação de impactos ambientais de projetos de transmissão de energia, a etapa de elaboração (sob responsabilidade da concessionária) e a de análise da viabilidade ambiental (sob responsabilidade do órgão ambiental competente) das alternativas locacionais se apresentam como o ponto crítico do licenciamento ambiental de sistemas de transmissão (ST).

Por se tratar de infraestruturas lineares, normalmente extensas e que interceptam diferentes contextos geográficos e biomas, os Sistemas de Transmissão se caracterizam por projetos que provocam impactos ambientais diversos (BIASOTTO; KINDEL, 2018; ASKINS; FOLSOM-O'KEEFE; HARDY, 2012; SOINI et al., 2011; SUMPER et al., 2010; KING et al., 2009). Os impactos gerados pelas obras de implantação de Linhas de Transmissão decorrem de técnicas construtivas adotadas pelos empreendedores e, em alguns casos, alteradas por exigências determinadas pelos órgãos licenciadores (SUGAWARA, 2016).

Assim, múltiplas variáveis e critérios devem ser considerados, tornando a etapa de definição locacional complexa, o que demanda uma evolução contínua em estudos técnicos de diagnóstico e de soluções geoespaciais, por vezes demandando maior capacidade de processamento de informações e uso de novas tecnologias.

Ressalta-se que a adoção de novas tecnologias que permitam análises qualificadas em menor tempo é fundamental diante da realidade brasileira, que já apresenta uma extensão da Rede Básica de Transmissão do Sistema Interligado Nacional da ordem de 145 mil km, dados de 2020, sendo que o planejamento da expansão prevê o incremento de mais 37 mil km até 2030 (EPE, 2021).

Diante desse desafio, iniciaram-se em 2018, na Diretoria de Licenciamento Ambiental do Instituto Brasileiro do Meio Ambiente e dos Recursos Naturais Renováveis (DILIC/IBAMA) o desenvolvimento e o teste de uma metodologia baseada em modelagem espacial para apoio à etapa de análise de alternativas de ST, visando a busca por soluções conceituais e tecnológicas que qualifiquem a sua atuação.

Após alguns testes e amadurecimento no uso da ferramenta, o método foi aplicado em um processo de licenciamento ambiental de uma Linha de Transmissão, objetivando sua avaliação como instrumento técnico de modernização e qualificação da AIA de ST no país.

Neste contexto, este artigo abordará os resultados alcançados pela Diretoria de Licenciamento Ambiental na aplicação de uma metodologia de modelagem espacial de apoio às equipes técnicas do Ibama para qualificar a condução dos processos de licenciamento ambiental de Sistemas de Transmissão de Energia.

2 ESTUDO DE CASO: LINHA DE TRANSMISSÃO – LT 525 KV CAPIVARI DO SUL – SIDERÓPOLIS 2 (C1)

Segundo o Estudo de Impacto Ambiental (EIA), a necessidade de implantação e operação da LT 525 kV Capivari do Sul – Siderópolis 2 (C1) foi motivada, principalmente, visando a redução da dependência da geração de energia da UTE Jorge Lacerda da região Sul do estado de Santa Catarina, e também de forma a proporcionar o escoamento e a integração dessa região, com a geração de energia eólica crescente no estado do Rio Grande do Sul (JGP; EKTT 5, 2019).

Com uma extensão aproximada de 225 km, a LT intercepta os estados de Santa Catarina e do Rio Grande do Sul, motivo pelo qual a competência para o licenciamento ter sido definida como federal. O projeto foi objeto do Leilão n. 04/2018 da Agência Nacional de Energia Elétrica (ANEEL). A Figura 7.1 apresenta a área de inserção prevista.

Figura 7.1 **Área de inserção proposta como preferencial pelo EIA para a LT 525 kV Capivari do Sul – Siderópolis 2 (C1).**

3 METODOLOGIA

A metodologia aplicada neste trabalho seguiu a abordagem de desenvolvimento de alternativas de corredores proposta por Nóbrega et al. (2009), que compreende a modelagem de corredores a partir da combinação algébrica e da análise de múltiplos critérios espaciais previamente determinados. A Figura 7.2 apresenta o modelo conceitual que embasa o método.

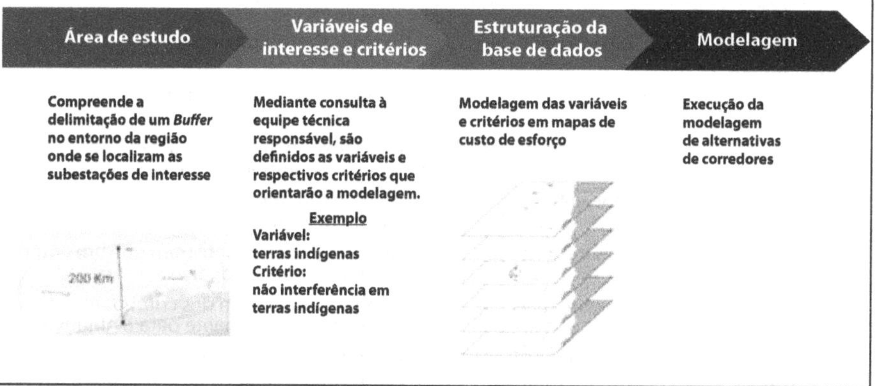

Figura 7.2 Modelagem de alternativas de corredores para STs: modelo conceitual.

A partir do conhecimento prévio dos locais de saída e chegada, usualmente representados por subestações onde se pretende fazer a conexão da linha de transmissão, o modelo utiliza a álgebra de mapas e algoritmos de geoprocessamento para delinear rotas de larguras variáveis com menor esforço ou "custo". Metaforicamente, a construção dessas rotas pode ser visualizada como o caminho que as águas de um rio percorrem em busca do melhor trajeto, desviando de obstáculos e buscando, sempre que possível, a menor extensão.

O modelo opera com arquitetura matricial (*raster*) de dados, sendo que o "custo" representa o valor do impacto socioambiental de uma determinada célula (*pixel*) no espaço, indicada a partir de definição prévia de critérios espaciais e a sua classificação comparativa (ranqueamento) pelo método *Analytic Hierarchy Process* (AHP).

O método AHP foi desenvolvido, no contexto de um processo de tomada de decisão, como uma análise multicriterial baseada na comparação pareada para a obtenção de pesos atribuídos aos critérios considerados (MALCZEWSKI, 1999). Para a modelagem do estudo de alternativa de corredores, o AHP é utilizado na formulação de camadas (*layers*) que embasam o cálculo de potenciais alinhamentos de menor custo (SADASIVUNI et al., 2009).

Esse ranqueamento é elaborado a partir da comparação entre pares de cada critério, em termos de importância, seguindo a escala fundamental de comparação de critérios desenvolvidos por Saaty (SAATY; VARGAS, 2001), apresentado no Quadro 7.1.

No Quadro 7.1, quanto maior a importância, maior o custo de esforço inferido naquele critério para o cálculo do corredor. Com base no AHP, são obtidos os pesos que subsidiarão a álgebra de mapas presente no cálculo de corredores proposta.

Quadro 7.1 Escala de comparação de critérios par a par.

Intensidade de importância	Definição	Explicação
1	Igual importância	Os dois critérios contribuem de forma idêntica para o objetivo
3	Pouco mais importante	A análise e a experiência mostram que um critério é um pouco mais importante que o outro
5	Mais importante	A análise e a experiência mostram que um critério é claramente mais importante que o outro
7	Muito mais importante	A análise e a experiência mostram que um critério é predominante para o objetivo
9	Extremamente mais importante	Sem nenhuma dúvida, um dos critérios é absolutamente predominante para o objetivo
Valores recíprocos	Se um critério i apresenta um dos valores anteriores, quando comparado com o critério j, então o critério j apresenta o valor recíproco quando comparado com o critério i	

Fonte: adaptado de SAATY; VARGAS, 2001.

Por exemplo, o "custo" de uma célula nos limites de uma Unidade de Conservação (UC) será maior se comparado ao "custo" de uma célula fora desta mesma UC, considerando-se um critério de modelagem de mínima interferência em UC. Essa comparação será realizada de forma similar para as demais variáveis, considerando-se um valor que represente a qualificação espacial de cada critério de análise.

Levando-se em conta o atual modelo do Licenciamento Ambiental Federal (LAF), em especial a etapa de requerimento de licença prévia, identificaram-se três momentos com potencial de apoio às equipes técnicas do Ibama (Figura 7.3) para uso da Modelagem Espacial desenvolvida. A seguir, cada tipo de modelagem é descrito e exemplificado.

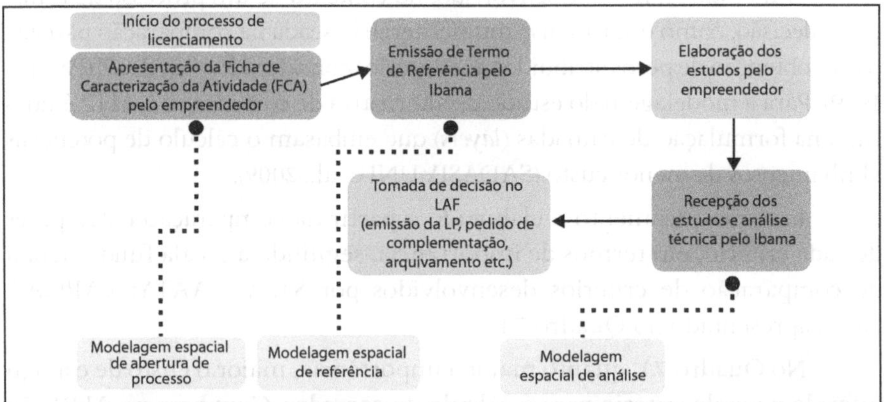

Figura 7.3 Fluxograma simplificado com etapas do LAF sugeridas para a aplicação da modelagem espacial.

3.1 Modelagem Espacial de Abertura de Processo (MAP)

- **Objetivo:** auxiliar as equipes técnicas no planejamento de vistorias que antecedem a elaboração do Termo de Referência (TR).
- **Resultados esperados:** antecipação de pontos e variáveis de interesse para a vistoria que antecede a emissão do TR.
- **Variáveis, critérios e cenários:** conforme análise da equipe técnica do Ibama responsável pela condução do processo, considerando-se o histórico de variáveis, critérios e cenários do licenciamento de ST no Ibama e as características e disponibilidade de informações sobre a região de interesse em bases de dados oficiais.

3.2 Modelagem Espacial de Referência (MREF)

- **Objetivo:** apoiar as equipes técnicas nas orientações para a elaboração do Termo de Referência.
- **Resultados esperados:** corredores que orientem o estudo de alternativas locacionais de LT a serem desenvolvidas pelos empreendedores do projeto.
- **Variáveis, critérios e cenários:** conforme análise da equipe técnica do Ibama responsável pela condução do processo, considerando-se o histórico de variáveis, critérios e cenários do licenciamento de ST no Ibama, as informações obtidas durante a vistoria de campo, além das características e disponibilidade de informações sobre a região de interesse em bases oficiais. Caso tenha se realizado a modelagem de abertura de processo, recomenda-se nova execução da modelagem com inclusões, exclusões ou alterações de critérios e classificações, oriundas das constatações da vistoria técnica.

3.3 Modelagem Espacial de Análise de Alternativas (MAN)

- **Objetivo:** apoiar as equipes técnicas na análise e revisão de estudos de impacto ambiental de ST, especificamente quanto às alternativas locacionais propostas pelo empreendedor do projeto.
- **Resultados esperados:** corredores sobrepostos às alternativas locacionais propostas pelo empreendedor, visando o apoio às equipes nas análises.
- **Variáveis, critérios e cenários:** conforme análise da equipe técnica do Ibama responsável pela condução do processo, considerando-se

as variáveis, critérios e cenários apresentados pelo empreendedor no estudo ambiental, oriundas da vistoria técnica e das consultas públicas recepcionadas. Diferentemente dos dados utilizados nas outras modelagens, que, em sua maioria, têm referências secundárias, os dados produzidos no EIA podem ter melhor escala e apresentar informações adicionais, permitindo, dessa forma, resultados mais coerentes com a realidade da paisagem em análise. Por exemplo, o estudo pode apresentar a localização de cavidades naturais subterrâneas que não constavam no Cadastro Nacional de Informações Espeleológicas (CANIE) do Centro Nacional de Pesquisa e Conservação de Cavernas (CECAV), ou ainda unidades de conservação de categorias não previstas no Sistema Nacional de Unidades de Conservação (SNUC), que não constavam nas bases de dados oficiais. Observa-se ainda a contribuição na recomendação de estudos de desvios e refinamentos a serem detalhados, tanto em complementação ao EIA como no Projeto Básico Ambiental a ser elaborado no caso de concessão de viabilidade ambiental do empreendimento.

Para o projeto objeto deste trabalho, efetuou-se a Modelagem de Referência (MREF), de forma a subsidiar a emissão, pelo Ibama, do Termo de Referência no âmbito do processo de licenciamento ambiental da Linha de Transmissão 525 kV Capivari do Sul – Siderópolis 2, C1.

A área de estudo considerada na Modelagem é apresentada na Figura 7.4, com destaque para o Corredor proposto no âmbito dos estudos de planejamento e para a diretriz proposta pelo empreendedor no início do processo de licenciamento quando da apresentação do Formulário de Caracterização da Atividade (FCA).

É importante esclarecer, que no âmbito do planejamento da expansão da rede de transmissão de energia elétrica são elaborados cinco relatórios, denominados R1, R2, R3, R4 e R5. Sendo que, no Relatório R3, é definida uma diretriz referencial de traçado para as linhas e localização referencial para as subestações (SE) associadas.

Para proposta de modelagem espacial do Ibama, neste projeto, inicialmente considerou-se a formulação de alternativas de corredores que minimizassem a extensão da LT e que considerassem os 16 critérios relacionados a seguir, configurando-se o Cenário 1:

- Não interceptação de áreas com formação florestal natural e minimização de interferências nas demais formações naturais.

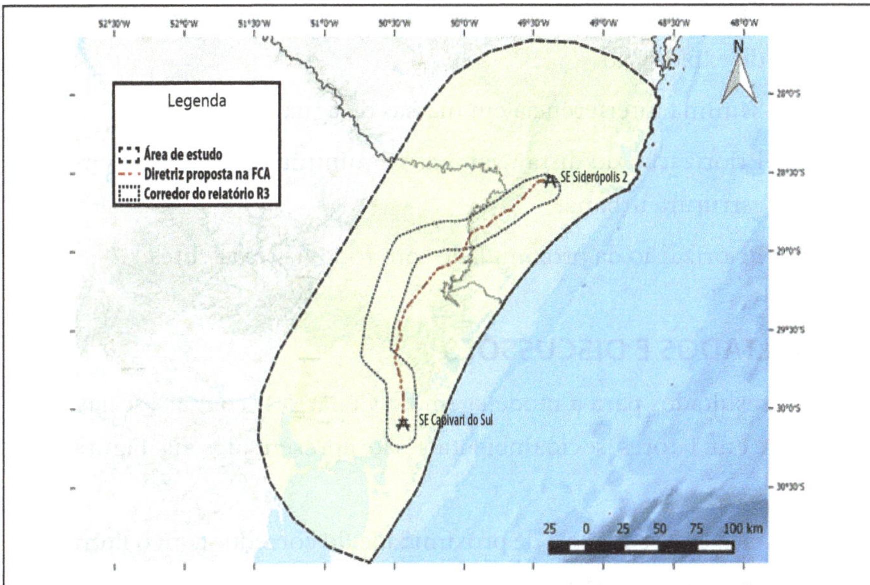

Figura 7.4 Área de estudo considerada na modelagem de referência desenvolvida no licenciamento ambiental federal da LT 525 kV Capivari do Sul – Siderópolis 2, C1.

- Não interceptação do entorno (250 m) de cavidades naturais subterrâneas conhecidas.
- Não interceptação de terras indígenas e mínima interferência em seu entorno em um raio de 5 km.
- Favorecimento no distanciamento de UC, não interferência de UC de Proteção Integral e mínima interferência em UC de Uso Sustentável.
- Não interceptação de áreas com relevo classificado como escarpado.
- Não interceptação do entorno de aeródromos.
- Não interceptação de sítios arqueológicos conhecidos.
- Mínima interferência em projetos de assentamento.
- Mínima interferência em áreas com formações não naturais.
- Mínima interferência em áreas de comunidades remanescentes de quilombos.
- Mínima interferência em Áreas Prioritárias para a Conservação da Biodiversidade (APCB).
- Mínima interferência em áreas de importância para a avifauna.

- Mínima interferência em áreas de processos minerários em *status* de exploração.
- Mínima interferência em massas de água.
- Priorização do distanciamento e mínima interferência em infraestrutura urbana.
- Priorização da proximidade com rodovias existentes.

4 RESULTADOS E DISCUSSÕES

Os resultados para a modelagem do Cenário 1, com as escalas de interferência em fatores socioambientais são apresentados na Figura 7.5 a seguir.

Destaca-se a tendência de proximidade do corredor com o litoral (planície litorânea), diferenciando-se das rotas do Corredor do Relatório R3 e da diretriz locacional apresentada na FCA do empreendimento. Verifica-se uma exceção nas proximidades da SE Capivari do Sul, onde há aderência em um dos corredores obtidos pela modelagem. Uma análise mais apurada indica que o modelo buscou não interferir em áreas com *status* de exploração mineral próximo à SE Sideropólis 2 (Figura 7.6).

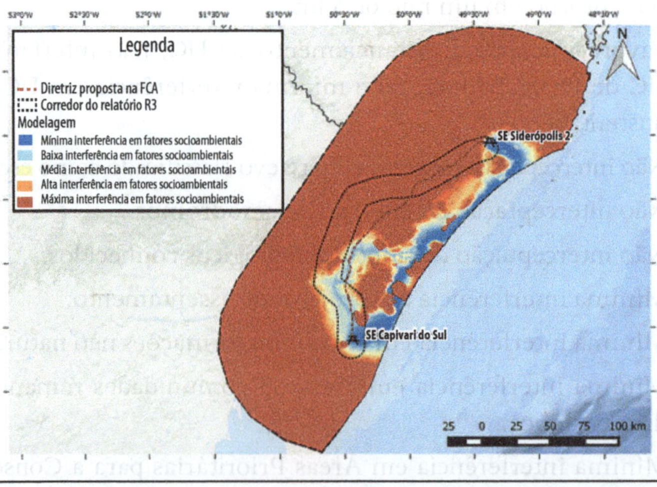

Figura 7.5 Alternativas de Corredores resultantes da modelagem de referência para o Cenário 1, da LT 525 kV Capivari do Sul – Siderópolis 2, C1.

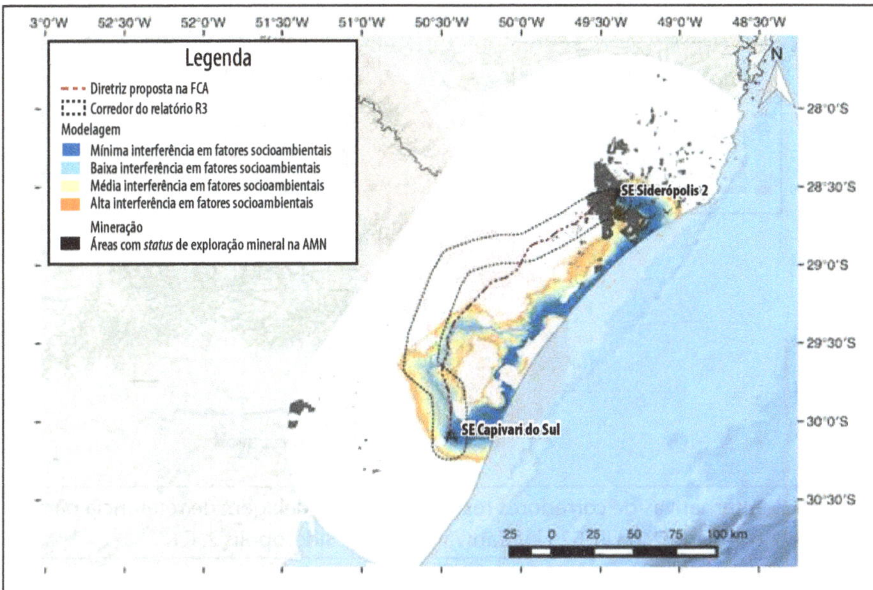

Figura 7.6 Sobreposição dos corredores do Cenário 1 com áreas de interesse minerário, na modelagem de referência desenvolvida no licenciamento ambiental federal da LT 525 kV Capivari do Sul – Siderópolis 2, C1.

No intuito de avaliar a resposta do modelo se não houver impeditivo na interferência com as áreas de interesse minerário em estágio de exploração localizadas próximas à SE Siderópolis 2, desenvolveu-se uma segunda rodada de modelagem, denominada "Cenário 2", desconsiderando-se a variável associada à mineração. O resultado é apresentado na Figura 7.7. Observa-se que os corredores obtidos permanecem não aderentes ao Corredor do Relatório R3 e à Diretriz locacional apresentada na FCA, devido em grande parte à busca do modelo em não interferir novamente no trecho de relevo escarpado que divide os estados do Rio Grande do Sul e Santa Catarina.

Vale destacar que a premissa de não interceptação de relevo escarpado baseou-se no fato de que, na formação Serra Geral, há remanescentes de vegetação nativa de porte florestal, bem como proximidade à elevada quantidade de Unidades de Conservação e presença de relevantes Áreas Prioritárias à Conservação da Biodiversidade.

Outrossim, destaca-se que a extensão total do projeto apresentado na FCA pelo empreendedor seria inclusive maior do que o resultado estabelecido na modelagem realizada pelo Ibama, caso a opção pela planície litorânea fosse adotada, que contaria ainda com apoio de rodovias existentes, a exemplo da Rodovia BR-101.

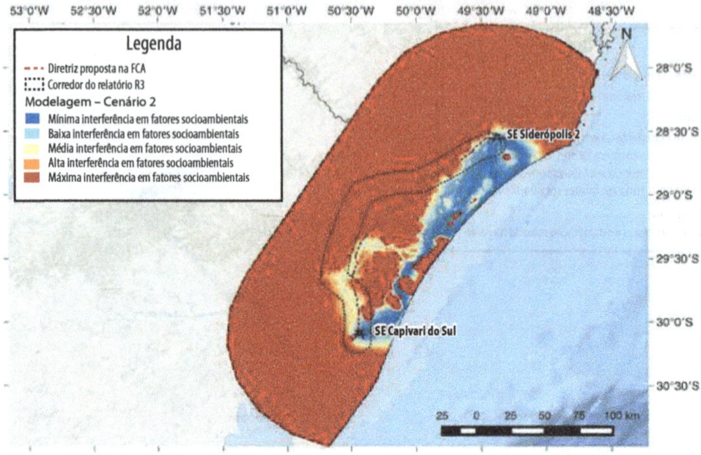

Figura 7.7 Alternativas de corredores resultantes da modelagem de referência para o cenário 2, da LT 525 kV Capivari do Sul – Siderópolis 2, C1.

Diante dessa nova possibilidade de alternativa locacional apresentada pela modelagem espacial e análise multicritério, que poderia diminuir os impactos socioambientais típicos de empreendimentos lineares, foi então incluída, pelo Ibama, recomendação no Termo de Referência que subsidiou a elaboração dos Estudos de Impacto Ambiental da referida LT, exigindo, assim, que uma das três alternativas de corredores a serem estudadas fosse justamente o corredor pela planície litorânea.

5 CONSIDERAÇÕES FINAIS

O presente trabalho se propôs a apresentar os resultados do desenvolvimento de uma proposta de modelagem espacial aplicada ao modelo de Licenciamento Ambiental Federal, que, por meio de técnicas de geoprocessamento e análise multicriterial, visa apoiar as equipes técnicas do Ibama que atuam na análise e revisão de estudos ambientais de Sistemas de Transmissão de Energia.

Entende-se que os resultados obtidos do modelo proposto não devem ser utilizados de forma vinculante, ou seja, os traçados não devem seguir rigorosamente as áreas dos corredores alcançados, tendo em vista que outras variáveis, critérios e escalas de variáveis devem ser utilizados em um estudo de alternativa locacional de Linhas de Transmissão. De forma macro, a modelagem espacial deve ser utilizada para apoiar a análise da equipe técnica, entre outras fontes de dados e informações, como a vistoria *in loco*, as audiências públicas etc.

Faz-se imperioso ainda destacar a subjetividade que incide no modelo, em especial na escolha das variáveis de interesse, critérios e, principalmente, na classificação ponderada que subsidia a álgebra de mapas e a modelagem em si. Essa discricionariedade, no entanto, pode ser detectada e inclusive mensurada na análise de diferentes cenários.

O principal intuito da adoção dessa nova tecnologia é a adequação de uma ferramenta capaz de solucionar um problema complexo, em que a discricionariedade utilizada nas análises pudesse ser claramente identificada e até mesmo mensurada em cada situação em que o modelo fosse utilizado. Essas flexibilidade e transparência do método de modelagem espacial mostram-se como promissor caminho no desenvolvimento da Avaliação de Impactos Ambientais no licenciamento federal, trazendo respostas claras e objetivas para todos os atores envolvidos, bem como a sociedade em geral.

Por fim, a partir do presente caso, é possível destacar que há ainda uma ampla perspectiva de aplicação de modelos espaciais no suporte à tomada de decisão no LAF, a serem avaliados, pesquisados e colocados em prática, de forma a qualificar o processo de licenciamento ambiental no Brasil.

REFERÊNCIAS BIBLIOGRÁFICAS

ASKINS, Robert A.; FOLSOM-O'KEEFE, C. M.; HARDY, M. C. Effects of vegetation, corridor width and regional land use on early successional birds on power line corridors. *PloS One*, v. 7, n. 2, p. e31520, 2012.

BIASOTTO, L. D.; KINDEL, A. Power lines and impacts on biodiversity: a systematic review. *Environmental Impact Assessment Review*, v. 71, p. 110-119, 2018.

BRASIL. Conselho Nacional de Meio Ambiente. Resolução Conama n. 1, de 23 de janeiro de 1986. Dispõe sobre critérios básicos e diretrizes gerais para a avaliação de impacto ambiental. *Diário Oficial da República do Brasil*, Brasília, DF, 23 jan. 1986. Disponível em: http://www.mma.gov.br/port/conama. Acesso em: 2 fev. 2021.

BRASIL. Lei complementar n. 140, de 8 de dezembro de 2011. Fixa normas, nos termos dos incisos III, VI e VII do *caput* e do parágrafo único do art. 23 da Constituição Federal, para a cooperação entre a União, os Estados, o Distrito Federal e os Municípios nas ações administrativas decorrentes do exercício da competência comum relativas à proteção das paisagens naturais notáveis, à proteção do meio ambiente, ao combate à poluição em qualquer de suas formas e à preservação das florestas, da fauna e da flora; e altera a Lei n. 6.938, de 31 de agosto de 1981. *Diário Oficial da República da União*, Brasília, DF, 9 dez. 2011. Disponível em: http://www.planalto.gov.br/ccivil_03/leis/lcp/lcp140.htm. Acesso em: 1 fev. 2021.

BRASIL. Lei n. 6.938, de 31 de agosto de 1981. Dispõe sobre a Política Nacional do Meio Ambiente, seus fins e mecanismos de formulação e aplicação, e dá outras providências. *Diário Oficial da República do Brasil*, Brasília, DF, 2 set. 1981. Disponível em: http://www.planalto.gov.br. Acesso em: 2 fev. 2021.

BRASIL. Ministério de Minas e Energia. Empresa de Pesquisa Energética (EPE). Plano decenal de expansão de energia 2030. *Empresa de Pesquisa Energética (EPE)*, Brasília, 2021. Disponível em: https://www.epe.gov.br/pt/publicacoes-dados-abertos/publicacoes/plano-decenal-de-expansao-de-energia-2030. Acesso em: 15 mar. 2021.

CALDARELLI, C. E. *A avaliação de impactos ambientais e o licenciamento ambiental no Brasil*: reflexões a partir do caso do complexo terrestre Cyclone 4. 2011. Dissertação (Mestrado – Programa de Pós-graduação em História, Política e Bens Culturais) – Fundação Getulio Vargas, Rio de Janeiro, 2011.

GERTLER, Paul J. et al. *Avaliação de impacto na prática*. World Bank Publications, 2015.

INTERNATIONAL ASSOCIATION FOR IMPACT ASSESSMENT (IAIA). *Princípios da melhor prática em avaliação do impacto ambiental*. 1998. Disponível em: https://www.iaia.org/uploads/pdf/IAIA_Principios_pt.pdf. Acesso em: 5 mar. 2021.

JESUS, J.; BINGHAM, C.; CANTER, L.; PARTIDÁRIO, M.; CASHMORE, M.; CROAL, P. et al. *Mitigation in impact assessment*. Fargo, USA: International Association for Impact Assessment (IAIA), 2013. [Fastips n. 6]. Disponível em: https://iaia.org/uploads/pdf/Fastips_6Mitigation.pdf. Acesso em: 11 mar. 2021.

JGP Consultoria e Participações; EKTT 5 Serviços de Transmissão de Energia Elétrica SPE. *Estudo de impacto ambiental LT 525 kV Capivari do Sul – Siderópolis 2 e LT 230 kV Siderópolis 2 – Forquilhinha C2*. 2019.

KING, D. I., et al. Effects of width, edge and habitat on the abundance and nesting success of scrub-shrub birds in power line corridors. *Biological Conservation*, v. 142, n. 11, p. 2672-2680, 2009.

MALCZEWSKI, J. *GIS and multicriteria decision analysis*. John Wiley & Sons, 1999.

NOBREGA, R. A. A.; O'HARA, C. Implementation of MCDM: results of I-269 case study. In: National Consortium for Remote Sensing and Transportation Annual Meeting (NCRST) – SEPP, May 2009, Memphis. *Memphis Workshop*. Memphis, TN (USA): 2009.

SAATY, T. L.; VARGAS, L. G. *Models, methods, concepts & applications of the analytic hierarchy process*. Springer Science & Business Media, 2001.

SADASIVUNI, R. et al. A transportation corridor case study for multi-criteria decision analysis. In: ASPRS CONFERENCE, 2009. *Proceedings online* [...]. Baltimore: ASPRS, 2009.

Sanchéz, L. H. *Avaliação de impacto ambiental*: conceitos e métodos. Oficina de Textos, 2006.

SOINI, K. et al. Local residents' perceptions of energy landscape: the case of transmission lines. *Land Use Policy*, v. 28, n. 1, p. 294-305, 2011.

SUGAWARA, T. R. S. *Licenciamento ambiental*: acompanhamento da implantação de linhas de transmissão no estado de São Paulo. 2016. Dissertação (Mestrado – Programa de Pós-graduação em Meio Ambiente, Saúde e Sustentabilidade) – Universidade de São Paulo, São Paulo, 2016.

SUMPER, A. et al. Methodology for the assessment of the impact of existing high voltage lines in urban areas. *Energy Policy*, v. 38, n. 10, p. 6036-6044, 2010.

8

VIABILIDADE FUNDIÁRIA DE PROJETOS DE LINHAS DE DISTRIBUIÇÃO

MODELAGEM DINÂMICA E INFERÊNCIA ESPACIAL DO CUSTO DE DESAPROPRIAÇÃO IMOBILIÁRIA

*Pedro Bueno Rocha Campos**

1 INTRODUÇÃO

As premissas necessárias para a elaboração de estudos de viabilidade fundiária para empreendimentos do setor de energia elétrica, mais especificamente as infraestruturas lineares de transporte e distribuição, estão previstas e normatizadas tanto por órgãos reguladores como por diretrizes internas de concessionárias, entretanto são pouco utilizadas e representam um gargalo na avaliação de impactos socioambientais, orçamentários e de implementação de projetos.

A questão central da viabilidade fundiária é o custo de desapropriação, seja o custo financeiro, seja o socioambiental. A avaliação desse custo ainda é uma etapa executada na implantação do projeto, quando o traçado da linha já foi definido e quando as etapas de engenharia dependem do desimpedimento de faixa. Qualquer impedimento, por rito cartorial ou por uma negociação inviabilizada, impossibilita que a obra siga o cronograma. A regularização fundiária é um pré-requisito que depende de muitos fatores instáveis.

O estudo de viabilidade fundiária é uma ferramenta que deveria estar em pleno uso, não só com estimativas eficientes de custo financeiro para desapropriação, mas também com diagnósticos que possibilitem a flexibilização do traçado. Com metodologias preditivas, que possibilitem cenários da flutuação do mercado imobiliário e utilizem o universo de dados massivos, produzidos em escalas temporais e espaciais que possibilitam um prognóstico atualizado e coerente.

---

* Geógrafo e pós-doutorando na Universidade de São Paulo. Atua no setor de Regularização Fundiária, ministra cursos e disciplinas nas áreas de Geografia, GIS e Arquitetura e Urbanismo. É consultor na Viabilidade e de Impactos nas Fases Pré e Pós-implantação de Grandes Empreendimentos. pbrcampos@usp.br.

Este artigo busca direcionar a compreensão de pressupostos técnicos e teóricos para a elaboração de uma metodologia eficiente na execução de estudos de viabilidade fundiária para empreendimentos do setor de energia elétrica. São ressaltados os ganhos dos procedimentos convencionais e como a combinação destes com o uso de técnicas contemporâneas, por exemplo, a parametrização probabilística e os modelos baseados em autômatos celulares, pode representar um salto ou uma resposta à necessidade de compreensão do contexto de implantação do projeto.

2 ESTUDOS DE VIABILIDADE E METODOLOGIAS CONVENCIONAIS PARA ESTIMATIVA DE CUSTOS FUNDIÁRIOS

A viabilidade de empreendimentos do setor de energia no Brasil passou por evoluções importantes nas últimas décadas. Grandes avanços nas técnicas de engenharia e a sistematização de grandes quantidades de informações possibilitaram inferir com mais precisão parte dos custos inerentes aos projetos de infraestrutura do setor elétrico. Constantes mudanças nas legislações e as adequações de interesse às novas visões sobre sustentabilidade ambiental e social impuseram novas necessidades aos conhecimentos prévios para elaboração dos projetos.

O planejamento de Linhas de Transmissão e Distribuição de energia necessita de informações complexas e dinâmicas. São empreendimentos lineares que geralmente impactam, em um mesmo traçado, uma ampla variedade de contextos, tanto em variáveis estáticas quanto dinâmicas. Essas variáveis estão contempladas nos cinco relatórios de Viabilidade Técnico-Econômica e Socioambiental propostos pela EPE (EPE, 2021).

Esses relatórios estão divididos em: Detalhamento das Características Técnicas; Avaliação Socioambiental; Compartilhamento com Instalações Existentes; e Estimativa de Custos Fundiários. São informações que visam auxiliar na definição do melhor traçado, minimizando custos e impactos. Esses estudos pretendem diminuir as variações entre os escopos de licitação e os orçamentos executados (EPE, 2021).

Diversas ferramentas e pesquisas foram desenvolvidas para a definição de traçados e corredores para empreendimentos lineares de infraestrutura energética. A maior parte dos desenvolvimentos considera a otimização da técnica construtiva com a redução de impactos socioambientais. São ferramentas de automação na definição do traçado, considerando especificações técnicas, e utilizam inúmeras bases de dados com variáveis socioambientais (CAMPOS, 2014; CAMPOS; ELMIRO; NOBREGA, 2014; SCHMIDT, 2009).

Entretanto, poucas pesquisas consideram a questão fundiária como uma premissa na otimização de traçados e nos estudos de viabilidade técnica econômica. Ao consultar relatórios de Estimativa de Custos Fundiários, de que tivemos a oportunidade de participar, para linhas de distribuição, foi possível constatar que os custos com desapropriação podem chegar a mais de 30% do valor total de implantação do empreendimento.

Conclusões dentro dos relatórios mostram que, devido à falta de informações prévias para a definição da rota, projetos prontos foram inviabilizados pelo setor fundiário em decorrência do alto custo de desapropriação, superando o custo de execução. Esse projeto regrediu à fase preliminar de estudo do traçado. Outro problema inerente à questão fundiária é o tempo; em média, esta fase supera a metade do cronograma e geralmente é pré-requisito, impossibilitando que fases do projeto sejam implementadas em paralelo.

O estudo das estimativas dos custos fundiários deveria prever, resumidamente, a interferência dos traçados em benfeitorias reprodutivas, benfeitorias não reprodutivas, uso do solo, valor de terras e culturas, custas cartoriais e impostos, estimativa de despesas judiciais e, por fim, definir a melhor metodologia de avaliação da faixa de servidão e áreas a serem adquiridas.

A questão central neste relatório é o custo com desapropriação, principalmente quanto à alta variabilidade do valor dos imóveis impactados. A variabilidade do marcado imobiliário é de ordem dinâmica e complexa, ou seja, varia na dimensão espacial e temporal (BATTY, 2008). A dificuldade de inferir valores imobiliários não é só de disponibilidade de dados de pesquisa, o problema está no fundamento que determina os valores. É possível dividir o mercado imobiliário em duas categorias de análise: demanda; e organização dinâmica dos valores.

A demanda pode ser definida como a necessidade por novos espaços ou pela transformação dos já existentes, sua origem é complexa e fundamenta-se nas questões profundas que constituem as sociedades, como as econômicas, sociais, políticas, religiosas, além do próprio espaço em suas mais amplas categorias de análise (LEFEBVRE, 2000; THISSE; WILDASIN, 1992).

O estudo que abrange a organização dinâmica dos valores é a análise da distribuição espacial e temporal dos valores atribuídos pela demanda. Raramente, as avaliações de imóveis inferem valores por um estudo de demanda. Usualmente, as metodologias utilizadas, incluído as normas em vigor (ABNT, 2011), fazem associações de dependência do valor do imóvel com características conhecidas e mensuráveis da realidade, ou seja, as inferências dependem dos contextos e arranjos das variáveis utilizadas.

De acordo com Campos e Almeida (2018), é possível simplificar o estudo da organização dinâmica de valores decompondo-se as características conhecidas e mesuráveis da realidade. Os autores apresentam quatro diferentes efeitos:

- **Efeito Vizinhança (EV):** refere-se ao impacto que as amenidades, na área em que o imóvel está espacialmente localizado, exercem sobre o preço dos imóveis.
- **Efeito Implícito (EI):** gerado pelas características implícitas (estrutura e acessibilidade) do próprio imóvel.
- **Efeito Adjacência do Distrito (EA-D):** diz respeito ao efeito transbordamento absoluto que as demais vizinhanças causam sobre aquele imóvel que, especificamente, está sendo analisado.
- **Efeito Adjacência do Imóvel (EA-I):** refere-se ao efeito de transbordamento absoluto que as características estruturais dos demais imóveis causam sobre o imóvel em questão (CAMPOS; ALMEIDA, 2018, p. 6).

As metodologias convencionais de avaliação de imóveis, como as regressões lineares, calculadas por mínimos quadrados ordinários, dificilmente captam os efeitos de localidade e vizinhança. Não raro, apontam variações significativas em parâmetros de homocedacidade, ou seja, baixa aleatoriedade na dispersão dos erros e grande influência da própria variável dependente no modelo de regressão. Quando os parâmetros são aceitos, os modelos encontrados dificilmente permitem a criação de uma superfície contínua de valores para, por exemplo, a consulta de valores em um traçado de linha de energia (DUBIN, 1992; KRAUSE; BITTER, 2012).

Os laudos de avaliação geralmente têm finalidade pontual, mas existem também as Plantas de Valores Genéricos que seguem os mesmos parâmetros de um laudo pontual, no qual o modelo ou os parâmetros são aplicáveis a uma região espacial determinada pela amostragem. As Plantas de Valores Genéricos ou a avaliação em massa de imóveis são aplicadas para se verificar o valor de inúmeros imóveis, de ordinário para municípios estipularem impostos a partir do valor venal ou para desapropriação de imóveis em uma mesma região. Porém, quando os laudos são obtidos por metodologias convencionais, desconsideram efeitos de localidade e vizinhança.

3 ANÁLISE DE METODOLOGIAS ESPACIAIS DE AVALIAÇÃO IMOBILIÁRIA

Na NBR 14.653, estão previstas metodologias capazes de inferir valores imobiliários a partir de modelos geoespacializados. O anexo C da parte 2 faz recomendações para o tratamento de dados por regressão espacial. Como pressuposto básico, está prevista a utilização dos modelos espaciais para os casos nos quais forem observados parâmetros de autocorrelação ou dependência espacial. Os parâmetros a serem observados são os mesmos da metodologia de regressão linear convencional. Portanto, os modelos espaciais só estão recomendados para os casos em que a metodologia convencional não é adequada (ABNT, 2011).

Essa simplificação metodológica pode ser percebida em diversos estudos sobre a interferência da questão espacial nas inferências estatísticas de estimação de valores (BOURASSA; CANTONI; HOESLI, 2010; CAMPOS; ALMEIDA, 2018; CAN, 1990; DUBIN, 1988, 1992). Em poucas exceções, a dependência espacial não é considerada uma correção de autocorrelação da variável dependente. Em suma, a forma de estimação dos coeficientes regressivos não apresenta variações significativas das metodologias convencionais.

De acordo com Krause e Bitter (2012), é possível identificar uma tendência no uso de metodologias espaciais avançadas nos estudos de avaliação imobiliária. Os autores dividem os modelos espaciais em duas linhas básicas: os modelos autorregressivos; e os modelos de erros espaciais. O primeiro visa controlar a autocorrelação da variável dependente em função da localização, geralmente aplicando um fator de correção na variável dependente. O segundo tipo de modelo atua no controle da autocorrelação nos erros que variam em torno da média, resultando na ponderação dos coeficientes regressivos das variáveis independentes. Os modelos podem ser combinados e técnicas como GWR (*Geographically Weighted Regression*) podem resolver questões como a heterogeneidade espacial, aplicando ponderações dos coeficientes em função da distância para cada evento da amostra.

4 MODELOS DINÂMICOS

Considerando-se as implicações dos modelos espaciais nas metodologias convencionais, é possível compreender que os avanços teóricos e técnicos, da questão espacial na estimação de valores, estão muito mais relacionados à distribuição espacial, extrapolação, interpolação de valores, definição de variáveis, tendências e automação (KRAUSE; BITTER, 2012). Modelos dinâmicos, ou seja, modelos em que a análise é realizada explicitamente nas dimensões espaço e tempo, tendem a agregar um alto rigor cientifico combinado com a simplificação didática das representações gráficas animadas e interativas (COUCLELIS, 1985).

A conceituação sobre modelos dinâmicos pode ser compreendida como o estudo das mudanças que ocorrem nos processos de interações espaciais, em uma série histórica, que afetam a variação morfológica e os movimentos ocorridos no espaço, cuja finalidade é de compreender as relações espaço e tempo, os fluxos, direções e trajetórias dos elementos e processos que compõem e dão origem à complexidade dos fenômenos (BATTY, 2009; CAMPOS; ALMEIDA; QUEIROZ, 2018).

No estudo comparativo entre as metodologias convencionais, modelos espaciais e modelos dinâmicos de avaliação de imóveis, realizado por Wang, Li e Yu (2020), foi possível perceber um incremento significativo de correlação e aderência do modelo dinâmico para os valores estimados. Técnicas simples de estimação foram utilizadas, porém com a agregação de grande volume de dados amostrais obtidos em uma série histórica de variação de valores imobiliários.

A representação da dinâmica possibilita realizar análises de variações de tendência e padrões espaciais. Neste tipo de representação, são inferidos resultados contínuos que permitem o estudo da trajetória dos dados, estabelecendo associações com os processos que determinam o comportamento do fenômeno (CAMPOS; ELMIRO; NOBREGA, 2014).

5 DEFINIÇÕES TÉCNICAS-TEÓRICAS PARA METODOLOGIAS E MODELOS DINÂMICOS DE AVALIAÇÃO IMOBILIÁRIA

A ideia geral é traçar especificações e limites técnicos-teóricos que possibilitem habilitar tecnologias com a habilidade de fornecer um orçamento estimado do custo de desapropriação para empreendimentos lineares, no caso linhas de distribuição e de transmissão de energia. As aplicações devem ser capacitadas para fornecer faixas de valores imobiliários possíveis para quaisquer opções de traçado entre dois ou mais pontos.

As metodologias devem ser capazes de atualizar uma superfície de valores contínuos, calculada para cada região de interesse, informando ainda custos prováveis com documentação, número médio de propriedades, tempo médio para desimpedimento da faixa de servidão, impacto e custo com culturas produtivas e benfeitorias.

Para facilitar a compreensão, será adotada uma metodologia clássica para definição e auxiliar na elaboração de uma proposta de modelo dinâmico.

A abordagem clássica da modelagem conta com cinco etapas principais – Preparação dos Dados, Parametrização, Calibração Simulação e Validação –, entretanto será adicionada uma etapa de Interpolação, conforme adaptação da metodologia proposta por Campos, Almeida e Queiroz (2018); Campos, Elmiro e Nobrega (2014) e Ciuna et al. (2017). A utilização dessa sequência metodologia consiste na automação do processo de seleção de variáveis, parametrização ou definição de coeficientes regressivos e estimação de valores. A Figura 8.1 ilustra, sinteticamente, a ideia geral da metodologia e o encadeamento dos procedimentos:

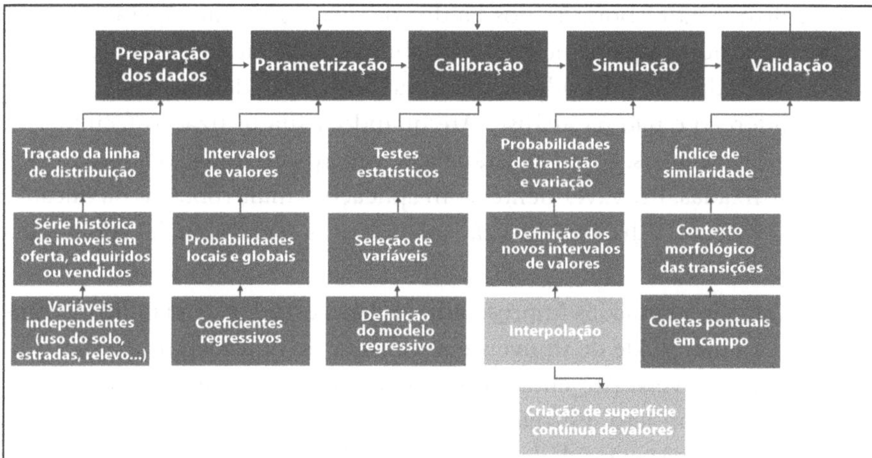

Figura 8.1 Fluxo metodológico.

5.1 Preparação dos dados

Talvez seja essa a etapa de maior ganho nesta proposta metodológica. Não sobre as interfaces e estruturas de coleta, armazenamento, análise e disponibilização de dados ou nem mesmo sobre a consulta e utilização das inúmeras bases espacializadas que podem ser utilizadas como variáveis independentes. Essas questões estão amplamente desenvolvidas e constantemente atualizadas.

O ganho a ser considerado é a utilização de séries históricas de imóveis em oferta, adquiridos ou vendidos. Existem consideráveis índices, como o Fipezap (FIPE, 2021), que consideram longas séries históricas de imóveis ofertados na internet, são milhões de anúncios mensais utilizados para compor uma variação de preços por município. Além disso, todos os empreendimentos implementados passaram pela fase de regularização fundiária, com desimpedimento de faixa de servidão ou aquisição. Para tanto, inúmeras amostras foram levantadas para composição dos laudos de avaliação, sem falar nos valores efetivamente negociados.

Essas informações não estão espacializadas na sua totalidade ou não estão prontas para uso em um modelo dinâmico por motivos simples, dos quais consideramos dois os principais: a inexistência de modelos espaciais eficientes; e a falta de coordenadas na coleta. O primeiro não diz respeito ao desenvolvimento teórico e acadêmico de metodologias de avaliação espacial, mas sim à aplicação no desenvolvimento de uma tecnologia adaptável às necessidades do setor de energia elétrica. O segundo problema é uma mudança cultural na elaboração dos laudos de avaliação, que, apesar de uma exigência da norma para melhor confiabilidade do laudo, as coordenadas quando coletadas são utilizadas como uma localização da amostra, na forma de um endereço e não na análise. Até quando a sua utilização facilitaria a definição de variáveis, como a distância de centros urbanos, as coordenadas não são utilizadas. Provavelmente, com aplicações mais robustas da questão espacial, a coleta e a disponibilização de amostras espacializadas serão mais comuns.

Outras informações imprescindíveis para estudos de viabilidade fundiária são a quantidade de imóveis e o impacto do empreendimento nos limites desses imóveis. Até então, esses dados só seriam obtidos na fase de implantação do projeto. Entretanto, novas plataformas oficiais passaram a disponibilizar uma quantidade considerável de informações sobre imóveis no Brasil, principalmente rurais. As plataformas com os dados do CAR (MMA, 2021) e SIGEF (INCRA, 2021) foram fundamentais para democratização de informações públicas e são ferramentas que precisam ser integradas em aplicações como esta proposta.

5.2 Parametrização

A primeira definição importante para a elaboração de um modelo espacial de avalição de imóveis para estudos de viabilidade fundiária é a divisão dos valores unitários em intervalos de acordo com área amostrada. A utilização de valores discretizados aumenta a confiabilidade e precisão sem prejuízo para a estimativa final de valores. O número de classes pode ser uma entrada do modelo e variar em cada iteração. A metodologia de discretização é convencional e amplamente implementada, como quantis, quebras naturais e intervalos iguais, pode variar para proporcionar maior aderência do modelo.

A utilização de uma série histórica, de dados como oferta e venda imóveis, para estimar uma tendência e variação de comportamento, tende a ser mais bem representada por distribuições probabilísticas (SOARES-FILHO; CERQUEIRA; PENNACHIN, 2002). A variação pode ser obtida pela estimação probabilística em níveis globais e locais para cada setor de consulta, ou seja, serão analisados tanto o comportamento de padrões espaciais da totalidade do campo amostral definido pela variável dependente como o arranjo espacial local das variáveis explicativas em torno de cada amostra. As técnicas utilizadas para a estimativa das funções globais são denominadas "matriz de transição", baseada em cadeias de Markov de primeira ordem. Já para as funções locais, podem ser utilizados os pesos de evidência com base em probabilidade condicional do teorema de Bayes (ALMEIDA et al., 2003). Outras técnicas não probabilísticas também têm aplicações em modelos de comportamento de tendência e variação do mercado imobiliário, como redes neurais, lógica *fuzzy* e *machine learning* (BAGNOLI; SMITH, 1998; CIUNA et al., 2017; PACE, 1998). Os parâmetros locais podem ser utilizados como coeficientes regressivos para o cálculo dos novos intervalos de valores unitários.

5.3 Calibração

Nesta, o ganho metodológico deve ser a automação dos testes estáticos com base nos limites estabelecidos pela NBR 14.653 e as restrições de cada aplicação. Empresas e órgãos estabelecem níveis diferentes de rigores e critérios de calibração. Pensando que o modelo neste ponto já está espacialmente explícito, deve-se pensar em testes estatísticos próprios e que superam os aplicados em avaliações lineares convencionais, como o caso das correlações espaciais Moran e AIC (CAMPOS; ALMEIDA, 2018; CAN, 1990) e fatores de autocorrelação espacial de variáveis explicativas, por exemplo, o Joint Information Uncertainty (BONHAM-CARTER, 1994).

5.4 Simulação

A simulação é, em modelos que utilizam séries temporais como base da parametrização, a possibilidade de testar e calcular valores utilizando-se como entrada da simulação apenas os estados iniciais e, a partir de um conjunto de regras, fazer emergir padrões similares à realidade. Dessa forma, é possível reproduzir o fenômeno em estudo em um ambiente controlado, possibilitando conhecer resultados diferentes, caso suposições sejam feitas quanto às variáveis explicativas, ou seja, nesta etapa é possível simular o impacto na variação das classes de valores unitários em função de qualquer alteração nas variáveis explicativas.

Uma técnica robusta e simples é conhecida como autômato celular, os autômatos celulares, que, enquanto modelos, são os mais simples para representação da estrutura global e dinâmica de fenômenos complexos. É uma técnica capaz de fundir comportamentos locais populacionais com o seu ambiente global de contexto (BATTY, 2011).

Nesta etapa, ainda deve ocorrer a definição das novas classes para os intervalos de valores unitários, com base na variação espaço-temporal da amostragem, e a interpolação dos novos pontos amostrais. A técnica de interpolação deve possibilitar a utilização das variáveis explicativas como uma normalização da extrapolação. Diferentes interpoladores podem ser utilizados.

5.5 Validação

Por fim, a validação é necessária para comparar a simulação dos valores unitários com a realidade. Entretanto, um modelo como o proposto não deve buscar exatidão na acurácia, uma vez que se almeja a estimativa de custos e consideram-se fatores de aleatoriedade em distribuições probabilísticas. Técnicas como a proposta por Hagen (2003) são mais aconselhadas. Entre outras possibilidades, esta técnica permite estabelecer uma medida de semelhança entre dois mapas de uso e ocupação do solo, considerando um contexto de vizinhança local, e não apenas uma comparação célula a célula ou ponto a ponto. Este método é baseado no conceito denominado de *fuzziness of location*, que prevê um grau de pertinência a um determinado estado, em uma janela de vizinhança. O resultado da validação em valores graduados auxilia também na calibração do modelo. Como é possível saber onde ocorrem mais erros ou mais acertos, os parâmetros podem ser calibrados seguindo essa métrica.

Ainda na validação, deve-se sempre ressaltar que conferência pontual em campo é imprescindível. Coletas de amostragens e verificações do comportamento de variáveis podem auxiliar no ajuste da parametrização e simulação.

6 CONSIDERAÇÕES FINAIS

A primeira consideração a ser feita após o desenvolvimento deste texto é de que, tanto na discussão como na proposta metodológica, foi abordada a possibilidade de uma aplicação eficiente de uma automação que considere a questão espacial de forma explícita em estudos de viabilidade e estimativa de custos para empreendimentos do setor energético. Não é a intenção deste artigo qualquer reformulação normativa ou o desenvolvimento de uma ferramenta de avaliação em massa de imóveis para fins de elaboração de laudos que possam sustentar uma desapropriação. Apesar da possibilidade de a proposta metodológica atender os critérios de confiabilidade previstos nas NBR 14.653, é necessário reconhecer que o desenvolvimento de uma aplicação deste tipo deve antes atender a necessidade dos estudos de viabilidade. Evitando, dessa forma, impedimentos burocráticos, extrapolações de orçamento, inviabilização de projetos e manutenção de cronogramas. A metodologia proposta visa a utilização de base de dados já estabelecida ou que precisa apenas de adequações para funcionamento da modelagem, não sendo necessários gastos com coletas massivas de dados. Como resultado previsto, estão não só intervalos de valores unitários em uma superfície contínua ou estimativas de custos com desapropriações e custas cartoriais, mas também a composição de índices e indicadores de preços regionalizados e a possibilidade de criar cenários simulados para projetos futuros ou impacto de especulações com projetos sequenciais.

REFERÊNCIAS BIBLIOGRÁFICAS

ALMEIDA, D. et al. Stochastic cellular automata modeling of urban land use dynamics: empirical development and estimation. *Computers, Environment and Urban Systems*, v. 27, p. 481-509, 2003.

ASSOCIAÇÃO BRASILEIRA DE NORMAS TÉCNICAS. *ABNT NBR 14.653 1-7.* ed. 2011. Rio de Janeiro: ABNT, 2011.

BAGNOLI, C.; SMITH, H. The theory of fuzz logic and its application to real estate valuation. *Journal of Real Estate Research*, v. 16, n. 2, p. 169-200, 1998.

BATTY, M. Fifty years of urban modelling: macro statics to micro dynamics. In: ALBEVERIO, S. et al. (ed.). *The dynamics of complex urban systems*: an interdisciplinary approach. Heidelberg: Physica-Verlag, 2008. p. 1-20.

BATTY, M. *Building a science of cities.* Cities, 2011.

BATTY, M. *Urban modeling.* London: Elsevier, 2009.

BONHAM-CARTER, G. F. *Geographic information systems for geoscientists*: modeling with GIS. [S.l.]: Pergamon, 1994.

BOURASSA, S. C.; CANTONI, E.; HOESLI, M. Predicting house prices with spatial dependence: a comparison of alternative methods. *Journal of Real Estate Research*, v. 32, n. 2, p. 139-160, 2010.

CAMPOS, P. B. R. *Modelagem de corredores ótimos para linhas aéreas de transporte de energia elétrica.* Universidade Federal de Minas Gerais, 2014.

CAMPOS, P. B. R.; ELMIRO, M. A. T.; NOBREGA, R. A. D. E. A. Utilização da modelagem ambiental para sistematização do conhecimento tácito: identificação de corredores preferenciais. *BCG – Boletim de Ciências Geodésicas*, v. 20, n. 4, p. 765-783, 2014.

CAMPOS, R. B. A.; ALMEIDA, E. S. de. Decomposição espacial nos preços de imóveis residenciais no município de São Paulo. *Estudos Econômicos*, v. 48, p. 5-38, 2018.

CAMPOS, R. B. P.; ALMEIDA, M. C.; QUEIROZ, P. A. Land use policy educational infrastructure and its impact on urban land use change in a peri-urban area: a cellular-automata based approach. *Land Use Policy*, v. 79, p. 774-788, apr. 2018.

CAN, A. The measurement of neighborhood dynamics in urban house prices. *Economic Geography*, v. 66, n. 3, p. 254-272, 1990.

CIUNA, M. et al. Automated valuation methods in atypical real estate markets using the mono-parametric approach. In: GERVASI, O. et al. (ed.). *Computational science and its applications – ICCSA 2017.* Trieste, ITA: Springer Netherlands, 2017. p. 200-209.

COUCLELIS, H. Cellular worlds: a framework for modeling micro-macro dynamics. *Environment and Planning A*, v. 17, p. 585-596, 1985.

DUBIN, R. A. Estimation of regression coefficients in the presence of spatially autocorrelated error terms. *Review of Economics and Statistics*, v. 70, n. 3, p. 466-474, 1988.

DUBIN, R. A. Spatial autocorrelation quality and neighborhood. *Regional Science and Urban Economics*, v. 22, p. 433-452, 1992.

EMPRESA DE PESQUISA ENERGÉTICA (EPE). Relatórios R1-R5. *Empresa de Pesquisa Energética (EPE)*. Disponível em: https://www.epe.gov.br/pt/publicacoes–dados–abertos/publicacoes/relatórios–r1. Acesso em: 21 jan. 2021.

FIPE. Fipezap. Disponível em: https://fipezap.zapimoveis.com.br/. Acesso em: 20 jan. 2021.

HAGEN, A. Fuzzy set approach to assessing similarity of categorical maps. *International Journal of Geographical Information Science*, v. 17, n. 3, p. 235-249, 2003.

INCRA. *Sistema de Gestão Fundiária (SIGEF)*. Disponível em: https://sigef.incra.gov.br/. Acesso em: 30 jan. 2021.

KRAUSE, A. L.; BITTER, C. Spatial econometrics, land values and sustainability: trends in real estate valuation research. *Cities*, v. 29, p. S19-S25, 2012.

LEFEBVRE, H. *A produção do espaço*. 4. ed. Paris: Éditions Anthropos, 2000.

MMA. *Cadastro Ambiental Rural (CAR)*. Disponível em: https://www.car.gov.br/#/. Acesso em: 30 jan. 2021.

PACE, K. Appraisal using generalized additive models. *Journal of Real Estate Research*, v. 16, n. 2, p. 77-99, 1998.

SCHMIDT, A. J. Implementing a GIS methodology for siting high voltage electric transmission lines. *Resource Analysis*, v. 11, p. 1-17, 2009.

SOARES-FILHO, B. S.; CERQUEIRA, G. C.; PENNACHIN, C. L. DINAMICA. A stochastic cellular automata model designed to simulate the landscape dynamics in an Amazonian colonization frontier. *Ecological Modelling*, v. 154, n. 3, p. 217-235, 2002.

THISSE, J.; WILDASIN, D. Public facility location and urban spatial structure. *Journal of Public Economics*, v. 48, p. 83-118, 1992.

WANG, D.; LI, V. J.; YU, H. Mass appraisal modeling of real estate in urban centers by geographically and temporally weighted regression: a case study of Beijing's core area. *Land*, v. 9, n. 143, p. 1-18, 2020.

9

GEOPROCESSAMENTO COMO ESTRATÉGIA NO PLANEJAMENTO E VIABILIDADE DE EMPREENDIMENTOS LINEARES

*Marcos Augusto Macedo Araújo Vilela**

1 INTRODUÇÃO

As Linhas de Transmissão são sistemas complexos usados para transmitir energia eletromagnética de uma fonte geradora para um centro consumidor. Com o aumento da demanda energética nos centros consumidores e devido ao modelo de geração no Brasil com uma matriz energética altamente diversificada, o Sistema Interligado Nacional (SIN) vem se expandindo a cada ano, somando atualmente (2020) cerca de 150 mil km lineares em ativos de transmissão, o correspondente a três circunferências da Terra, na linha do Equador, em linhas de alta tensão. De 1999 a 2019, entrou em operação no Brasil um total de 94 mil km de linhas de transmissão, sendo o maior Sistema Interligado de energia em alta tensão do mundo. Até 2024, o Ministério de Minas e Energia prevê a entrada em operação de mais 34 mil km em novas linhas que estão em processo de planejamento, licenciamento ou construção atualmente, a necessidade de uma nova linha de transmissão é definida pela EPE (Empresa de Pesquisa Energética) com base no planejamento energético. A Figura 9.1 representa o fluxo da energia elétrica da geração até o consumidor.

---

* Geógrafo, mestre em Engenharia Civil e especialista em Geoprocessamento com 14 anos de atuação no mercado de Tecnologia da Informação. Especialista na Criação de Produtos e Soluções Tecnológicas, com *know-how* de mais de uma década no setor elétrico e ambiental. Desenvolveu projetos de grande visibilidade, tendo atuado na Concepção de Aplicativo para analisar a viabilidade de novos empreendimentos e na criação de solução específica para Gestão de Licenças e Condicionantes Ambientais em Processos de Licenciamento, assim como na Concepção de Projetos de P&D no setor elétrico.

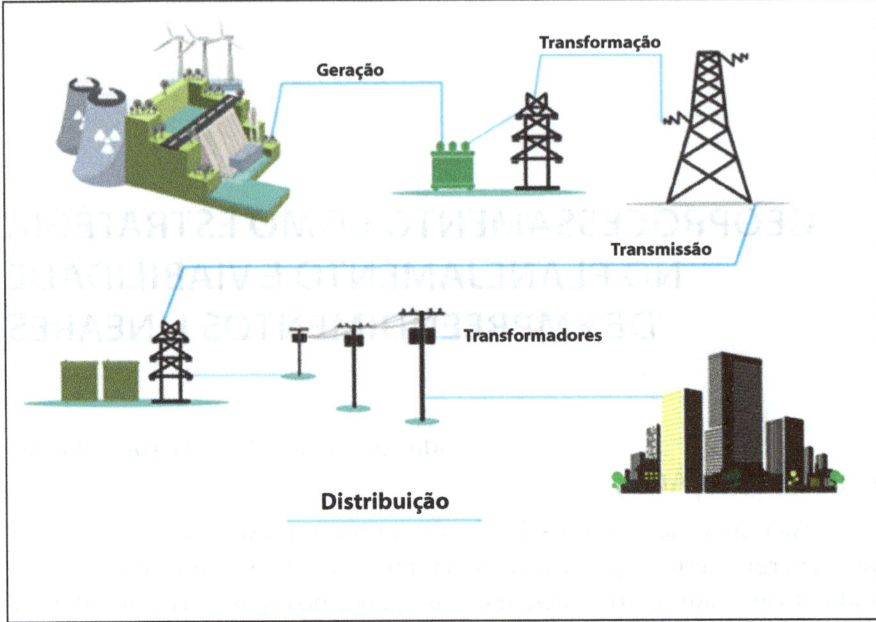

Figura 9.1 Fluxo de geração, transmissão, distribuição e consumo de energia elétrica.

Fonte: https://www.ageradora.com.br.

O modelo pulverizado de geração permite que sejam implantadas unidades geradoras em que haja potencial, hídrico, solar ou eólico, além das térmicas que são construídas em locais com alta demanda de energia e com facilidades logísticas como proximidade a portos e terminais de gás. De acordo com a EPE, "O Brasil dispõe de um sistema gerador com capacidade instalada de mais de 150 GW, com predominância hidrelétrica. Essa predominância decorre da extensa superfície territorial do país, com muitos planaltos e rios caudalosos. O potencial hidrelétrico brasileiro é estimado em 172 GW, dos quais mais de 60% já foram aproveitados. Aproximadamente 70% do potencial ainda não aproveitado e está localizado nas bacias hidrográficas Amazônica e Tocantins – Araguaia". Esse formato aumenta ainda mais a necessidade da construção de novas linhas para que a energia gerada chegue aos centros urbanos com maior demanda de consumo, que estão concentrados geralmente próximos à linha de costa, ou seja, uma geração com grande potencial no interior do país abastecendo os centros consumidores próximos ao litoral. Neste sentido, visualizo uma grande problemática territorial na qual a geometria para se conectarem dois pontos de geração e consumo através de uma linha envolve a necessidade de compreensão regional de características geográficas para encontrar o melhor caminho possível para efetivar essa conexão. Uma solução geográfica para um problema geométrico.

O Operador Nacional do Sistema Elétrico (nos) projeta que a extensão da rede de energia alcançará cerca de 185.500 km de linhas de transmissão em 2023. O evento que marca uma nova corrida de expansão são os leilões promovidos pela *Agência* Nacional de Energia Elétrica (Aneel), que disponibilizam aos empreendedores os lotes planejados pela EPE com as demandas prioritárias para garantir o abastecimento de energia em todas as regiões do país.

As informações técnicas sobre os lotes do leilão são disponibilizadas pela Aneel e elaboradas pela EPE com a participação de agentes do setor elétrico. O Relatório R1 – Estudos de Viabilidade Técnico-Econômica é o principal documento norteador para o estudo e, a partir dele, são elaborados os demais relatórios:

- **R2:** detalhamento das características técnicas.
- **R3:** análise socioambiental.
- **R4:** compartilhamento das instalações existentes.
- **R5:** avaliação fundiária.

Para estudos de viabilidade socioambiental, valorização fundiária e topográfica, devem-se utilizar principalmente as informações contidas nos estudos do R3 e do R5. Esses estudos envolvem a caracterização socioambiental do corredor de passagem selecionado nos estudos realizados para a elaboração do R1. A análise dos aspectos ambientais do corredor deve permitir a identificação dos pontos de destaque, sob a ótica socioeconômica e ambiental, que possam aportar maior complexidade para a implantação da linha de transmissão, refletindo-se em risco de maiores custos ambientais e maiores prazos no processo de licenciamento do empreendimento. Já o relatório R5 indica uma expectativa de custos associados a indenizações ou aquisições fundiárias referentes à futura implantação de linhas de transmissão e subestações, nas regiões indicadas no Relatório R3.

Os R5 são elaborados a partir de vistorias de campo e qualificação do uso e cobertura do solo sob o traçado. Onde são realizadas estimativas de custos para indenizações aos proprietários, já o R3 é elaborado a partir do estudo de bases secundárias, idas a campo e compilação de dados para proporcionar maior transparência aos empreendedores sobre os impactos e restrições que o corredor pode apresentar no planejamento.

2 GEOPROCESSAMENTO APLICADO AOS ESTUDOS DE VIABILIDADE

Para a definição de um melhor traçado para a futura linha de transmissão e também a criação de cenários sobre alternativas locacionais, é importante a realização de estudos avançados sobre o território delimitado pelo corredor. Esses estudos podem ser aplicados também para linhas de transmissão de baixa tensão que não passam pelos leilões da Aneel e são projetadas e licenciadas pelas próprias concessionárias, mas que também se projetam no território com a necessidade de critérios técnicos e restritivos para o desenho estrutural da melhor alternativa de traçado.

Neste sentido, um Estudo de Viabilidade Técnica e Ambiental é estruturante para o conhecimento do território onde se deseja instalar o empreendimento, sendo fundamental para a avaliação e quantificação de impactos socioambientais que incidirão neste empreendimento e para maior assertividade sobre indenizações e quantificação do número de torres e extensão da futura linha.

"Ler e interpretar a paisagem, ter a noção da sequência dos cenários de um determinado espaço", a Geografia de Azis Ab'Sáber contempla a grandeza da conectividade entre conhecimentos e saberes. Para a realização de tal estudo técnico, a Geografia, por meio do Geoprocessamento, se configura como a aplicação mais tangível sobre a observação de um fenômeno transformador da paisagem como a construção de um empreendimento linear que avança sobre o território. A compreensão sobre a transformação do meio ambiente dentro de um processo de estudo de viabilidade é potencializada a partir da representação do espaço geográfico em ferramentas tecnológicas, possibilitando a distribuição georreferenciada dos fenômenos significativos na paisagem originada da relação entre o homem (empreendimento) e o meio que transformará. A Figura 9.2 ilustra um modelo conceitual de estudo de geoprocessamento para análise de território com múltiplos temas e integração.

O Geoprocessamento vem evoluindo por intermédio dos constantes avanços tecnológicos e a realização de um estudo de viabilidade envolve ferramentas clássicas de análise espacial, mapeamento e processamento de dados vetoriais e *rasters*, mas também esses estudos de viabilidade são potencializados por capacidades recentes de integração de serviços, disponibilização diária de imagens de satélite, integração de campo e *web* com coleta de dados em tempo real, possibilitando uma leitura sobre o território como nunca havia sido possível. Com a informação disponível, quebrou-se o paradigma da entrega final do estudo, visto que se tornou possível o acesso a elaboração, fotos de campo anexadas aos pontos de coleta, tabelas de monitoramento, todos os documentos anexados em um único ambiente em tempo quase real da produção, permitindo que todos os planejadores, engenharia, ambiental e fundiário avaliem a informação sem atrasos ou duplicidade.

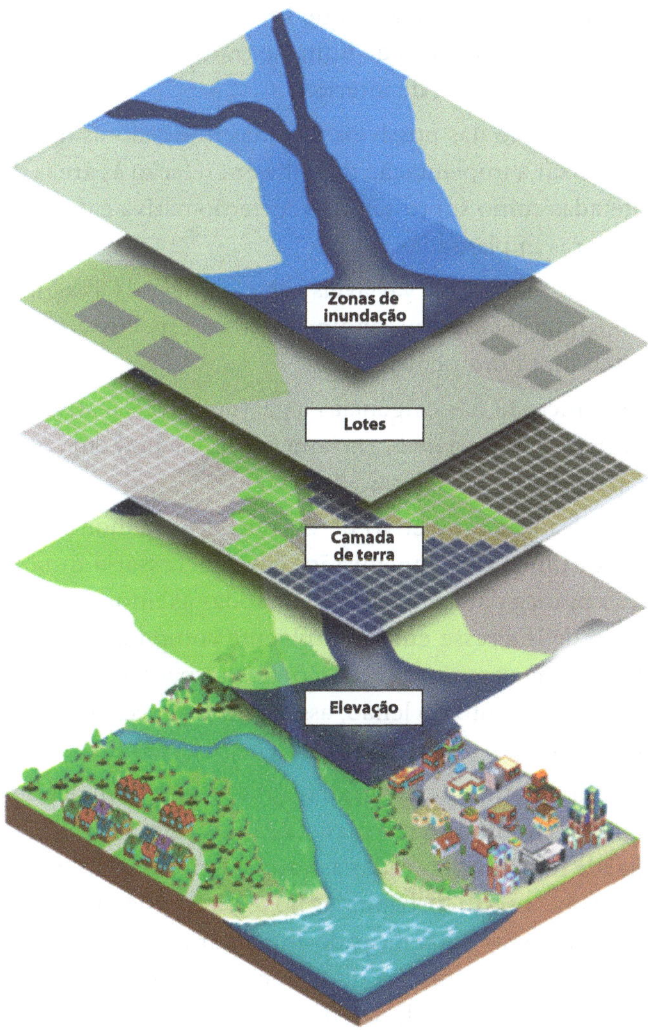

Figura 9.2 Modelo conceitual de estudo multicritério em geoprocessamento.

Fonte: https://gisgeography.com.

O objetivo é construir um diagnóstico e aumentar a previsibilidade sobre como se dará o licenciamento ambiental, ter um entendimento sobre todos os intervenientes envolvidos no processo e comparar as alternativas de traçado indicando para os investidores aquelas alternativas com maior risco de atraso na implantação devido a restrições e alto custo fundiário.

Na elaboração de um estudo de viabilidade, é importante considerar as seguintes ações:

- Avaliação das atividades que serão desenvolvidas durante a implantação e operação da linha de transmissão em relação ao contexto do território de interesse.
- Identificação das possíveis medidas mitigadoras necessárias para viabilizar a implantação da linha em relação às áreas diretamente afetadas como supressão de vegetação nativa e danos em infraestruturas implantadas.
- Levantamento das variáveis socioambientais asseguradas com a implantação do empreendimento e as respectivas estratégias para o seu monitoramento.
- Identificação das exigências legais aplicáveis à atividade e ao respectivo processo de licenciamento ambiental em contexto municipal, estadual e federal.

Para se alcançar o objetivo de encontrar o melhor caminho para o projeto da nova Linha de Transmissão, faz-se necessária uma ferramenta, uma aplicação prática para modelagem de todas as informações obtidas sobre o território de interesse em um ambiente computacional analítico que permita a criação de cenários, avaliação de alternativas e determinação da estratégia de investimento no leilão, assim o Geoprocessamento se consolida como uma aplicação, um meio para se chegar a um fim.

A aplicação prática da Geografia, agindo como um denominador comum, possibilita, em um mesmo plano de fundo, uma análise integrada de alto potencial de retorno, pois todas as variáveis necessárias para a implantação da linha se encontram distribuídas no território de interesse, sejam elas sociais, físicas, ambientais, técnicas de engenharia ou mesmo fundiárias. O Geoprocessamento é o conjunto de técnicas que permite esta integração, com atualização de imagens de satélites para garantir a avaliação de custo fundiário, custo de recomposição florestal, média de impactos na vegetação ou utilização de dados secundários e levantamentos de campo, sob uma mesma ótica analítica de dados.

Para aplicar ferramentas em um estudo de viabilidade ambiental em Corredores de Transmissão, é necessário o nivelamento das informações disponíveis. Organizar e compor um novo banco de dados com a normalização e padronização da informação para se ter um processo justo de comparação entre os lotes e a criação de alternativas locacionais.

Para uma análise avançada, é imprescindível modelar, no ambiente computacional, todos os dados uniformemente e estabelecer um fator justo de comparativo entre as alternativas. Outro ponto importante é a questão de que alguns lotes apresentem menos informações pela forma como são disponibilizados os dados. Portanto, é importante um procedimento de enriquecimento e normalização entre todos os lotes e entre os dados para uma correta comparação.

Essa etapa se assemelha a um processo de lapidação de uma pedra bruta, pois, na prática, para definir o melhor traçado, é preciso avaliar todas as interferências e restrições e definir-se a linha progressivamente de acordo com a melhor estratégia e ocupação do território. Partimos de um ponto que se inicia geralmente em uma unidade de geração de energia e chega a outro ponto em uma Subestação para ligar a energia à rede de distribuição, esta ligação de dois pontos ocorre dentro de um corredor hipotético e cuja extensão pode ter de 1 km de comprimento até 2 mil km ou mais, que é o caso dos maiores corredores construídos no Brasil. O corredor inicial é planejado com cerca de 20 km de largura, dentro de um contexto geométrico ligando o ponto A (unidade de geração) ao ponto B (Subestação), como ilustrado na Figura 9.3, uma representação em que a linha poderá ser definida na área delimitada no corredor. Com este processo de análise do território, chega-se ao melhor custo-benefício para a construção do empreendimento após avaliar todas as informações relevantes para a implantação.

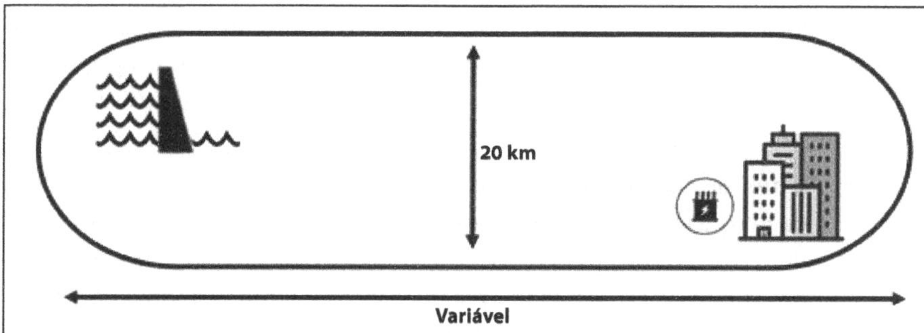

Figura 9.3 Exemplo de corredor de lote de transmissão nos leilões de energia.

Fonte: Marcos Vilela, 2021.

O analista deve sobrepor todos os dados relevantes ao procedimento e o uso de ferramentas GIS possibilita a identificação das áreas de restrição, que devem ser retiradas (esculpidas) do corredor, como em um processo de lapidação de uma pedra bruta (Figura 9.4).

Figura 9.4 Ilustração com exemplo de "lapidação do lote no leilão de energia".

Fonte: Ricardo Suehiro Mizugai.

Os dados para atestar a viabilidade podem ser divididos em critérios técnicos, socioambientais e fundiários. A seguir, agrupamos os dados conforme esses critérios, informando a natureza do dado, a fonte e a importância em cada cenário:

Socioambientais

- Áreas **de Preservação Permanente (APP):** as APP são um critério ambiental importante no estudo de licenciamento, caracterizam-se por áreas sensíveis de proteção de encostas, margens de cursos d'água e topos de morro. São obtidas por meio de bases de hidrografia e modelos digitais de terreno. A supressão de vegetação para instalação das torres deve ser evitada quando possível e sua quantificação deve ser precisa para fins de reposição florestal e compensação ambiental.
- **Unidades de conservação e zonas de amortecimento:** as unidades de conservação são territórios criados pelas esferas municipais, estaduais ou federais para conservação do meio ambiente. São reguladas pela Lei n. 9.985, de 2000, que institui o Sistema Nacional de Unidades de Conservação (SNUC). Estão divididas em dois grupos: as de **proteção integral;** e as de **uso sustentável.** As Zonas de Amortecimento compreendem um território delimitado no entorno das UC

com restrições de uso definidos pelos planos de manejo de cada UC. São territórios com restrição pelo impacto na paisagem, impacto na fauna e flora ou no meio físico protegido. De início, devem ser evitadas e o licenciamento pode ser mais complexo caso não haja alternativa para a locação do traçado.

- **Reserva legal:** de acordo com a Lei n. 12.651/2012, todo imóvel rural deve manter uma área com cobertura de vegetação nativa. As reservas têm a função de assegurar o uso econômico de modo sustentável dos recursos naturais e auxiliar a conservação e a reabilitação dos processos ecológicos. Assim como as UC devem ser evitadas no estudo de alternativas, caso não seja possível deve ser realizada a sua quantificação precisa para fins de reposição florestal e compensação ambiental.
- **Territórios indígenas:** se trata de territórios demarcados e homologados que são habitados por um ou mais comunidades indígenas, utilizada por estes em suas atividades produtivas, culturais, bem-estar e reprodução física. Estes territórios são protegidos pela Constituição Federal de 1988 e pelo Estatuto Indígena Lei n. 6.001/1973. Estão entre os territórios com maior restrição para os empreendimentos e devem ser evitados nas alternativas locacionais; caso não seja possível, deverão ser realizados estudos de componentes indígenas, que são estudos paralelos ao licenciamento ambiental para quantificar e minimizar os impactos para estas comunidades.
- **Comunidades remanescentes quilombolas:** o Decreto n. 4.887, de 20/11/2003 institui as diretrizes legais para demarcação e proteção dos territórios que são assegurados desde a Constituição de 1988 para grupos étnico-raciais, segundo critérios de autoatribuição, com trajetória histórica própria, dotados de relações territoriais específicas e com ancestralidade negra relacionada com a resistência à opressão histórica sofrida. Esses territórios, assim como os indígenas, devem ser evitados nas alternativas locacionais e, se não houver possibilidade, deverão ser estudados os impactos por meio do Estudo de Componente Quilombola.
- **Comunidades tradicionais:** agrupamentos sociais com relevância histórica e ocupação territorial específica por atividades econômicas como comunidades ribeirinhas ou agrossilvopastoris. Essas comunidades tendem a sofrer grande impacto em seu modo

de vida com a instalação de grandes empreendimentos e demandam um estudo socioeconômico relevante dentro o EIA RIMA. Se possível, dentro do estudo de alternativas, também devem ser evitadas.

- **Cavidades naturais:** a preservação e a conservação de cavernas, sítios espeleológicos e suas respectivas áreas de influência têm como objetivo a manutenção destes sistemas ecológicos, sensíveis e diferenciados. Ao ser descoberta uma nova cavidade no caminho do empreendimento, este deverá ser desviado após ser realizada a catalogação e estudo da nova caverna descoberta. Para planejamento, utilizamos as cavidades já descobertas e que devem ser evitadas, além dos estudos de potencial para que sejam realizadas as investigações *in loco*.
- **Sítios arqueológicos:** local onde foram encontrados vestígios de ocupação humana, seja esta ocupação antiga, seja recente, que apresentam importância científica para compreensão da história da humanidade, são catalogados e protegidos por intermédio do IPHAN. Já foram catalogados no Brasil aproximadamente 30 mil sítios arqueológicos. Estes locais precisam ser evitados e, caso sejam identificados e confirmada a existência de novos sítios com vestígios arqueológicos, o empreendimento precisa ser desviado.
- **Sítios paleontológicos:** locais com ocorrência fossilífera indicando presença de vestígios de animais e/ou vegetais pré-históricos com importância científica para compreensão da história, são catalogados e protegidos por intermédio do CPRM. Caso sejam identificados e confirmada a existência de novos sítios com vestígios paleontológicos, o empreendimento precisa ser desviado.
- **Sítios geológicos:** locais de particular interesse para o estudo da Geologia, notáveis sob o ponto de vista científico, didático ou turístico, seja pela singularidade de suas formações geológicas ou da natureza mineral do subsolo, seja por seu valor paleontológico. São catalogados e protegidos por intermédio do CPRM e, caso sejam identificados, o empreendimento precisa ser desviado.
- **Susceptibilidade a queimadas:** as queimadas são um fenômeno natural ou antrópico que têm impacto significativo para a operação de Linhas de Transmissão. O estudo do território sob o ponto de vista de susceptibilidade e a previsão para locais com maior risco para a operação são importantes na fase de planejamento das Linhas e tomada de decisão para investimento nos leilões.

Este dado é preparado com base no histórico de focos de queimadas identificados no Brasil a partir de 1998.

- **Potencial malarígeno:** a malária é causada por protozoários do gênero Plasmodium, que são naturalmente transmitidos por mosquitos do gênero Anopheles Meigen. Alguns estudos apontam que a implantação de empreendimentos potencialmente impactantes pode afetar a dinâmica populacional de anofelinos e influenciar no risco de transmissão. Se o empreendimento se encontra nestas zonas endêmicas, é mais um ponto de atenção para o licenciamento ambiental.
- **Remanescentes de Mata Atlântica:** Lei n. 11.428/2006 se o empreendimento interceptar áreas de mata atlântica protegidas pela lei, deverão ser realizados procedimentos diferenciados para compensação florestal; portanto, se possível, a supressão de vegetação nestas áreas deve ser evitada, chegando a casos de não ser autorizada a supressão no caso de florestas primárias.
- **Supressão de vegetação:** para fins de licenciamento, qualquer supressão de vegetação natural deve ser quantificada e, caso haja possibilidade, deverá ser evitada. Neste sentido, o mapeamento atualizado de uso e cobertura do solo deve ser realizado para que as áreas de vegetação natural sejam levantadas e evitadas, se possível, no desenho do traçado.

Fundiários

- **Uso e ocupação do solo:** se o mapeamento de uso e cobertura do solo for importante no critério ambiental para levantamento de vegetação e cálculo de supressão dos diferentes domínios nos biomas brasileiros. Para o aspecto fundiário, este mapeamento é imprescindível para se levantarem cobertura agrícola, benfeitorias, separação de culturas temporárias e permanentes, presença de silvicultura e outros usos da terra. Este levantamento subsidia os cálculos de indenizações fundiárias, negociação com os proprietários e definição do orçamento de cada alternativa locacional.
- **Limites de propriedades:** para quantificar os custos de indenização em cada propriedade, é importante apurar os limites fundiários que serão interceptados pela linha. Assim, quantificam-se o número de proprietários afetados pelo empreendimento e quanto

de suas propriedades será afetado pela faixa de servidão. Importante destacar a presença de assentamentos rurais que conduzem a processos de negociação coletivos, com possibilidade de se prolongar o tempo da negociação e, por critério de decisão, podem ser evitados com alternativas de traçado paralelas.

Engenharia

- **Presença de infraestrutura:** definir o traçado é também realizar a quantificação de travessias e de atividades econômicas em que a linha interceptará, como rodovias, linhas de transmissão já existentes, gasodutos, oleodutos, reservatórios, usinas de geração de energia, aeroportos, processos minerários, indústrias e áreas de ocupação urbana. Todos estes usos do solo afetam os projetos de engenharia em decorrência de desvio do traçado ou da necessidade de alteamento das torres, o que gera maior investimento ou a necessidade de reforço nas estruturas das torres. A quantificação destes itens e o mapeamento devem ser incluídos nos estudos de viabilidade dos traçados.
- **Topografia:** com importância para os aspectos ambientais na definição das APP de declividade e topo de morro, a topografia é fundamental para as definições de locação de torres na engenharia. Processos de concatenação de cabos e de altura das torres são critérios definidos pelo terreno. O uso de modelos digitais de terreno apoia a criação de perfis e de camadas de sensibilidade que complementam os modelos de viabilidade e apoiam a definição dos traçados.
- **Geotecnia:** a estabilidade de uma torre de transmissão é fundamental para a segurança da operação de uma linha. Avaliar o tipo de fundação, profundidade, tipo de material utilizado, quantidade de material, tudo é influenciado pelo tipo de solo e rochas presentes no terreno. A erodibilidade do solo é outro aspecto importante, pois pode trazer riscos futuros para a linha; portanto, avaliar os dados de pedologia e litologia dentro dos modelos de viabilidade pode adiantar e prever cenários durante os levantamentos expeditos de implantação.

Definido todos os dados que comporão os modelos de viabilidade e justificada a presença de cada um deles, iniciam-se as fases de preparação e de análise dos dados espaciais. Uma análise estratégica requer normalizar todos os dados em um mesmo formato; neste tipo de estudo, trabalha-se com uma média de até 25 parâmetros que podem ter pesos diferentes a depender do critério adotado, ambiental, fundiário ou de engenharia.

Uma estratégia para se manipularem esses dados em ambiente GIS é converter os dados vetoriais para o formato *raster*, criando superfícies de análise para que, posteriormente, sejam realizadas as sobreposições das interferências. Ao trabalharmos com *raster*, criamos uma superfície composta por inúmeras células espaciais de análise que são os *pixels*, assemelhando-se a uma matriz matemática, em que cada *pixel* tem valor e tamanho padronizados. Esse valor pode ser atribuído no momento da conversão de vetor para *raster*, quando podemos criar um campo na tabela de atributos e classificar o dado de acordo com uma pontuação estabelecida. Para o local onde o território que compreende a restrição em si pode ter uma pontuação normalizada para cada pixel que compõem o dado, sugere-se uma pontuação de acordo com a Figura 9.5, em que temos valor 2 nos territórios protegidos; valor 1, no seu entorno imediato, que pode ser 5 km ou as próprias zonas de amortecimento; e, onde no território não haja nenhum tipo de restrição ou interferência, teria valor 0, o que produz uma matriz restritiva para cada um dos parâmetros.

Outra operação a se realizar é a normalização do tamanho de pixel nos arquivos *raster* correspondentes em área para cada parâmetro, sendo a menor célula possível de acordo com a escala dos dados de entrada. No exemplo apresentado na Figura 9.6, utilizamos um pixel com uma área de 100 por 100 metros.

0	0	0	0	0	0	0	0
0	0	0	0	0	0	0	0
0	0	0	1	1	1	1	0
0	0	1	2	2	2	1	0
0	1	2	2	2	1	1	0
0	1	2	2	1	0	0	0
0	1	2	2	1	0	0	0
0	1	1	1	0	0	0	0
	0	0	0	0	0	0	0
	0	0	0	0	0	0	0

Figura 9.5 Exemplo de matriz formada por meio da criação de uma superfície *raster*.

Fonte: Marcos Vilela, 2021.

Para os dados restritivos como indígenas, quilombolas, entre outros, pode se produzir uma camada cobrindo todo território nacional de restrição em relação a cada um desses parâmetros, objetivando-se somar essas camadas e que a sobreposição de interferências, ao se somarem os pixels, apresente destaque nos locais mais críticos à implantação da linha de transmissão.

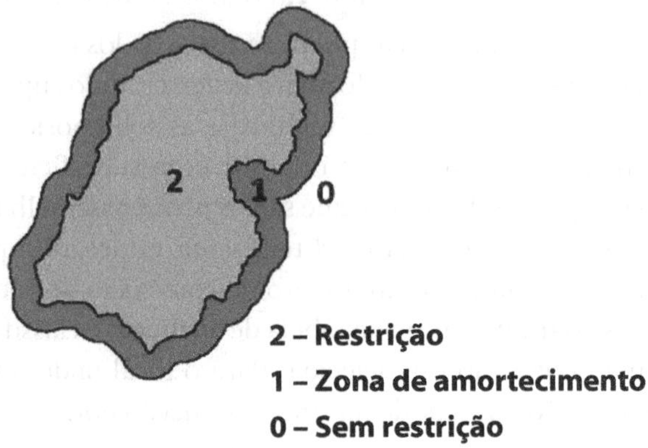

Figura 9.6 Exemplo de restrição com pontuação estabelecida para formação de matriz espacial.

Fonte: Marcos Vilela, 2021.

Esse procedimento pode ser realizado para diversos parâmetros que apresentem cobertura nacional em suas bases de origem; para os parâmetros de produção primária como uso e cobertura do solo, declividade, APP, recomenda-se que sejam produzidas as camadas de análise somente nas áreas de interesse, por critérios de tempo e processamento de máquina. Assim, o mapeamento de uso do solo, por exemplo, pode ser feito somente no corredor de estudo e deve ser elaborado para cada um dos lotes, podendo ser de forma manual ou com classificação, segmentação de acordo com a exigência de precisão do estudo.

Nos dados que não são restritivos, mas classificatórios, como uso e cobertura do solo, deve se pontuar cada classe com valores de acordo com a interferência no critério adotado, como exemplo para o fundiário, cultura temporária valor 1, pastagem valor 0 e cultura permanente valor 2, sempre levando-se em consideração o impacto que cada cobertura do solo gera para a implantação da linha de transmissão.

No final da preparação de cada parâmetro, será realizado o recorte para a área de interesse; assim, teremos todos os parâmetros normalizados dentro do corredor de estudo para que seja gerada a análise multicritério, como mostrado na Figura 9.7.

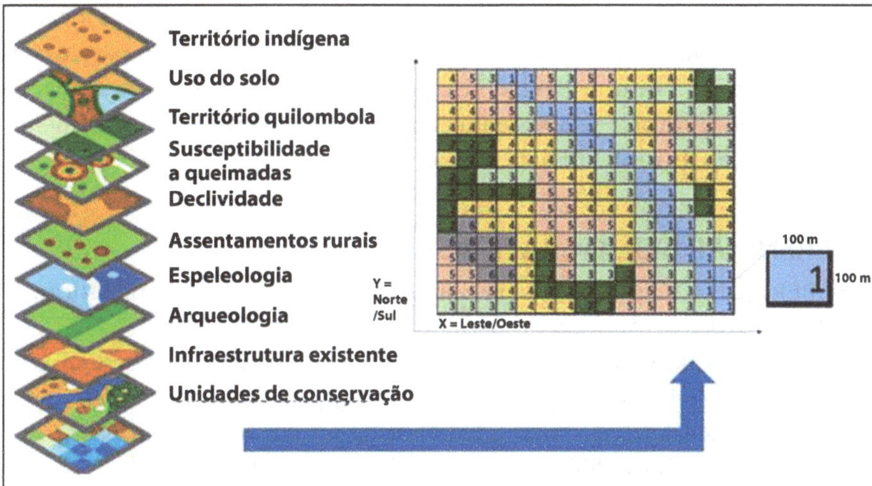

Figura 9.7 Composição de matriz a partir de álgebra de mapas com parâmetros diversos.

Fonte: Marcos Vilela, 2021.

Para a operação de álgebra de mapas, as camadas são sobrepostas, somam-se os pixels correspondentes, e o resultado é uma matriz composta por todas as interferências no corredor de análise, toda a analogia com a lapidação da pedra bruta se materializa neste momento para o analista. Com a matriz composta de todas as interferências, o trabalho de definição do melhor traçado é elevado a um nível integrador composto por diferentes possibilidades e estabelecendo caminhos assertivos para a linha de transmissão.

3 CONSIDERAÇÕES FINAIS

Os resultados em estudos de alternativas locacionais para definição de melhor traçado em linhas de transmissão podem ser personalizados de acordo com o interesse específico das companhias, por exemplo, definir um peso mais alto nos territórios indígenas para que estas áreas fiquem com destaque e sejam evitadas no desenho do traçado. Os critérios de definição de pesos podem priorizar um licenciamento ambiental mais ágil, um menor custo de implantação ou para que a operação da linha seja facilitada em relação à infraestrutura de logística e à cobertura do solo.

Todas essas alternativas podem ser criadas para embasar a melhor tomada de decisão possível para cada companhia, buscando uma estratégia competitiva nos leilões e gerindo os riscos para a implantação.

A aplicação de Geoprocessamento nos estudos de alternativas locacionais de empreendimentos lineares se mostra um ótimo recurso para tomadores de decisão, em um mercado extremamente competitivo, a avaliação estratégica do território se apresenta com grande valia para o planejamento e a implantação de uma linha de transmissão.

REFERÊNCIAS BIBLIOGRÁFICAS

AB'SÁBER, A. N. *Os domínios de natureza no Brasil*: potencialidades paisagísticas. 5. ed. Cotia: Ateliê, 2008. 159 p.

AB'SÁBER, A. N.; MARIGO, L. C. *Ecossistemas do Brasil* [Brazilian ecosystems]. ed. bil. São Paulo: Metalivros, 2006. 299 p.

AMARAL, R.; ROSS, J. L. S. *Cartografia geomorfológica*: o uso de Sistema de Informações Geográficas (SIG) para a confecção de cartas de fragilidade. São Paulo, 2004.

CÂMARA, G.; MEDEIROS, J. S. *Geoprocessamento para projetos ambientais*: tutorial. São José dos Campos: INPE, 1996.

CASTRO, A. G. *Técnicas de sensoriamento remoto e sistemas geográficos de informações no estudo integrado de bacias hidrográficas*. 1992. 145 p. (INPE – 5494 – TDI/511). Dissertação (Mestrado em Sensoriamento Remoto) – INPE, São José dos Campos, maio 1992.

BRASIL. Ministério de Minas e Energia. Empresa de Pesquisa Energética (EPE). Plano decenal de expansão de energia 2030. *Empresa de Pesquisa Energética (EPE)*, Brasília, 2021. Disponível em: https://www.epe.gov.br/pt/publicacoes-dados-abertos/publicacoes/plano-decenal-de-expansao-de-energia-2030. Acesso em: 15 mar. 2021.

MENESES, P. R.; ALMEIDA, T. (org.). *Introdução ao processamento de imagens de sensoriamento remoto*. Brasília: Conselho Nacional de Desenvolvimento Científico e Tecnológico, 2012. v. 1. 266 p.

MORAES, E. C. *Fundamentos de sensoriamento remoto*. São José dos Campos: Instituto Nacional de Pesquisas Espaciais, 2002. 23 p.

10

MONITORAMENTO DE RESERVATÓRIOS POR SENSORIAMENTO REMOTO

ANÁLISES QUANTITATIVAS E QUALITATIVAS

*Victor Pedroso Curtarelli**
*Marcos Augusto Macedo Araújo Vilela***
*Anderson Rodolfo Barbosa****

1 INTRODUÇÃO

A água é uma substância química de extrema importância por ser essencial para a manutenção da vida em suas mais diversas formas no planeta Terra, é conhecida como solvente universal por ser capaz de dissolver uma grande variedade de substâncias e compostos, sendo um dos componentes básicos das células e representa aproximadamente 70% da massa corpórea humana.

Seus diversos usos vão desde fins de dessedentação até suas várias aplicações nos três setores industriais. O acesso à água e ao saneamento foi

---

* Graduado em Engenharia Sanitarista, mestre em Sensoriamento Remoto, tem conhecimento em áreas com ênfase em Modelos Hidrogeológicos de Fluxo e Transporte em Águas Subterrâneas e no Monitoramento da Qualidade de Águas Interiores por meio do uso de imagens de satélites.

** Geógrafo, mestre em Engenharia Civil e especialista em Geoprocessamento com 14 anos de atuação no mercado de tecnologia da informação. Especialista na Criação de Produtos e Soluções Tecnológicas, com *know-how* de mais de uma década no setor elétrico e ambiental. Desenvolveu projetos de grande visibilidade, tendo atuado na Concepção de Aplicativo para analisar a viabilidade de novos empreendimentos e na criação de solução específica para Gestão de Licenças e Condicionantes Ambientais em Processos de Licenciamento, assim como na Concepção de Projetos de P&D no setor elétrico.

*** Graduado em Análise de Sistemas. Atuou por mais de uma década no desenvolvimento e manutenção do software SPRING, desenvolvido pelo INPE (Instituto Nacional de Pesquisas Espaciais – São José dos Campos), em toda a parte de processamento de imagens e importação de dados. Atua também na área de Desenvolvimento de Ferramentas em Python utilizando a biblioteca do Arcgis Pro e aplicativos para melhor atender as exigências dos clientes.

declarado, pela Organização das Nações Unidas para a Educação, a Ciência e a Cultura (Unesco/ONU), o Objetivo de Desenvolvimento Sustentável (ODS) número 6, diretamente ligado aos outros ODS devido a seus diversos fins e ao fato de ser essencial à vida.

A captação de água para consumo humano e para seu uso em geral pode ser proveniente de recursos hídrico das mais diversas fontes, desde os mais complexos, como a dessalinização de águas marinhas ou a extração de lençóis freáticos e aquíferos, até as mais simples como a captação de corpos hídricos superficiais como rios, lagos e reservatórios, sendo estes últimos de grande importância para um país de dimensões continentais como o Brasil, detentor de uma malha hidroviária tão vasta e com alto potencial de geração hidrelétrica.

Os reservatórios de água são sistemas aquáticos artificialmente criados por meio do barramento de um curso de água e apresentam características intermediárias entre rios e lagos (JORGENSEN et al., 2013; KIMMEL; GROEGER, 1984). Suas características podem variar de acordo com o seu tamanho, profundidade, velocidade do fluxo e tempo de residência da água no corpo hídrico e na bacia como um todo (CASAMITJANA et al., 2003; NOVO, 2019).

No Brasil, os reservatórios têm como principais usos a geração de energia a partir de usinas hidrelétricas, o abastecimento público, controle de inundações e cheias de rios, irrigação, pesca e piscicultura, também aliada ao turismo, o transporte, a recreação em geral, entre outros usos menos comuns (TUNDISI et al., 1993; TUNDISI; MATSUMURA-TUNDISI, 2003; WETZEL, 2001). Para a garantia plena desses usos, faz-se necessário o monitoramento da qualidade e da quantidade de suas águas, buscando atender valores orientadores mínimos tanto para necessidades humanas como para a conservação da biodiversidade das espécies que fazem parte desse ecossistema (THORTON et al., 1996; WETZEL, 2001). Além disso, outros fatores muito importantes são o monitoramento e a avaliação do uso e da ocupação do solo em sua bacia hidrográfica, em especial no entorno do reservatório, o que auxilia na interpretação dos parâmetros de qualidade e da quantidade de água (NOVO, 2019).

Lagos e reservatórios são importantes compartimentos para o transporte, transformação e armazenamento de grandes quantidades de carbono (TRANVIK et al., 2009), em especial devido ao acúmulo de material particulado sedimentável (COLE et al., 2007). Esse acúmulo de carbono e de sedimentos provenientes dos afluentes e o carreamento superficial sobre a bacia influenciam diretamente a composição de substâncias, a transparência e o estado trófico das águas do reservatório (BARBOSA, 2019; WETZEL, 2001).

O Brasil, em decorrência de sua dimensão continental, distribuição morfológica e de biomas, tem ampla variação em seus tipos de águas, com diferentes níveis tróficos e uma grande variabilidade dos indicadores de qualidade de água. Estudos realizados nos reservatórios da cascata do rio Tietê indicam elevado nível trófico com ampla proliferação de fitoplâncton e alta concentração de clorofila-a (Chl-a) (CAIRO, 2015; RODRIGUES et al., 2017; WATANABE et al., 2016). Já estudos sobre lagos da planície amazônica indicam que estes se caracterizam por elevada concentração total de sólidos suspensos (TSS) e de matéria orgânica colorida dissolvida (CDOM, do inglês *Colored Dissolved Organic Matter*) em função das fases hidrológicas do rio Amazonas (BARBOSA et al., 2010; FLORES JÚNIOR, 2019; JORGE, 2018; MACIEL, 2019). Muitos desses ambientes apresentam baixas transparências em suas águas, devido à alta taxa de atenuação da luz causada pelo que é conhecido na literatura como "constituintes opticamente ativos" (COA), destacando-se entre eles a água pura, o fitoplâncton, o TSS e o CDOM (COSTA et al., 2013). Por fim, há também no Brasil casos de reservatórios com águas claras, de alta transparência e com características mesotróficas a oligotróficas, como é o exemplo do reservatório de Três Marias, no estado de Minas Gerais (BARBOSA et al., 2014; BRITO et al., 2011; FERREIRA, 2014; MENEZES, 2013). Podemos considerar como medida de transparência da água diversos parâmetros, por exemplo, a turbidez em medida nefelométrica (NTU) ou pelo coeficiente de atenuação difusa da irradiância descendente na coluna d'água (λ).

Vê-se, assim, que a variabilidade dos COA impacta diretamente na atenuação da luz na coluna água, sendo que esse aumento da atenuação na coluna de água pode ter um caráter prejudicial à biota no meio aquático, o que diminui a profundidade de penetração da luz na coluna de água, limite este conhecido como "zona eufótica" (LEE et al., 2007), com consequências negativas para a fotossíntese, diminuindo o oxigênio dissolvido na água e podendo atingir toda a cadeia trófica (BEHRENFELD; FALKOWSKI, 1997). Nesse ponto, vê-se a necessidade do conhecimento da atenuação da luz na coluna d'água, uma das opções mais utilizadas recentemente é o sensoriamento remoto (SR) (BARBOSA et al., 2019).

Com o advento e o desenvolvimento do SR, bem como a distribuição pública de imagens de satélites diversos, estudos vêm sendo conduzidos nos últimos anos de forma a estabelecer modelos e algoritmos para estimativa das concentrações de COA e das consequências destes na atenuação da luz e de outras propriedades ópticas na coluna d'água.

Uma forma de se estimar a concentração de um COA é correlacioná-lo com referências de campo por meio de modelos empíricos, semianalíticos ou analíticos que utilizam, por exemplo, equações complexas, ou razões de bandas, ou até mesmo índices de diferença normalizada como os NDCI (do inglês *Normalized Diference Chlorophyll Index*) e TSI (do inglês *Trophic State Index*). Um bom exemplo de uso de equação complexa para estimativa de COA e da transparência da água são os algoritmos baseados no *Quasi Analytical Algorithm* (QAA), proposto por Lee et al. (2002), para derivar propriedades ópticas na coluna de água a partir da refletância de sensoriamento remoto espectral (R_{rs} λ) por intermédio de etapas analíticas, semianalíticas e empíricas específicas.

Um tipo de monitoramento ambiental em reservatórios é o de macrófitas aquáticas, uma operação morosa se realizada a partir de métodos convencionais de pesquisa (LUO et al., 2015); além de gerar bases de dados sem padronização, resultantes de diferentes metodologias de classificação, dificulta uma análise temporal com base em método controlado. No entanto, por meio do SR, que faz pesquisas de fenômenos de grandes dimensões, como o é o caso das comunidades de vegetação aquática, é possível gerar informações de extrema significância, em comparação a qualquer outra ferramenta de levantamento (SILVA et al., 2008). Com o SR, é possível utilizar um conjunto de atividades que envolvem a detecção, aquisição e análise (interpretação e extração de informações) da energia eletromagnética emitida ou refletida pelos objetos terrestres e registradas por sensores remotos que geram imagens (AEB, 2008).

Modelos como os citados têm sido amplamente aplicados para a parametrização de diversos algoritmos para a estimativa, entre outros: da concentração de Chl-a; da concentração de TSS; absorção por CDOM; da profundidade do disco de Secchi; e de propriedades de atenuação da luz na coluna de água nos mais diversos tipos de água (FLORES JÚNIOR, 2019; JORGE, 2018; LEE et al., 2005b, 2013; LIU et al., 2019; RODRIGUES et al., 2018; WATANABE et al., 2016, 2018).

2 HIDROLOGIA E LIMNOLOGIA DE RESERVATÓRIOS

As complexas mudanças que podem ocorrer no ciclo hidrológico natural de uma bacia levando a alterações na qualidade e na quantidade de água são estritamente relacionadas aos tipos de usos da água, bem como ao uso e à cobertura do solo na bacia (GARCÍA, 2006; TUNDISI; MATSUMURA-TUNDISI, 2003, 2011). Entre os vários usos dos recursos hídricos em uma bacia, destacam-se a produção de energia hidrelétrica e abastecimento da população, os quais requerem o barramento da seção transversal ao fluxo dos rios para a formação de reservatórios de água.

Os reservatórios artificiais (por barramento de um rio) são importantes ecossistemas aquáticos artificiais que detêm características de transição entre lagos naturais e rios (THORTON et al., 1996; TUNDISI; MATSUMURA-TUNDISI, 2011), o que pode ser classificado como um ambiente semifluvial. Reservatório são ambientes aquáticos que apresentam grandes gradientes de variações em suas características morfométricas, hidrológicas e limnológicas, principalmente em seus eixos longitudinal e vertical (JORGENSEN et al., 2013; KIMMEL; GROEGER, 1984; RIBEIRO FILHO et al., 2011).

Tundisi e Matsumura-Tundisi (2011) classificam os fatores que controlam os processos internos de reservatórios de água para os diferentes padrões de funcionamento dos ecossistemas em macro, meso e microescala. Os fatores macro são aqueles relacionados às características da bacia hidrográfica na qual o reservatório está inserido, incluindo fatores como o clima, geologia, hidrologia e o uso e a ocupação do solo (JORGENSEN et al., 2013; TUNDISI; MATSUMURA-TUNDISI, 2011). Já os fatores meso são considerados as variações longitudinais de características hidrológicas e limnológicas dentro de um reservatório, incluindo a contribuição de seus tributários (afluentes) e também a vazão e a operação da barragem (STRASKRABA et al., 1993). Por fim, os fatores micro ocorrem na escala de metros ou até centímetros, sendo representados pela produção fitoplanctônica, relações entre predadores e presas, processos convectivos na massa de água ou processos de oxirredução nos sedimentos no leito do reservatório (TUNDISI; MATSUMURA-TUNDISI, 2011).

Os fatores de meso escala são aqueles que mais diferenciam os reservatórios de água de rios e lagos quanto às suas características intermediárias entre estes dois últimos. No geral, de acordo com Kimmel e Groeger (1984), reservatórios podem ser divididos em seu eixo longitudinal em zonas fluvial, transicional e lacustre (Figura 10.1), a depender de suas características hidrológicas e limnológicas (THORTON et al., 1996).

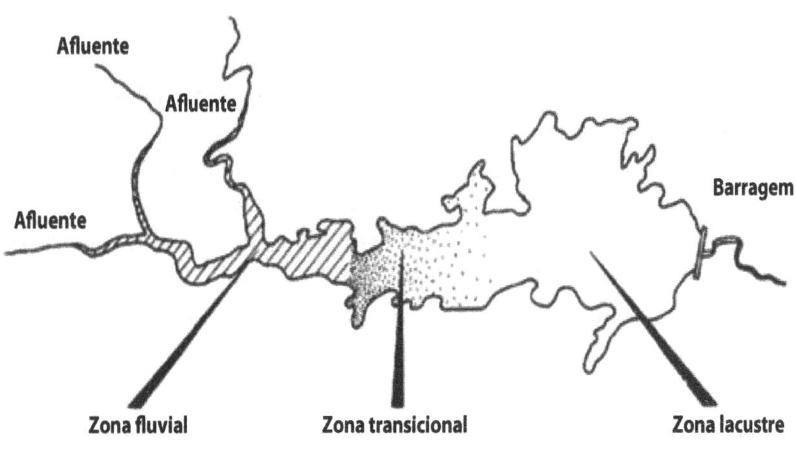

Figura 10.1 Zonas de divisão do eixo longitudinal de um reservatório de água.

Fonte: adaptada de Kimmel e Groeger (1984) e Jorgensen et al. (2013).

A zona fluvial é aquela mais a montante dentro do reservatório, caracterizada por porções mais estreitas e canalizadas do reservatório, com maiores velocidades de fluxo da água gerando maiores turbulências e, consequentemente, menor tempo de residência da água, levando a maiores concentrações de TSS e a uma menor penetração da luz na coluna d'água, reduzindo também a produtividade primária e, como o próprio nome sugere, esta é uma região com características mais similares às dos rios. Já a zona lacustre é aquela que se encontra na porção jusante do reservatório logo antes da barragem, região mais ampla e profunda do reservatório detentora de menores velocidades de fluxo, gerando menores turbulências e, consequentemente, maior tempo de residência da água, caracterizada, no geral, por menores concentrações de TSS e maior disponibilidade de luz na coluna d'água, de forma que a produtividade primária seja limitada principalmente pela disponibilidade de nutrientes e, como o nome sugere, é uma região com características similares às dos lagos. Por fim, a zona transicional é aquela que se encontra na porção mediana do reservatório, com características intermediárias entre as zonas fluvial e lacustre, em geral com maior produtividade primária limitada tanto pela disponibilidade de luz como pela de nutrientes na coluna d'água (JORGENSEN et al., 2013; TUNDISI; MATSUMURA-TUNDISI, 2011).

De forma geral (exceto casos específicos), a disponibilidade de luz na coluna d'água tende a ser aumentada da zona fluvial para a zona lacustre (de montante para jusante) devido a estas diferentes dinâmicas de circulação da água dentro de um reservatório (KENNEDY et al., 1982; WETZEL, 2001). A matéria orgânica na zona fluvial é primariamente alóctone, ou seja, é gerada na bacia e carreada para o reservatório, e a perda celular fitoplanctônica ocorre pela sedimentação do detrito suspenso na coluna d'água, vale lembrar que o fitoplâncton morto também é um sólido em suspensão. Já na zona lacustre, essa matéria orgânica é primariamente autóctone, ou seja, é gerada a partir de interações físicas, químicas e biológicas já dentro do corpo hídrico, e a perda celular fitoplanctônica ocorre predominantemente pelo consumo de outros seres vivos (JORGENSEN et al., 2013; KIMMEL; GROEGER, 1984; TUNDISI; MATSUMURA-TUNDISI, 2011).

Esses padrões de escala macro, meso e micro destacados por Tundisi e Matsumura-Tundisi (2011) têm grande correlação com a composição e distribuição dos COA no reservatório como um todo, conforme podemos observar empiricamente em florações de algas que ocorrem apenas em algumas porções de um reservatório, e não em todo o reservatório (salvo casos extremos de eutrofização). Essas diferenças na composição e na distribuição dos COA influenciam diretamente as propriedades ópticas da água, afetando, assim, sua transparência. A transparência e a penetração da radiação eletromagnética (REM) na coluna d'água são consequências da sua qualidade em termos de COA, sendo esses parâmetros essenciais para a compreensão e monitoramento desse tipo de ambientes aquáticos.

Analisar a composição e distribuição de COA e consequente transparência da água em reservatórios pode ser tarefa complexa e dispendiosa quando feita em campo devido ao alto custo técnico, monetário e logístico, visto a dimensão continental do Brasil e, consequentemente, a dificuldade de acesso a diversas partes do país. Porém, o estabelecimento e o desenvolvimento do SR são possibilidades para se facilitar o monitoramento desses parâmetros de forma mais automatizada (ou semiautomatizada) e rotineira a partir do uso de imagens de satélite, diminuindo esta necessidade de viagens a campo.

3 CONSTITUINTES OPTICAMENTE ATIVOS

Entre os parâmetros físicos, químicos e biológicos usados como valores orientadores de qualidade das águas, existem aqueles que influenciam fortemente a variação das propriedades ópticas na coluna d'água denominados "constituintes opticamente ativos" (COA), sendo os mais importantes a própria água pura, o fitoplâncton por meio de seus pigmentos fotossintetizantes e os principais são a Chl-a, o TSS e o CDOM (BARBOSA et al., 2019). A concentração e distribuição dos COA podem sofrer grande variação temporal e espacial longitudinal e verticalmente na coluna d'água.

O compreendimento de como cada um destes COA interage com a REM separadamente e em composição uns com os outros nos revela o comportamento espectral do corpo hídrico, alvo em questão (BARBOSA et al., 2010; ROESLER; BOSS, 2008), a concentração e a distribuição espacial de cada um deles são de suma importância, visto que em alguns ambientes aquáticos há apenas um COA dominante, enquanto em outros há uma composição mais complexa em que cada um dos COA pode "disputar" essa dominância de absorção e espalhamento no espectro eletromagnético (MOBLEY et al., 2010; ROESLER; BOSS, 2008).

3.1 Água pura

De acordo com Kirk (2011), apesar de parecer totalmente incolor e transparente em quantidades manuseadas no dia a dia, a água pura é essencialmente azulada. Ela é um espalhador conhecido na física eletromagnética e óptica como *Rayleigh*, tendo seu espalhamento predominante em comprimentos de onda mais curtos, menores do que comprimentos de azul (~440 nm). Já sua absorção é mais forte em comprimentos abaixo de 400 nm, sendo relativamente baixo em comprimento de onda da região fotossinteticamente ativa (400-500 nm), do inglês *photossintetically active region* (PAR) (PEGAU; ZANEVELD, 1993; SULLIVAN et al., 2006). A absorção da água a partir do verde (~550 nm), entretanto, aumenta conforme aumenta-se o comprimento de onda, chegando a valores mais altos dentro da faixa espectral do infravermelho próximo (IVP), efeito diretamente correlacionado ao fato de a água ter um baixo coeficiente de condução térmica.

Essa dominância do espalhamento da REM em comprimentos de onda mais curtos e da absorção em comprimentos de onda mais longos dentro da região PAR explica a aparência azulada escura da água pura, que também é representativa de águas oceânicas extremamente claras, assim como de águas costeiras oligotróficas e cristalinas e interiores oligotróficas e cristalinas (BUKATA et al., 1995).

3.2 Fitoplâncton

Os plânctons são um grupo representado por diversas espécies, incluindo organismos animais (zooplâncton), algas (fitoplâncton) e bactérias (bacterioplânction), assim como algumas relações de simbiose com fungos (BUKATA et al., 1995; KIRK, 2011). O fitoplâncton é caracterizado como a parte fotoautotrófica do plâncton, ou seja, a porção capaz de realizar respiração por fotossíntese, sendo importante produtor primário em oceanos em águas interiores (GILERSON; HUOT, 2017; MATTHEWS, 2017; REYNOLDS, 2006). Além disso, o fitoplâncton pode ser dividido em diferentes grupos, como as clorofíceas (reino Plantae), diatomáceas (reino Chromista), euglenas (reino Protozoa) e cianobactérias (reino Monera) (CALIJURI et al., 2006).

De acordo com Kirk (2011), a absorção da luz por pigmentos fitoplanctônicos, como a Chl-a, e o espalhamento por sua estrutura celular contribuem para a atenuação da REM ao longo da coluna d'água. Cada espécie tem seu conjunto de pigmentos e tipos de estruturas celulares característicos e a Chl-a é o pigmento mais abundante e presente em todas as espécies, respondendo pela fotossíntese e produtividade primária em águas naturais.

A Chl-a apresenta elevada absorção em comprimentos de onda do azul e do vermelho, além de espalhamento na região do azul por meio do processo de fluorescência. A fluorescência da Chl-a é o processo em que a energia absorvida pela a Chl-a, na região do azul, é emitida na região do vermelho com um pico em 685 nm, também utilizado para a estimativa da concentração de Chl-a (GILERSON; HUOT, 2017; KIRK, 2011).

O aumento na concentração de Chl-a é um indicador do aumento na produção de biomassa fitoplanctônica, sendo esse aumento da concentração de clorofila responsável por provocar o aumento da refletância em comprimentos de onda do IVP, provocando comportamento espectral similar aos da vegetação terrestre quando ocorrem eventos de florações de algas e altas concentrações de Chl-a (KIRK, 2011), caracterizadas pela coloração verde da massa de algas flutuantes, que é formada com aspecto similar ao de um gramado. Em águas produtivas, com altas concentrações de Chl-a e formação de florações de algas, há uma limitação da luz pelo próprio fitoplâncton devido à alta densidade de células e à absorção da REM nas camadas mais superficiais (GALLEGOS; JORDAN, 2002), o que pode gerar uma competição entre as espécies existentes no ambiente aquático em questão.

3.3 Sólidos em suspensão

Corpos hídricos naturais apresentam sólidos suspensos na coluna d'água denominados *seston* ou TSS, compostos por partículas inorgânicas e orgânicas não dissolvidas no meio. Existe uma grande variedade de tipos de partículas que podem ser denominadas comumente como TSS, desde partículas minerais com origem terrestre, partículas vivas como o fitoplâncton, mortas como detritos de microrganismos, incluindo as resultantes de reações químicas *in loco* e as de origem antropogênica (BUKATA et al., 1995).

Em águas interiores (continentais), o TSS tem suas origens provenientes de duas possíveis classificações de fonte. Essa origem pode ser alóctone, situação em que os aportes de sólidos nos reservatórios ocorrem pelo transporte por intermédio de seus afluentes, por suspensão de partículas depositadas no seu leito pela recirculação de massas d'água, bem como por sedimentos carreados pela bacia hidrográfica por escoamento superficial devido a chuvas e ventos. Do contrário, essa origem pode ser denominada como "autóctone", situação na qual a matéria (sólidos) é produzida na própria coluna d'água mediante decomposição orgânica do fitoplâncton ou de outros seres vivos, parte da ciclagem de nutrientes que ocorre internamente no meio aquático.

O TSS aumenta a refletância na região espectral do visível (VIS) e do IVP, onde o aumento de sua concentração ocasiona o aumento dos picos de refletância, acentuando suas feições. A porcentagem de energia refletida entre 570 e 700 nm aumenta com o aumento da concentração de TSS, além de elevação do sinal em 810 nm (REF GOODIN, 1993; LODHI, 1997).

Em geral, a fração inorgânica do TSS domina o sinal de retroespalhamento entre os COA presentes na água, pois apresenta índices de refração muitas vezes maiores do que os de partículas orgânicas (MOBLEY, 1994). Espectros dos coeficientes de absorção e espalhamento específicos da matéria inorgânica dependem da forma, da distribuição de tamanhos e do índice de refração dessas partículas (SATHYENDRANATH, 2000).

3.4 Matéria orgânica dissolvida colorida

O parâmetro CDOM, também referido como matéria orgânica dissolvida amarela, *gelbstoff* ou *gilvin*, é a representação da parte da matéria orgânica dissolvida, que pode ocorrer em águas oceânicas, costeiras e interiores, que interage com a luz em seu percurso no meio aquático (KIRK, 2011; MOBLEY, 1994). O CDOM é resultado da degradação da matéria orgânica vegetal e, da mesma forma que o TSS, sua degradação pode ocorrer de forma alóctone ou autóctone. O CDOM é composto por substâncias húmicas, um componente-chave para a compreensão do ciclo de carbono na bacia hidrográfica e global (CHEN et al., 2004; KUTSER et al., 2017).

Substâncias húmicas podem ser solúveis ou não solúveis, sendo as solúveis aquelas que compõem o CDOM, divididas em dois tipos principais de compostos conhecidos como "ácidos húmicos" e "ácidos fúlvicos". Os ácidos húmicos, em geral, têm uma origem alóctone, a partir da decomposição da matéria orgânica na bacia hidrográfica antes de seu aporte no meio aquático, enquanto os ácidos fúlvicos são mais ligados a uma origem autóctone, sendo gerados a partir da decomposição da matéria orgânica no meio aquático (BUKATA et al., 1995; KIRK, 2011). Por sua vez, as substâncias húmicas não solúveis são compostas principalmente pela humina, substância capaz de interagir com a REM, considerada insignificante para o SR.

O CDOM é mencionado pela maioria dos autores como COA em que o coeficiente de espalhamento é inexistente e dotado apenas de absorção da REM, com maiores valores em comprimentos de onda de azul e verde ou inferiores, resultando em águas amareladas e escuras (BARBOSA et al., 2019; KIRK, 2011; MOBLEY, 1994), porém pode sofrer alvejamento pela luz, perdendo sua cor forte amarela, resultando em águas mais brancas devido à ausência de cor dessa matéria orgânica colorida dissolvida.

4 PROPRIEDADES ÓPTICAS DE ÁGUAS NATURAIS

Para a física óptica e eletromagnética, existem duas possíveis classificações para as propriedades ópticas de um meio de propagação: as inerentes; e as aparentes. As propriedades ópticas inerentes (POI) são aquelas que dependem apenas das características do meio de propagação da REM, enquanto as propriedades ópticas aparentes (POA) dependem não só do meio de propagação da REM, como também do campo eletromagnético e de suas alterações ambientais, como a geometria de incidência da luz e/ou captação do sinal por um aparelho de medição da REM (KIRK, 2011; MOBLEY, 1994).

4.1 Propriedades ópticas inerentes

Como já mencionado, as POI são as propriedades físicas dos COA que apenas dependem da característica do meio aquático pelo qual a REM se propaga, quando um fóton atravessa a coluna d'água, ele pode ser absorvido, transmitido ou espalhado (KIRK, 2011).

Para uma boa interpretação do resultado da interação da REM com o corpo hídrico e a extração de informações sobre o sistema aquático em questão, é necessária uma boa compreensão dos processos físicos de espalhamento e de absorção envolvidos. A soma da absorção e do espalhamento na coluna d'água são conhecidas como atenuação da REM. São esses processos que possibilitam o uso do sensoriamento remoto para estudo e monitoramento de sistemas aquáticos (BARBOSA, 2019).

A combinação e a configuração entre as concentrações e distribuições dos COA presentes não meio aquático resultam em cada uma das POI do meio em questão. Por exemplo, o coeficiente total de absorção é a soma de várias porções de absorção referentes a cada um dos COA presentes, como a própria água pura, Chl-a, TSS e CDOM (MOBLEY, 1994), constituintes já citados neste capítulo. Além disso, as características de um corpo hídrico não são uniformes nem constantes, pois variam espacial e temporalmente, assim como suas POI.

4.2 Propriedades ópticas aparentes

As POA são propriedades dependentes tanto do meio como do campo geométrico de propagação da REM (MOBLEY, 1994), mas uma POA ideal varia apenas levemente com mudanças ambientais (BUKATA et al., 1995). Além disso, as POA comumente utilizadas podem ser determinadas por POI do meio aquático e não variam bruscamente com mudanças no campo de incidência da REM, como a variação na elevação solar (KIRK, 2011; MOBLEY et al., 2010). POA, em geral, são classificadas em três grupos: cossenos médios do campo de luz; refletâncias; e coeficientes de atenuação difusa da REM (MOBLEY, 1994).

A teoria da equação de transferência radiativa (ETR) pode ajudar a compreender as conexões entre POI e POA usando parâmetros de ondas superficiais, características de fundo e condições da radiação difusa do céu como condições de contorno necessárias para solução das equações derivadas da teoria da ETR (MOBLEY, 1994).

5 SENSORIAMENTO REMOTO DA ÁGUA

O sensoriamento remoto (SR) pode ser considerado como o conjunto de técnicas que permitem a obtenção de dados de um objeto-alvo por meio da descrição da interação da REM com a superfície desse objeto sem que haja contato direto entre o equipamento de medição e o alvo em questão. Seguindo essa linha, podemos considerar, então, como equipamentos de SR desde câmeras digitais de uso comum até um equipamento de raio X hospitalar que imageia os ossos sem que haja contato direto; porém, em termos de monitoramento ambiental e observação da Terra, é muito comum a referência ao SR quando do uso de equipamentos aerotransportados, sensores orbitais (satélites) e, mais recentemente, o uso de veículos aéreos não tripulados (VANT). Os sensores utilizados em equipamentos voltados para SR, em geral, são de detecção e medição de intensidade da REM que deixa o alvo e atinge as lentes do sensor, que pode ser ativo ou passivo.

Sensores ativos são aqueles equipamentos que geram um sinal conhecido que atinge o alvo e, então, retorna ao sensor, sendo medido para se estimar a interferência do alvo na REM, a exemplo das tecnologias de LIDAR (do inglês *Ligth Detection and Ranging*) e RADAR (do inglês *Radio Detection and Ranging*). Em geral, esses equipamentos têm um dispositivo transmissor que emite o sinal de REM em direção ao alvo e um dispositivo receptor (antena) que recebe o sinal refletido pelo alvo, dispositivos estes que trabalham de forma alternada, possibilitando inferir a diferença entre o sinal enviado e o recebido.

Já os sensores passivos são aqueles equipamentos que dependem de uma fonte de REM para ser medida, e comumente é utilizado o sol como fonte externa de energia para medições de SR, a exemplo dos espectrorradiômetros e dos sensores ópticos a bordo de satélites. Esses equipamentos para aquisição de grandezas radiométricas têm dispositivos ópticos como lentes coletoras, condutores de fibra óptica, difratores (prismas) e detectores metálicos, usados de forma a separar as ondas de REM do sinal recebido em bandas de comprimentos específicos. Esses sinais medidos pelo sensor são enviados para uma antena em Terra e, então, convertidos em refletância de superfície ou outra grandeza radiométrica de interesse para estudos ambientais.

Essas grandezas radiométricas medidas por SR são de extrema importância para a construção de modelos bio-ópticos, entretanto as medidas tomadas a partir de corpos hídricos como alvos envolvem maior quantidade de detalhes quando comparadas com medidas tomadas de alvos terrestres, sendo o principal fator para isso o baixo sinal proveniente de corpos hídricos. Esse baixo sinal decorre da baixa refletância dos corpos hídricos quando comparados aos alvos terrestres como vegetação, solo exposto ou edificações, sinal este que pode sofrer interferência de fatores ambientais externos. Fatores como a cobertura e sombreamento de nuvens, reflexão especular do sol em sua superfície, horário em que a aquisição de dados é realizada, presença ou ausência de ventos e consequente estado da rugosidade superficial, profundidade baixa e efeito de fundo causado pelo seu leito, além do sombreamento causado pela vegetação próxima causando efeito de borda no reservatório podem inserir erros nas medições feitas pelos sensores, inserindo ruídos no sinal proveniente da composição de COA presentes no corpo hídrico em estudo.

O uso dos dados adquiridos por SR pode servir ao monitoramento de ambientes aquáticos de diversas formas, propiciando análises tanto quantitativas como qualitativas de corpos hídricos, porém a complexidade e a dinâmica de movimento da água impõem certas limitações em se tratando de águas mais turbulentas. Em especial, o SR é uma ferramenta muito importante para o monitoramento de reservatórios de água, que, assim como lagos, têm águas mais tranquilas, possibilitando extrapolar os resultados de uma imagem adquirida em data e horário específicos para datas, sempre observando outras condições ambientais externas, por isso é de extrema importância um período de revisita do satélite que seja o menor possível.

5.1 Análises quantitativas

As análises quantitativas de água que podem ser realizadas por meio de SR incluem diversas metodologias que visam mapear a geometria tridimensional e superficial de um reservatório.

Por um lado, sensores ativos com tecnologia LIDAR podem ser usados para se obter: a batimetria de fundo de reservatórios, auxiliando na estimativa do volume de um reservatório; a estimativa e a espacialização do acúmulo de lodo ao longo de anos em um reservatório, auxiliando na dragagem de seus leitos. Outra abordagem com uso de sensores ativos é a realização de um modelo digital de terreno ou de elevação que possibilite simulações hidrológicas e de escoamento superficial na bacia, ferramenta de extrema importância para previsão de inundações, deslizamentos de terra e outros desastres ambientais de importância para gestão da bacia e defesa civil.

Por outro lado, sensores ópticos apresentam menor capacidade de "penetrar" na superfície aquática, sendo suas medidas representativas da superfície e das primeiras porções de profundidade na coluna d'água. A depender da transparência do corpo hídrico, os sensores têm maior ou menor capacidade de medição em profundidade, águas mais transparentes possibilitam maior penetração da luz e, consequentemente, maior capacidade do sensor de medi-las; por sua vez, águas mais turvas refletem boa parte da REM já nos primeiros centímetros de profundidade, impossibilitando que o sensor "veja" mais profundamente na coluna d'água.

Uma interessante abordagem para a análise quantitativa de água em um reservatório é o uso da batimetria ou da profundidade média extraída a partir da batimetria para se traçar uma curva que correlaciona a área do espelho d'água de um reservatório com seu volume total. Essa área pode ser medida pela metodologia para extração da máscara de água de imagens de reservatórios. Como a quantidade de água em reservatórios depende da precipitação e também da operação das barragens para geração de energia elétrica operada pelo ONS, esse volume segue o ciclo das estações climáticas e depende dos períodos de seca e cheia de uma região, por isso a importância de tecnologias que permitam um monitoramento sistemático e rotineiro e que diminuam os custos logísticos para tal monitoramento.

5.2 Análises qualitativas

Para análises qualitativas da água por meio de SR, é essencial primariamente a compreensão das características dos COA separados ou em composição no corpo hídrico, para, assim, ser possível estimar de forma direta cada um deles. Além disso, compreender a correlação dos COA com outros parâmetros de qualidade da água possibilita estimá-los de maneira indireta. Por exemplo, a disponibilidade de nutrientes como o fósforo e nitrogênio está muito relacionada à presença do fitoplâncton, o que possibilita usar a Chl-a como um *proxy* para estimativa indireta dos COA.

Porém, no caso de uma estimativa indireta, há maior complexidade na estimativa e na interpretação de resultados por um modelo. Um estudo com uma boa base de dados de referências de campo deve ser realizado de forma a parametrizar um modelo que seja aderente à realidade local de um reservatório.

De forma geral, as imagens de satélite podem ser utilizadas para estimativa de três parâmetros básicos: Chl-a; TSS; e CDOM. A partir deles e de um estudo que os correlacione com outros parâmetros de qualidade da água, é possível se chegar à construção de modelos para a estimativa de outros parâmetros que não causam interferência na REM ao percorrerem o meio aquático.

Um bom exemplo da aplicação de estimativas indiretas são modelos que correlacionem as concentrações e as distribuições dos COA com parâmetros de qualidade da água que auxiliem no cálculo de índices de qualidade e estado trófico da água do reservatório, como os índices IQA e IET da Companhia Ambiental do Estado de São Paulo (CETESB), comumente usados em estudos ambientais. Esse não é um exemplo de baixa complexidade e pode demandar um estudo de campo detalhado com amostragem e análise laboratorial de coletas de água como suporte para compreender certas correlações.

Além disso, obtermos as concentrações e distribuição dos COA na coluna d'água nos permite a estimativa da transparência do corpo hídrico, importante parâmetro de qualidade da água. A transparência pode ser representada pela turbidez, pelo coeficiente de atenuação ou pela profundidade do disco de Secchi, podendo ser estimada por modelos que correlacionem os COA com um desses parâmetros.

A modelagem envolvida na estimativa da concentração dos COA pode ser realizada por intermédio de modelos empíricos, analíticos ou semianalíticos. Modelos empíricos são comumente realizados por regressões matemáticas (lineares, logarítmicas etc.) e correlações entre valores medidos em campo e valores estimados por uma função ou metodologia. Já modelos analíticos e semianalíticos utilizam-se de fórmulas matemáticas complexas que podem ser resolvidas de maneira direta ou inversa (Figura 10.2).

A modelagem direta ou inversa consiste no desenvolvimento de modelos bio-ópticos para desenvolvimento de fórmulas que tenham como entrada as concentrações dos COA medidos em campo ou parâmetros físicos associados a estes, modelando, então, sua refletância, de forma a compreender a resposta espectral do alvo (modelagem direta). Então, a partir da estimativa da refletância com base em imagens de satélite, aplica-se o modelo por meio de algoritmos que estimem as concentrações dos COA (modelagem inversa). Essa abordagem permite a validação do modelo e de seus resultados mediante análise estatística dos produtos estimados com dados medidos em campo, o que pode ser feito tanto para as concentrações de COA como para a refletância do satélite comparada à refletância medida em campo por meio de equipamentos de espectrorradiômetros.

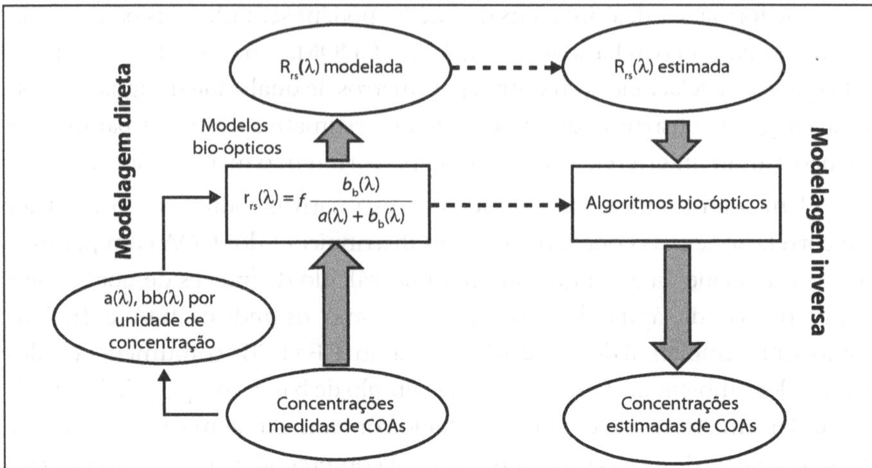

Figura 10.2 Modelagem direta e inversa utilizada para validação de algoritmos no estudo de ambientes aquáticos por sensoriamento remoto.

Fonte: adaptada de Dekker et al. (2002).

6 SISTEMAS DE MONITORAMENTO DE RESERVATÓRIOS

Como discutido anteriormente, reservatórios de água são ecossistemas aquáticos dinâmicos e complexos. Essa complexidade, aliada à crescente preocupação ambiental e consequente desenvolvimento das leis ambientais e do setor elétrico no Brasil, demanda grande esforço de compreensão sobre os ciclos hidrológico e biogeoquímico em bacias hidrográficas. O monitoramento rotineiro e sistematizado por SR desses ambientes aquáticos auxilia e amplia a compreensão em larga escala desses processos envolvidos dentro de reservatórios de água e na bacia hidrográfica como um todo (BARBOSA et al., 2019).

O esforço para a elaboração de um sistema de monitoramento de reservatórios de água por SR nada tem a ver com a aquisição de imagens de satélite ou a aplicação de metodologias a esmo. O monitoramento de ambientes aquáticos, de forma geral, necessita, entre outros, de uma série de elementos multi, inter e transdisciplinares, desde o básico em ciências físicas, químicas, biológicas e ambientais de que o sistema precisa, até elementos mais técnicos como desenvolvimento de softwares que deem suporte para a elaboração do sistema em questão, conhecimento matemático e estatístico para validação de incertezas dos modelos aplicados, conhecimento e disposição de incursões a campo (Figura 10.3).

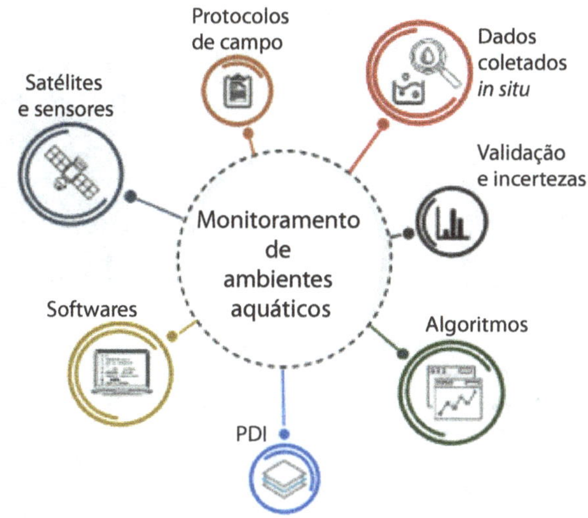

Figura 10.3 Elementos do monitoramento sistemático de reservatórios de água via sensoriamento remoto.

Fonte: adaptada de Barbosa et al. (2019).

Apesar do histórico de quase 30 anos de desenvolvimento do SR orbital de ambientes aquáticos, em especial os ambientes aquáticos interiores, como os reservatórios de água, sempre teve suas aplicações limitadas à utilização de sensores construídos para ambientes terrestres e oceânicos. Por exemplo, os dois sensores a bordo de satélites mais comumente utilizados por pesquisadores da área foram lançados no início da década de 2010, sendo eles o sensor *Operational Land Imager* (OLI), a bordo do satélite Landsat-8, lançado em 2013; e o sensor *Multi Spectral Instrument* (MSI), a bordo do satélite Sentinel-2, lançado em 2015.

Nesse sentido, não apenas a resolução espacial é importante para a escolha de um sensor ou satélite, também são de extrema importância suas resoluções temporais e espectrais. A resolução temporal ou o tempo de revisita é de extrema importância por possibilitar a sistematização do monitoramento de reservatórios; pois quanto menor este tempo de revisita, maior a recorrência de imagens, possibilitando um monitoramento mais contínuo possível. Por sua vez, a resolução espectral deve ser adequada tanto em questão de posicionamento como de largura das bandas espectrais do sensor a ser utilizado de forma a cobrir partes importantes dos espectros de refletância de cada um dos COA a serem analisados. A Figura 10.4 mostra os espectros dos COA individualmente, bem como a cobertura das bandas de sensores comumente utilizados em estudos por SR.

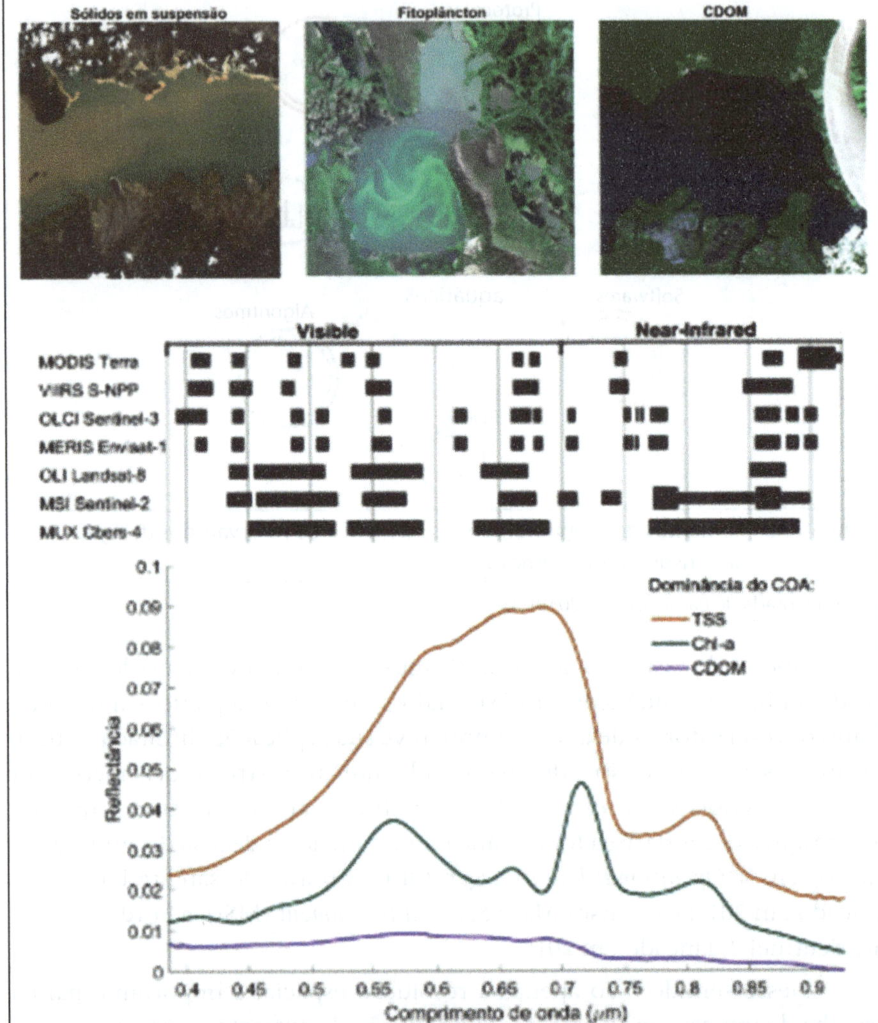

Figura 10.4 Espectros da água sob dominância dos COA: total de sólidos em suspensão (TSS), clorofila-a (chl-a) e matéria orgânica dissolvida colorida (CDOM). Na barra superior, a posição das bandas espectrais dos sensores orbitais ilustra o potencial destas para os estudos em águas continentais.

Fonte: adaptada de Barbosa et al. (2019).

Embora o desenvolvimento de metodologias para a estimativa de COA e outros parâmetros relacionados a estes, bem como a criação de sistemas de monitoramento automatizados para reservatórios de água, venha sendo conduzido com relativo bom desempenho, muitas das aplicações já criadas para sistemas aquáticos não são operacionais para a maioria das regiões. Entretanto, a busca por aperfeiçoamento por meio da comunidade científica e de usuários em geral vem dando frutos por intermédio de novos experimentos e da validação de algoritmos já desenvolvidos, aplicando esses modelos a diferentes regiões e tipos de águas, o que aumenta a gama de possibilidades para estudos ambientais de empreendimentos que envolvam reservatórios de água.

Dessa forma, o que se pode afirmar é que essas aplicações de SR voltadas à sistematização para o monitoramento de sistemas aquáticos (em especial, os reservatórios) são cada vez mais usadas no direcionamento de coletas em campo, na visão macro do ambiente aquático com entendimento dos padrões de entrada de nutrientes e sedimentos sazonalmente com avaliação das áreas de drenagem, na otimização de mão de obra especializada e na sistematização de monitoramentos integrados a outros dados socioambientais. Entende-se que o crescente número de lançamentos satélite de observação da Terra demandará, nas próximas décadas, mais mão de obra qualificada, coleta de dados de referência para modelagem e elaboração de protocolos de monitoramento de acordo com boas práticas e esforço contínuo.

6.1 Monitoramento de macrófitas em reservatórios

Macrófitas aquáticas são plantas visíveis a olho nu cujas partes fotossinteticamente ativas estão de modo permanente, ou por alguns meses em cada ano, submersas em águas ou flutuantes em sua superfície (COOK et al., 1974) e apresentam uma grande capacidade de adaptação e de amplitude ecológica, sendo encontradas nas margens e nas áreas rasas de rios, lagos e reservatórios, mas também em cachoeiras e fitotelmos, nas regiões costeiras, em água doce, salgada e salobra (ESTEVES, 1998). Segundo Esteves (1998) e Thomaz; Esteves (2011), os principais tipos biológicos encontrados de macrófitas são: emersas, cujas plantas enraizadas no sedimento, apresentando as folhas acima da lâmina de água; flutuantes livres que são plantas que se desenvolvem flutuando livremente no espelho de água; submersas enraizadas crescendo submersas. As macrófitas aquáticas desempenham diversas ações e funções nos ecossistemas aquáticos (ESTEVES; CAMARGO, 1996), entre eles a absorção, a acumulação e a liberação de nutrientes (por morte ou excreção), permitindo que sejam novamente incorporados aos fluxos ecossistêmicos (BRISTOW, 1974; GRANELI; SOLANDER, 1998).

No Brasil, rico em rios e lagos, a prática de barragens e reservatórios é comum e também é uma das formas mais baratas de obtenção de energia e armazenamento de água. Porém, com o avanço das cidades, o crescimento populacional, a ausência de saneamento básico adequado e a ocupação desorganizada de moradias, produzem-se impactos negativos, tanto na quantidade como na qualidade dos recursos hídricos. Um dos grandes impactos em reservatórios é o crescimento excessivo de macrófitas (que entopem as turbinas), gerando grandes transtornos e perdas significativas de ordem econômica, estética e ecológica.

A partir do momento em que essas plantas começam a ocasionar tais problemas, surge a necessidade de aplicar métodos de controle e de manejo (THOMAZ; BINI, 1998).

Com o SR, é possível fazer o monitoramento da vegetação aquática em um determinado reservatório para levantar uma avaliação histórica das comunidades presentes durante os períodos seco e chuvoso e determinar o possível potencial de danos associados a essas populações de macrófitas, um monitoramento do seu crescimento ou falta dele e o armazenamento dessas informações em banco de dados. Para quantificar as macrófitas, são usadas imagens do satélite e algoritmos de classificação, fatiamento, recortes e mosaicos. O Índice de Vegetação por Diferença Normalizada ou *Normalized Difference Vegetation Index* (NDVI) é uma técnica muito utilizada em estudos na área de SR, cuja equação é a diferença entre a refletância das bandas do infravermelho (IR) próximo e vermelho, devido ao contraste entre a baixa refletância da vegetação na banda do vermelho e alfarrefletância na banda do IR próximo, normalizado pela soma de suas refletâncias nesses comprimentos de onda (CHUVIECO, 1996). Esse índice assume uma faixa de valores que varia entre -1 e 1, em que, geralmente, o valor 0 indica a linha do solo, os valores superiores a 0 indicam a presença de vegetação (SAKUNO; KUNII, 2013), e os valores negativos indicam superfícies com ausência de vegetação, tais como água, gelo, neve ou nuvens (SAHEBJALAL; DASHTEKIAN, 2013). Portanto, a técnica do NDVI é suficiente para diferenciar água de vegetação (LUO et al., 2015); e suas imagens geradas e classificadas contribuem para a obtenção de mapas temáticos (MINHONI et al., 2017). Pode-se considerar que esse método tem finalidade preventiva quanto a uma grande proliferação das macrófitas, bem como corretiva, quando o reservatório se encontra infestado ou se algumas macrófitas flutuantes estão na direção das turbinas. Essa atitude preventiva possibilita que ações sejam efetuadas no controle dessa proliferação por meio de procedimentos físicos, químicos ou biológicos e, assim, evitar possíveis transtornos.

REFERÊNCIAS BIBLIOGRÁFICAS

AGÊNCIA ESPACIAL BRASILEIRA (AEB). *Sensoriamento remoto*: formação continuada de professores – Manual do Curso Astronáutica e Ciência do Espaço, 2008.

BAKER, K. S.; SMITH, R. C. Quasi-inherent characteristics of the diffuse attenuation coefficient for irradiance. *Ocean Optics*, v. 208, p. 60-63, 1979.

BARBOSA, C. C. F.; FERREIRA, R. M. P.; ARAÚJO, C. A. S.; NOVO, E. M. L. M. Bio-optical characterization of two Brazilian hydroelectric reservoirs as support to understand the carbon budget in hydroelectric reservoirs. In: INTERNATIONAL GEOSCIENCE AND REMOTE SENSING SYMPOSIUM (IGARSS), 2014. *Proceedings* [...]. 2014.

BARBOSA, C. C. F.; NOVO, E. M. L. M.; MARTINS, V. D. S. *Introdução ao sensoriamento remoto de sistemas aquáticos:* princípios e aplicações. São José dos Campos: LabISA; INPE, 2019.

BARBOSA, C. C. F. Princípios físicos do sensoriamento remoto. In: BARBOSA, C. C. F.; NOVO, E. M. L. M.; MARTINS, V. S. (eds.). *Introdução ao sensoriamento remoto de sistemas aquaticos*: princípios e aplicações. São José dos Campos: Instituto Nacional de Pesquisas Espaciais (INPE), 2019. p. 23-54.

BARBOSA, C. C. F.; NOVO, E. M. L. M.; MELACK, J. M.; GASTIL-BUHL, M.; FILHO, W. P. Geospatial analysis of spatiotemporal patterns of pH, total suspended sediment and chlorophyll-a on the Amazon floodplain. *Limnology*, v. 11, n. 2, p. 155-166, 2010.

BEHRENFELD, M. J.; FALKOWSKI, P. G. A consumer's guide to phytoplankton primary productivity models. *Limnology and Oceanography*, v. 42, n. 7, p. 1479-1491, 1997.

BRISTOW, J. M. Nitrogen fixation in the rhizospere of freshwater angiosperms. *Canadian Journal of Botany*, Ottawa, v. 52, p. 217-221, 1974.

BRITO, S. L.; MAIA-BARBOSA, P. M.; PINTO-COELHO, R. M. Zooplankton as an indicator of trophic conditions in two large reservoirs in Brazil. *Lakes and Reservoirs: Research and Management*, v. 16, n. 4, p. 253-264, 2011.

BUKATA, R. P.; JEROME, J. H.; KONDRATYEV, K. Y.; POZDNYAKOV, D. V. *Optical properties and remote sensing of inland and coastal waters*. Boca Raton: CRC Press, 1995.

CAIRO, C. T. *Caracterização temporal das propriedades bio-óticas do reservatório de Ibitinga/SP*. 2015. 149 p. Dissertação (Mestrado em Sensoriamento Remoto) – Instituto Nacional de Pesquisas Espaciais, São José dos Campos, 2015.

CALIJURI, M. C.; ALVES, M. S. A.; SANTOS, A. C. A. *Cianobactérias e cianotoxinas em águas continentais*. [S.l.]: RiMa, 2006.

CASAMITJANA, X.; SERRA, T.; COLOMER, J.; BASERBA, C.; PÉREZ-LOSADA, J. Effects of the water withdrawal in the stratification patterns of a reservoir. *Hydrobiologia*, v. 504, p. 21-28, 2003.

CHEN, Z.; LI, Y.; PAN, J. Distributions of colored dissolved organic matter and dissolved organic carbon in the Pearl River Estuary, China. *Continental Shelf Research*, v. 24, n. 16, p. 1845-1856, 2004.

CHUVIECO, E. S. Tratamiento digital de imágenes: generación de información temática. In: *Fundamentos de teledetección espacial*. 3. ed. rev. Madrid, Espanha: RIALP, 1996. cap. 2, p. 319-464.

COLE, J. J.; PRAIRE, Y. T.; CARACO, N. F.; MCDOWELL, W. H.; TRANVIK, L. J.; STRIEGL, R. G. et al. Plumbing the global carbon cycle: integrating inland waters into the terrestrial budget. *Ecosystems*, v. 10, n. 1, p. 171-184, 2007.

COOK, C.D. K. et al. *Water plants of the world*. The Hague: Dr. W. Junk Publishers, 1974. 561 p.

COSTA, M. P. F.; NOVO, E. M. L. M.; TELMER, K. H. Spatial and temporal variability of light attenuation in large rivers of the Amazon. *Hydrobiologia*, v. 702, n. 1, p. 171-190, 2013.

DEKKER, A. G.; VOS, R. J.; PETERS, S. W. M. Analytical algorithms for lake water TSM estimation for retrospective analyses of TM and spot sensor data. *International Journal of Remote Sensing*, v. 23, n. 1, p. 15-35, 2002. doi: 10.1080/01431160010006917.

ESTEVES, F. A.; CAMARGO, A. F. M. Sobre o papel das macrófitas aquáticas na estocagem e ciclagem de nutrientes. *Acta Limnologica Brasiliensia*, v. 1, p. 273-298, 1996.

ESTEVES, F. A. *Fundamentos de limnologia*. Rio de Janeiro: Interciência; INEP, 1988. 575 p.

FERREIRA, R. M. P. *Caracterização da óptica e do carbono orgânico dissolvido no reservatório de Três Marias/MG*. 2014. 128 p. Dissertação (Mestrado em Sensoriamento Remoto) – Instituto Nacional de Pesquisas Espaciais (INPE), São José dos Campos, 2014.

FLORES JÚNIOR, R. *Parametrização de algoritmos empíricos e algoritmo quasi-analítico QAA para estimativa de clorofila-a em lagos da várzea do Rio Amazonas*. 2019. 157 p. Dissertação (Mestrado em Sensoriamento Remoto) – Instituto Nacional de Pesquisas Espaciais (INPE), São José dos Campos, 2019.

GALLEGOS, C. L.; JORDAN, T. E. Impact of the spring 2000 phytoplankton bloom in Chesapeake Bay on optical properties and light penetration in the Rhode River, Maryland. *Estuaries*, v. 25, n. 4-A, p. 508-518, 2002.

GARCÍA, E. Water quality issues in Latin America. In: BISWAS, A. K.; TORTAJADA, C.; BRAGA, B. P. F.; RODRIGUEZ, D. J. (eds.). *Water resources development and management*. [S.l.]: Springer, 2006.

GILERSON, A. A.; HUOT, Y. Bio-optical modeling of sun-induced chlorophyll-a fluorescence. In: MISHRA, D. R.; OGASHAWARA, I.; GITELSON, A. A. (eds.). *Bio-optical modeling and remote sensing of inland waters*. Amsterdam, Netherlands: Elsevier, 2017. p. 189-231.

GRANELI, W.; SOLANDER, D. Influence of aquatic macrophytes on phosphorus cycling in lakes. *Hydrobiologia*, The Hague, v. 170, n. 1, p. 245-266, 1988.

JORGE, D. S. F. *Caracterização bio-óptica e implementação de algoritmos semianalíticos para o estudo da qualidade da água na Reserva de Desenvolvimento Sustentável Mamirauá*. 2018. 161 p. Tese (Doutorado em Sensoriamento Remoto) – Instituto Nacional de Pesquisas Espaciais, São José dos Campos, 2018.

JORGENSEN, S.; TUNDISI, J. G.; MATSUMURA-TUNDISI, T. *Handbook of inland aquatic ecosystem management*. Boca Raton: CRC Press, 2013.

KENNEDY, R. H.; GUNKEL, R. C. Jr.; THORNTON, K. W. The establishment of water quality gradients in reservoir. *Canadian Water Resources Journal*, v. 7, n. 1, p. 71-87, 1982.

KIMMEL, B. L.; GROEGER, A. W. Factors controlling primary production in lakes and reservoirs: a perspective. *Lake and Reservoir Management*, v. 1, n. 1, p. 277-281, 1984.

KIRK, J. T. O. *Light and photosynthesis*. 3. ed. New York: Cambridge University Press, 2011.

KUTSER, T.; KOPONEN, S.; KALLIO, K. Y.; FINCKE, T.; PAAVEL, B. Bio-optical modeling of colored dissolved organic matter. In: MISHRA, D. R.; OGASHAWARA, I.; GITELSON, A. A. (eds.). *Bio-optical modeling and remote sensing of inland waters*. Amsterdam, Netherlands: Elsevier, 2017. p. 100-128.

LEE, Z. P.; CARDER, K. L.; ARNONE, R. A. Deriving inherent optical properties from water color: a multiband quasi-analytical algorithm for optically deep waters. *Applied Optics*, v. 41, n. 27, p. 5755, 2002.

LEE, Z. P.; DU, K. P.; ARNONE, R. A model for the diffuse attenuation coefficient of down welling irradiance. *Journal of Geophysical Research C: Oceans*, v. 110, n. 2, p. 1-10, 2005 b.

LEE, Z. P.; HU, C.; SHANG, S.; DU, K.; LEWIS, M.; ARNONE, R. et al. Penetration of UV-visible solar radiation in the global oceans: insights from ocean color remote sensing. *Journal of Geophysical Research: Oceans*, v. 118, n. 9, p. 4241-4255, 2013.

LEE, Z. P.; WEIDEMANN, A.; KINDLE, J.; ARNONE, R.; CARDER, K. L.; DAVIS, C. Euphotic zone depth: its derivation and implication to ocean-color remote sensing. *Journal of Geophysical Research: Oceans*, v. 112, n. 3, p. 1-11, 2007.

LUO, C.; LI, X.; MA, R.; LI, F.; DUAN, H.; HU, W.; et al. Applying remote sensing techniques to monitoring seasonal and interannual changes of aquatic vegetation in Taihu Lake, China. *Ecological Indicators*, Coimbra, v. 60, p. 503-513, 2015.

LIU, X.; LEE, Z.; ZHANG, Y.; LIN, J.; SHI, K.; ZHOU, Y.; et al. Remote sensing of Secchi depth in highly turbid lake waters and its application with MERIS data. *Remote Sensing*, v. 11, n. 19, 2019.

MACIEL, D. A. *Quantificação remota da concentração de sólidos totais e inorgânicos em suspensão em lagos da planície de inundação do Baixo Amazonas*: uma abordagem multi-sensor. 2019. 164 p. Dissertação (Mestrado em Sensoriamento Remoto) – Instituto Nacional de Pesquisas Espaciais (INPE), São José dos Campos, 2019.

MATTHEWS, M. W. Bio-optical modeling of phytoplankton chlorophyll-a. In: MISHRA, D. R.; OGASHAWARA, I.; GITELSON, A. A. (eds.). *Bio-optical modeling and remote sensing of inland waters*. Amsterdam, Netherlands: Elsevier, 2017. p. 157-188.

MENEZES, P. H. B. J. *Estudo da dinâmica espaço-temporal do fluxo de sedimentos a partir das propriedades ópticas das águas no reservatório de Três Marias/MG*. 2013. 112 p. Tese (Doutorado em Geociências) – Universidade de Brasilia, Brasília, 2013.

MINHONI, R. T. de A.; PINHEIRO, M. P. M. A.; FILGUEIRAS, R.; ZIMBACK C. R. L. Sensoriamento remoto aplicado ao monitoramento de macrófitas aquáticas no reservatório de Barra Bonita/SP. *IRRIGA*, v. 22, n. 2, p. 330-342, 2017. Disponível em: http://hdl.handle.net/11449/179226. Acesso em: 8 jul. 2021.

MOBLEY, C. D. *Light and water*: radiative transfer in natural waters. San Diego: Academic Press, 1994.

MOBLEY, C. D.; BOSS, E.; ROESLER, C. *Ocean Optics Web Book (OOWB)*. 2010. Disponível em: http://www.oceanopticsbook.info/.

NOVO, E. M. L. M. Sistemas aquáticos continentais: definição e características. In: BARBOSA, C. C. F.; NOVO, E. M. L. M.; MARTINS, V. S. (eds.). *Introdução ao sensoriamento remoto de sistemas aquáticos*: princípios e aplicações. São José dos Campos: Instituto Nacional de Pesquisas Espaciais (INPE), 2019. p. 10-22.

PEGAU, W. S.; ZANEVELD, J. R. V. Temperature-dependent absorption of water in the red and near-infrared portions of the spectrum. *Limnology and Oceanography*, v. 38, n. 1, p. 188-192, 1993.

REYNOLDS, C. *Ecology of phytoplankton*. [S.l.]: Cambridge Press, 2006.

RIBEIRO FILHO, R.; PETRERE JÚNIOR, M.; BENASSI, S.; PEREIRA, J. Itaipu reservoir limnology: eutrophication degree and the horizontal distribution of its limnological variables. *Brazilian Journal of Biology*, v. 71, n. 4, p. 889-902, 2011.

RODRIGUES, T.; ALCÂNTARA, E.; WATANABE, F.; IMAI, N. Retrieval of Secchi disk depth from a reservoir using a semi-analytical scheme. *Remote Sensing of Environment*, v. 198, p. 213-228, 2017.

ROESLER, C. S.; BOSS, E. S. *In situ* measurement of the Inherent Optial Properties (IOPs) and potential for Harmful Algal Bloom (HAB) detection and coastal ecosystem observations. In: BABIN, M.; ROESLER, C. S.; CULLEN, J. (eds.). *Real-time coastal observing systems for marine ecosystem dynamics and harmful algal blooms*: theory, instrumentation and modeling. Paris: UNESCO, 2008. p. 153-206.

SAHEBJALAL, E.; DASHTEKIAN, K. Analysis of land use-land covers changes using Normalized Difference Vegetation Index (NDVI) differencing and classification methods. *African Journal of Agricultural Research*, Ebène, v. 8, n. 37, p. 4614-4622, 2013.

SAKUNO, Y.; KUNII, H. Estimation of growth area of aquatic macrophytes expanding spontaneously in lake Shinji using ASTER data. *International Journal of Geosciences*, Wuhan, v. 4, p. 1-5, 2013.

SATHYENDRANATH, S. Remote sensing of ocean colour in coastal and other optically-complex waters reports of the International Ocean-Colour Coordinating Group. *Reports of the International Ocean-Colour Coordinating Group*, v. 3, p. 1-145, 2000.

SILVA, T. S. F.; COSTA, M. P. F.; MELACK, J. M.; NOVO, E. M. L. M. Remote sensing of aquatic vegetation: theory and applications. *Environmental Monitoring and Assessment*, Orono, v. 140, p. 131-145, 2008.

STRASKRABA, M.; TUNDISI, J. G.; DUNCAN, A. *Comparative reservoir limnology and water quality management*. Berlim: Springer, 1993.

SULLIVAN, J. M.; TWARDOWSKI, M. S.; ZANEVELD, J. R. V; MOORE, C. M.; BARNARD, A. H.; DONAGHAY, P. L.; et al. Hyperspectral temperature and salt dependencies of absorption by water and heavy water in the 400-750 nm spectral range. *Applied Optics*, v. 45, n. 21, p. 5294-5309, 2006.

THOMAS, S. M.; BINI, L. M. Ecologia e manejo de macrófitas aquáticas em reservatórios. *Acta Limnológica Brasiliensia*, São Carlos, v. 10, n. 1, p. 81-91, 1998.

THOMAS, S. M.; ESTEVES, F. A. Comunidade de macrófitas aquâticas. In: ESTEVES, F. A. (coord.). *Fundamentos de limnologia*. 3. ed. Rio de Janeiro: Interciência, 2001. p. 461-521.

THORTON, J. A.; STEEL, A.; RAST, W. Reservoirs. In: CHAPMAN, D. V. (eds.). *Water quality assestment*: a guide to use of biota, sediments and water in environmental monitoring. 2. ed. London: CRC Press, 1996. p. 609.

TRANVIK, L. J.; DOWNING, J. A.; COTNER, J. B.; LOISELLE, S. A.; STRIEGL, R. G.; BALLATORE, T. J. et al. Lakes and reservoirs as regulators of carbon cycling and climate. *Limnology and Oceanography*, v. 54, n. 6, pt. 2, p. 2298-2314, 2009.

TUNDISI, J. G.; MATSUMURA-TUNDISI, T. Integration of research and management in optimizing multiple uses of reservoirs: the experience in South America and Brazilian case studies. *Hydrobiologia*, v. 500, p. 231-242, 2003.

TUNDISI, J. G.; MATSUMURA-TUNDISI, T.; CALIJURI, M. C. Limnology and management of reservoirs in Brazil. In: STRASKRABA, M.; TUNDISI, J. G.; DUNCAN, A. (eds.). *Comparative reservoir limnology and water quality management*. [S.l.]: Kluwer Academic Press, 1993. p. 25-55.

WATANABE, F.; ALCÂNTARA, E.; IMAI, N.; RODRIGUES, T.; BERNARDO, N. Estimation of chlorophyll-a concentration from optimizing a semi-analytical algorithm in productive inland waters. *Remote Sensing*, v. 10, n. 2, p. 1-18, 2018.

WATANABE, F.; MISHRA, D. R.; ASTUTI, I.; RODRIGUES, T.; ALCÂNTARA, E.; IMAI, N. N. et al. Parametrization and calibration of a quasi-analytical algorithm for tropical eutrophic waters. *ISPRS – Journal of Photogrammetry and Remote Sensing*, v. 121, p. 28-47, 2016.

WATANABE, F. S. T. *Parametrization of bio-optical models for estimating chlorophyll-a concentration in tropical eutrophic reservoir*. 2016. 137 p. Tese (Doutorado em Cartografia) – Universidade Estadual Paulista, Presidente Prudente, 2016.

WETZEL, R. G. *Limnology, lake and river ecosystems*. 3. ed. San Diego: Academic Press, 2001.

11

O SENSORIAMENTO REMOTO NA GESTÃO DE MARGENS DE RESERVATÓRIOS E LINHAS DE TRANSMISSÃO

ESTUDO NA USINA HIDRELÉTRICA CANA BRAVA

*Rivelino Augusto dos Reis**
*Laura de Mello Holme***

1 INTRODUÇÃO

A gestão das margens de reservatórios de usinas hidrelétricas é uma das atividades mais complexas da gestão fundiária do setor elétrico. O concessionário, como responsável pela gestão desse bem público, está exposto a pressões da comunidade local e dos entes governamentais e é cobrado em relação à legislação ambiental vigente, sendo responsável por desenvolver planos e diretrizes capazes de promover o desenvolvimento sustentável nas áreas de entorno de reservatórios. A falta de fiscalização dessas áreas aumenta o risco de usos e de ocupações irregulares que, além de causarem danos ambientais e sociopatrimoniais, expõem o concessionário a riscos de autuações ambientais e regulatórias.

Na Engie Brasil Energia, essa gestão conta com um procedimento de fiscalização *in loco,* que implica percorrer periodicamente as margens dos reservatórios para verificação de usos e ocupações irregulares. Por se tratar de um processo moroso, com limitação de área, custos elevados e alta exposição ao risco de segurança das equipes de campo, a Engie identificou a oportunidade de otimizar o processo de monitoramento dessas áreas no entorno de reservatórios e aperfeiçoar o planejamento logístico por meio de geotecnologias.

---

* Graduado em Engenharia Agronômica pela Universidade do Estado de Santa Catarina (UDESC), com especialização em Engenharia de Avaliações pela Escola Superior de Agricultura Luiz de Queiroz (ESALQ) e MBA em Gestão Estratégia e Liderança pelo Institut National Polytechnique de Grenoble (INPG). Atua na área de Gestão Fundiária e Patrimonial do Setor Elétrico há 20 anos. Desde 2010 é coordenador da Gestão Fundiária da ENGIE Brasil Energia.

** Graduanda em Geografia, bacharel pela UDESC e cursando o Curso Técnico em Meio Ambiente no Instituto Federal de Santa Catarina. Atua na área de Gestão Fundiária e Patrimonial do setor elétrico como estagiária na ENGIE Brasil Energia.

Sendo assim, este trabalho tem como objetivo apresentar a metodologia e os resultados obtidos pelo projeto-piloto de aplicação de um sistema de detecção automática de mudanças nas áreas marginais do reservatório da Usina Hidrelétrica Cana Brava, por intermédio do Sensoriamento Remoto, colaborar no debate acerca da gestão fundiária no setor elétrico e cooperar na troca de procedimentos, práticas, estratégias e ferramentas para o aperfeiçoamento da gestão entre as empresas desse setor.

2 REFERENCIAL TEÓRICO

As geotecnologias representam o conjunto de tecnologias para coleta, armazenamento, edição, processamento, análise e disponibilização de dados e informações com referência espacial geográfica e são constituídas por soluções em hardware, software, *peopleware* e *dataware* (ZAIDAN, 2017). Entre as geotecnologias, estão o geoprocessamento, a cartografia digital ou automatizada, o sistema de posicionamento global, a aerofotogrametria, a geodesia, a topografia clássica, os sistemas de informação geográfica e o sensoriamento remoto.

Um SIG (Sistema de Informação Geográfica) é constituído por um conjunto de ferramentas especializadas em adquirir, armazenar, recuperar, transformar e emitir informações espaciais. Esses dados geográficos descrevem objetos do mundo real, em termos de posicionamento, com relação a um sistema de coordenadas, seus atributos não aparentes e relações topológicas. Portanto, um SIG pode ser utilizado em estudos relativos ao meio ambiente e recursos naturais, na pesquisa da previsão de determinados fenômenos ou no apoio a decisões de planejamento, considerando a concepção de que os dados armazenados representam um modelo do mundo real (BURROUGH, 1986).

Segundo Konecny (2003), o SIG pode ser composto pela inter-relação de atividades em quatro diferentes campos: cartografia; representação gráfica computacional; banco de dados; e sensoriamento remoto, conforme a Figura 11.1.

Um SIG pode, ainda, ser definido como um sistema provido de quatro grupos de aptidões para manusear dados georreferenciados: entrada; gerenciamento; manipulação e análise; e saída. Os dados são georreferenciados quando apresentam basicamente duas características: dimensão física; e localização espacial (ARONOFF, 1989).

Em resumo, as principais características dos SIG são:

- Integrar, em uma única base de dados, informações espaciais provenientes de dados cartográficos, dados de censo e cadastro urbano e rural, imagens de satélite, redes e modelos numéricos de terreno.
- Combinar as várias informações por meio de algoritmos de manipulação, para gerar mapeamentos derivados.

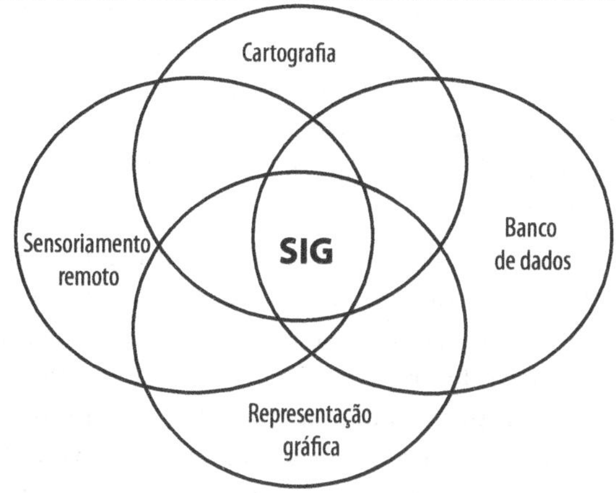

Figura 11.1 Inter-relação das atividades dos quatro diferentes campos nos SIG.

Fonte: KONECNY, 2003.

- Consultar, recuperar, visualizar e plotar o conteúdo da base de dados geocodificados.

Já o sensoriamento remoto é definido por Florenzano (2005) como a tecnologia que permite obter imagens e outros tipos de dados da superfície terrestre por meio da captação e do registro da energia refletida ou emitida pela superfície. Para a autora, o termo "sensoriamento" se refere à obtenção de dados por meio de sensores, e o termo "remoto" se refere à obtenção realizada à distância, sem contato físico ente o sensor e o objeto. Moraes (2002) entende o sensoriamento remoto como o conjunto de atividades que englobam a detecção e a análise da energia eletromagnética emitida ou refletida pelos objetos terrestres e registrada por sensores remotos que, por sua vez, permitem a obtenção de informações dos objetos que compõem a superfície terrestre sem a necessidade de contato direto. Integrando o processamento, a análise e a interpretação dos dados, alguns autores consideram o sensoriamento remoto uma ciência, como Meneses e Almeida (2012), que o definem como uma ciência que visa o desenvolvimento da obtenção de imagens da superfície terrestre por meio da detecção e medição quantitativa das respostas das interações da radiação eletromagnética com os materiais terrestres.

3 A ÁREA DE ESTUDO

Para a realização do projeto piloto para teste do procedimento e do algoritmo, foi selecionada a Usina Hidrelétrica (UHE) Cana Brava, localizada no rio Tocantins, estado de Goiás, entre os municípios de Minaçu,

Cavalcante e Colinas do Sul. Foi o primeiro empreendimento da Engie no Brasil em geração de energia e entrou em operação comercial em 2002, sendo sua concessão válida até 2033. Com um reservatório de 139 km², a usina tem três unidades geradoras com turbinas verticais tipo Francis de 150 MW cada, que totalizam 450 MW de capacidade instalada, e apresenta uma garantia física de 260,8 MW médios para comercialização.

Com 16 anos de operação, pode-se considerar que os usos do entorno da UHE Cana Brava estão consolidados, sendo os mais representativos aqueles situados na área urbana de Minaçu, sítios de recreio na zona rural e pastagem para gado. A área de preservação permanente (APP) do reservatório se configura como bem preservada, apresentando a grande maioria de sua área recoberta por fitofisionomias nativas características do bioma cerrado, sendo importante a presença da Área de Proteção Ambiental (APA) de Pouso Alto, que coincide seu limite com 27,3% da APP de 30 m da UHCB em trechos dos municípios Cavalcante e Colinas do Sul.

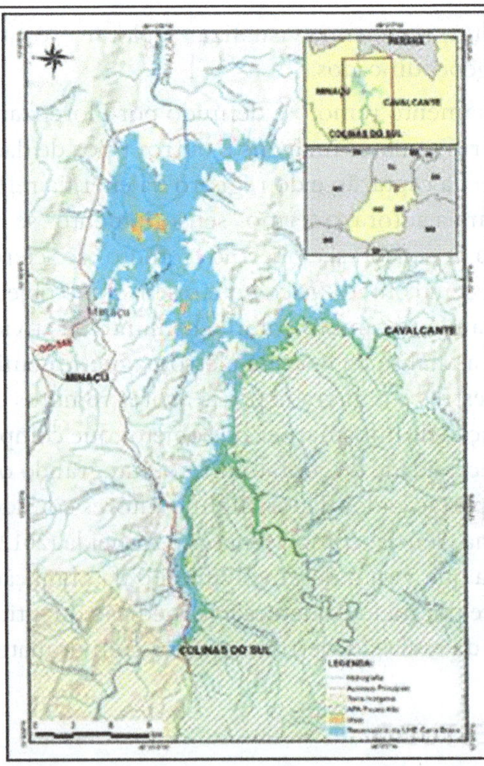

Figura 11.2 Mapa de localização do reservatório da UHE Cana Brava.

Fonte: PACUERA UHE Cana Brava.

Tabela 11.1 Ficha técnica da Usina Hidrelétrica Cana Brava.

Reservatório	
Área inundada	139 km^2
Volume total	2,3 × 10^9 m^3
Níveis do reservatório[1]	
Nível mínimo operacional	330 m
Nível máximo operacional	333[2] m
Nível máximo *maximorum*	334 m
Casa de máquinas	
Queda líquida nominal	43,1 m
Energia assegurada	273,5 MW médios
Capacidade instalada	450 MV
Turbinas Francis	3 de 150 MW cada
Tipo da casa de máquinas	Abrigado
Desvio do rio	
Adufas de desvio (comportas gaveta)	4 de 5,5 m cada × 11 m
Adufas de compensação (comportas vagão)	2 de 4 m × 6 m
Capacidade total de descarga das adufas	4.600 m^3/s
Vertedouro	
Vazão máxima excepcional	17.761 m^3/s
Nº e dimensões das comportas tipo segmento	6 comportas de 15 m × 20 m
Tomada d'água	
Vazão máxima por comporta	415 m^3/s
Nº e dimensões das comportas tipo vagão	3 vãos de 7,2 m × 10 m
Barragem	
Barragem central	Gravidade em concreto CCR
Barragem margem direita e esquerda	Enrocamento com núcleo de argila
Comprimento total	1.150 m
Entrada em operação	
Unidade 1	maio/02
Unidade 2	ago./02
Unidade 3	set./02
Concessão	
Validade	Até 2033

Fonte: PACUERA UHE Cana Brava.

4 METODOLOGIA

O piloto de monitoramento foi realizado mediante monitoramentos entre os meses de março de 2020 e abril de 2021, em uma área de 302 km^2, subdividida em área de visualização (302 km^2), área de monitoramento terrestre (163 km^2) e área de monitoramento aquático (144 km^2), contemplando o reservatório, seus entornos e a linha de transmissão. A atividade foi desenvolvida pela Santiago & Cintra Consultoria a partir de imagens obtidas pela constelação Planet, formada por 175 satélites, com quatro bandas multiespectrais, com resolução radiométrica de 12 bits, ortorretificadas com 3 metros de resolução espacial (com resolução espacial nativa de 4,5 metros em nadir). Foram aplicados periodicamente algoritmos precisos e com alto poder de configuração, trabalhando com níveis de sensibilidades e filtros específicos de tamanho e classe da mudança, a fim identificar as seguintes alterações:

Detecção de mudanças (supressão e regeneração de vegetação)

- Regeneração de vegetação: áreas de vegetação primária regenerada após eventos de queimada e/ou desmatamento e degradação e/ou limpeza de terreno, que voltam a ter resposta espectral compatível com vegetação sadia se regenerando.
- Supressão de vegetação: áreas correspondentes à vegetação primária suprimida no entorno do reservatório, englobando categorias como retirada de árvore, limpeza de terreno (para ocupação ou não), desmatamento e degradação.
- Detectadas alterações com dimensão mínima de 50 m^2.
- Periodicidade: mensal.

Detecção de ocupações irregulares

- Construções irregulares e/ou invasões estabelecidas no entorno do reservatório, caracterizadas como imóvel, casa, edifício ou galpão.
- Detectadas alterações com dimensão mínima de 50 m^2.
- Periodicidade: mensal.

Detecção de incêndios

- Áreas correspondentes a queimadas, de origem natural ou antrópica, ocorridas na vegetação do entorno do reservatório, confrontadas com os focos de queimada do banco de dados do Instituto Nacional de Pesquisas Espaciais, ocorridos no mesmo período do monitoramento de mudanças.
- Detectadas alterações com dimensão mínima de 0,3 hectare.
- Periodicidade: mensal.

Detecção de macrófitas

- Identificação de macrófitas superficiais na lâmina d'água do reservatório baseada na análise e interpretação de elementos como cor, tonalidade, textura, formato e comportamento espectral.
- Detectadas alterações com dimensão mínima de 0,3 hectare.
- Periodicidade: semestral.

Para detecção de mudanças no entorno do reservatório, com frequência de monitoramento mensal, foram utilizadas duas coberturas de imagens que correspondem a 2 meses sequenciais, a fim de se detectarem as mudanças ocorridas em relação ao anterior. Para detecção de macrófitas superficiais, foram realizados monitoramentos semestrais, nos meses de agosto de 2020 e janeiro de 2021.

Para a detecção de mudanças, as imagens foram processadas utilizando-se índices de vegetação e para a detecção de macrófitas, as imagens que recobrem a lâmina d'água foram categorizadas utilizando-se algoritmo de classificação supervisionada, a fim de identificarem na cena diferentes classes, como água limpa, água túrbida e macrófitas, a partir da seleção de amostras na imagem.

Em seguida, as imagens passaram pelo processamento de segmentação, que consistiu em dividi-las em conjuntos de pixels semelhantes (múltiplas regiões) conforme parâmetros ajustados para a área de interesse. As imagens segmentadas foram convertidas para vetor e cada conjunto de pixels homogêneos gerou um polígono, que é representante do grupo de pixels com resposta espectral similar. Os polígonos resultantes constituíram a base para a identificação das mudanças ocorridas nas imagens analisadas.

Cada mudança de uso e cobertura e de macrófitas detectada foi associada a um polígono gerado no processo de segmentação. Após a finalização da etapa de detecção pelos algoritmos, foram feitas as análises de criticidade e identificação da zona, de acordo com o PACUERA (Plano Ambiental de Conservação e Uso do Entorno do Reservatório), em que as mudanças ocorreram. Além disso, foi realizado controle de qualidade das detecções, com a verificação da ocorrência de falso-positivos e demais problemas, como névoas, nuvens e sombras nas imagens.

Como produtos, foram gerados arquivos vetoriais com os polígonos detectados contendo informações de localização, identificação, classe e categoria, relatórios síntese com estatísticas descritivas e mapas das detecções.

A partir dos resultados do monitoramento, foram realizadas verificações mensais *in loco* nas áreas de APP e de linha de transmissão, pela equipe de campo da Engie, permitindo a realização da etapa de validação e do cálculo dos indicadores que mediram a eficiência do monitoramento quanto à sua assertividade. Essa metodologia desenvolvida e aplicada no projeto está ilustrada na Figura 11.3.

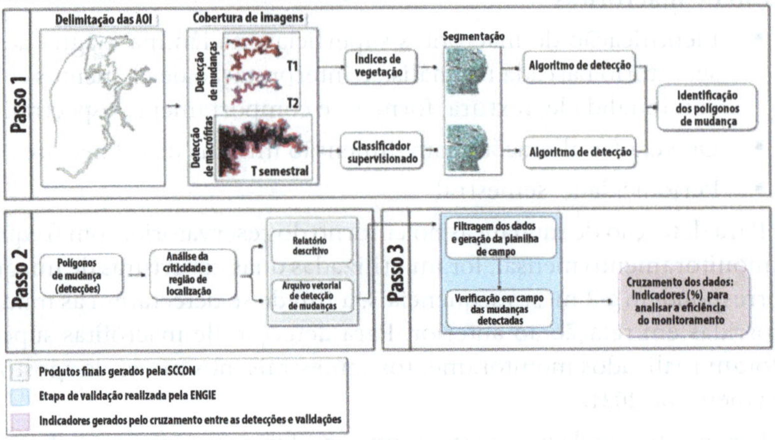

Figura 11.3 Fluxograma dos passos envolvidos na metodologia adotada no projeto.

Fonte: Santiago & Cintra Consultoria.

5 RESULTADOS

Para avaliar o desempenho do serviço de detecção de mudanças de uso e cobertura do solo, foram utilizados os seguintes indicadores:

- Eficiência do monitoramento: porcentagem de assertividade das detecções apontadas.
- Eficiência do monitoramento considerando-se a classe detectada: porcentagem de assertividade das classes associadas às mudanças detectadas.
- Confiabilidade dos dados cartográficos: porcentagem de divergência da localização das detecções em campo.
- Confiabilidade dos dados cartográficos considerando-se o erro padrão (E.P.) inerente ao monitoramento (tanto remoto como em campo).
- Confiabilidade do algoritmo considerando-se mudanças não identificadas: porcentagem de mudanças observadas nas verificações em campo, mas não detectadas pelo algoritmo.
- Eficiência do imageamento: avaliação (por meio do arquivo UDM – *Unusable Data Mask*) da cobertura de nuvens sobre a área monitorada em todo o período de realização do projeto, que se associa à frequência de imageamento dos satélites na área.

O EP envolvido no monitoramento levou em consideração a precisão da base cartográfica e o erro padrão da escala de 1:10.000, para o PEC Classe A (Decreto n. 89.817 de 20 de junho de 1984) utilizada para delimitar a APP em campo (3 m ≤ EP ≤ 6 m), a acurácia posicional das imagens PlanetScope segundo as especificações técnicas de produto da Planet Labs (RMSE ≤ 10 m) e a precisão de coleta dos pontos com GPS utilizado em campo para as vistorias (precisão de 3 m, modelo Garmin Etrex 10).

A Tabela 11.2 relaciona os indicadores do trabalho, suas respectivas descrições e como foram calculados.

Tabela 11.2 Descrição dos indicadores considerados para avaliar a eficiência e a confiabilidade dos serviços de monitoramento e detecção de mudanças de uso e cobertura do solo.

Indicador	Descrição	Equação
Eficiência do monitoramento	Relaciona os polígonos identificados na Região 1 (APP) e Região 4 (LT) no monitoramento e os polígonos validados na vistoria em campo	**Eficiência =** $\frac{\text{N. polígonos detectados}}{\text{N. polígonos validados}}$
Eficiência do monitoramento – Classe detectada	Entre os polígonos validados, relaciona aqueles que não apresentaram divergência de classe em campo quanto à classe detectada no monitoramento	**Eficiência classe =** $\frac{\text{N. polígonos sem divergência de classe}}{\text{N. polígonos validados}}$
Confiabilidade cartográfica	Entre os polígonos validados, relaciona aqueles que apresentaram divergências de localização em campo em relação às coordenadas apresentadas pelo monitoramento	**Confiabilidade cartográfica =** $\frac{\text{N. polígonos sem divergências de localização}}{\text{N. polígonos validados}}$
Confiabilidade cartográfica (EP)	Entre os polígonos que apresentaram divergências de localização em campo, relaciona aqueles com o deslocamento menor do que o erro-padrão	**Confiabilidade cartográfica =** $\frac{\text{N. polígonos com deslocamento} < \text{EP}}{\text{N. polígonos validados com divergências}}$
Confiabilidade do algoritmo – Mudanças não identificadas	Entre as mudanças verificadas em campo, relaciona as que não foram detectadas pelo algoritmo	**Confiabilidade algoritmo =** $\frac{\text{N. polígonos validados}}{\text{Total de mudanças verificado}}$
Eficiência do imageamento – Nuvens	Entre a área total monitorada, relaciona aquelas que não apresentaram cobertura de nuvens ou sombras	**Eficiência imageamento =** $\frac{\text{Área sem cobertura de nuvens/sombras}}{\text{Área total monitorada}}$

Fonte: desenvolvida pela autoria do capítulo.

Os resultados dos indicadores foram utilizados para categorizar o serviço de detecções em: não viável para aplicação; intermediário; bom e eficiente.

Tabela 11.3 Classificação das percentagens calculadas para os indicadores utilizados na avaliação do serviço de detecção.

≤ 50%	Não viável para aplicação
> 51 ≤ 80%	**Intermediário:** necessita de ajustes do método/ferramenta
> 81 ≤ 95%	**Bom:** necessita de pequenos ajustes no método/ferramenta
≥ 95%	**Eficiente**

Fonte: desenvolvida pela autoria do capítulo.

Os resultados obtidos a partir da aplicação do algoritmo de detecção automática de mudanças nos monitoramentos totalizaram 159 detecções, das quais 141 foram confirmadas durante as vistorias de campo. A assertividade do monitoramento para todo o período do projeto quanto ao indicador de eficiência foi de 88,68% (Tabela 11.4). Em relação ao indicador de divergência de classe, 98,58% das classes detectadas foram compatíveis com as classes de mudança observadas e validadas em campo (Tabela 11.5).

Tabela 11.4 Indicador de eficiência.

Eficiência do monitoramento	Quantidade de polígonos detectados	Quantidade de polígonos (detecções) validados	% de eficiência
	159	141	88,68

Fonte: desenvolvida pela autoria do capítulo.

Tabela 11.5 Indicador de eficiência da classe detectada.

Eficiência do monitoramento de acordo com a classe detectada	Quantidade de polígonos (detecções) validados	Quantidade de polígonos (detecções) validados com classe validada	% de eficiência
	141	139	98,58

Fonte: desenvolvida pela autoria do capítulo.

Entre as 141 detecções validadas, 70 detecções apresentaram divergências em campo quanto à região de localização das coordenadas do centroide, resultando em 50,35% para o indicador de confiabilidade cartográfica (Tabela 11.6).

Tabela 11.6 Indicador de confiabilidade cartográfica.

Confiabilidade cartográfica	Quantidade de polígonos (detecções) validados	Quantidade de polígonos que não apresentaram divergências em campo	% de confiabilidade
	141	71	50,35

Fonte: desenvolvida pela autoria do capítulo.

Todos os casos de divergência citados ocorreram em polígonos de detecções localizados na intersecção entre a Região 1 (APP) e Região 2. Assim, as mudanças em questão foram validadas em campo, sendo, entretanto, apontadas como localizadas fora da Região 1. As divergências foram verificadas individualmente a partir da medição da distância do centroide do polígono de detecção (coordenadas X e Y utilizadas pela equipe de campo para localização da mudança) à linha da Região 1. Por meio dessa análise, verificou-se que 64, do total de 70 detecções, se mantiveram dentro do EP. Vale também pontuar que 53 detecções ficaram abaixo do EP mínimo. Além disso, os seis polígonos que tiveram distâncias maiores que o EP apresentaram centroides fora de seus limites devido ao formato do polígono, justificando, assim, as divergências de localização observadas em campo. Após a verificação, o indicador de confiabilidade cartográfica considerando o EP foi calculado, resultando em 91,43% de confiabilidade (Tabela 11.7).

Tabela 11.7 Indicador de confiabilidade cartográfica considerando o EP.

Confiabilidade cartográfica considerando o EP	Quantidade de polígonos (detecções) validados com divergência em campo	Apresentaram distância < EP	% de confiabilidade
	70	64	91,43

Fonte: desenvolvida pela autoria do capítulo.

Quanto aos pontos não identificados pelo algoritmo, mas registrados em campo, um total de 11 modificações foram observadas em campo e não detectadas pelo algoritmo. Parte desses pontos correspondeu a ocupações que já haviam sido registradas em anos anteriores, porém ocorreu inclusão de novas ocupações (Tabela 11.8).

Tabela 11.8 Indicador de confiabilidade do algoritmo quanto à não identificação de alterações.

Confiabilidade do algoritmo considerando mudanças não identificadas	Quantidade de polígonos validados em campo	Quantidade de polígonos que deveria ter sido detectada (detecções validadas + pontos identificados em campo)	% de confiabilidade do algoritmo
	141	152	92,76%

Fonte: desenvolvida pela autoria do capítulo.

A eficiência de imageamento, medida por meio do somatório das áreas sem cobertura de nuvens e/ou sombras das imagens utilizadas durante todo o período de monitoramento sobre a área do projeto, foi de 99,36% (Tabela 11.9). Esse resultado se associa à grande capacidade de cobertura territorial de uma mesma área apresentada pela constelação de satélites PlanetScope.

Tabela 11.9 Indicador de eficiência do monitoramento considerando a % de cobertura de nuvens nas imagens PlanetScope sobre a AOI.

Eficiência do imageamento – Cobertura de nuvens nas imagens	Área total imageada (km^2)	Área imageada sem cobertura de nuvens/sombra (km^2)	% de eficiência
	1.956,00	1.943,10	99,34

Fonte: desenvolvida pela autoria do capítulo.

A Tabela 11.10 sintetiza os quantitativos identificados.

Tabela 11.10 Síntese dos quantitativos identificados.

	Número de polígonos
Detectados	159
Validados	141
Com classe validada	139
Com divergência em campo	70
Com divergência em campo (dentro do EP)	64
Identificados somente em campo	11

Fonte: desenvolvida pela autoria do capítulo.

6 CONSIDERAÇÕES FINAIS

O monitoramento contínuo, sistemático e automatizado da dinâmica de ocupação do entorno dos reservatórios representa um instrumento de destacada importância para a gestão fundiária. O sucesso na mediação dos conflitos entre as demandas socioeconômicas e a conservação ambiental depende essencialmente do conhecimento da realidade e da participação dos atores envolvidos; dessa forma, a implementação de sistemas bem estruturados fornece informações espaciais detalhadas e atualizadas sobre a dinâmica das ocupações irregulares e das alterações da cobertura vegetal nas bordas de reservatório, aperfeiçoando a gestão fundiária.

A aplicação de ferramentas adequadas como os Sistemas de Informação Geográfica e o Sensoriamento Remoto permite grande acessibilidade de dados a custos relativamente baixos. Os SIG têm papel relevante na gestão ambiental por facilitarem o gerenciamento de informações espaciais e permitirem a elaboração de diagnósticos e prognóstico, subsidiando a tomada de decisões. Já o sensoriamento remoto, devido à rapidez e periodicidade na obtenção de dados primários sobre a superfície, representa uma das ferramentas de gestão mais eficazes e principal fonte de dados na aplicação de detecção de alterações de uso e cobertura. A aplicação do Sensoriamento Remoto possibilita o mapeamento das áreas conforme sua criticidade e ocupação da terra, o planejamento, a análise limnológica dos reservatórios, a análise de suscetibilidade ambiental, entre outras aplicações, visando a otimização de recursos e atendimento pleno das necessidades e dos requisitos ambientais e regulatórios.

No projeto piloto aplicado na UHE Cana Brava, foi possível identificar a pressão de uso existente sobre o entorno do reservatório, especialmente na APP e faixa de servidão, de acordo com cada classe de mudança; detectar novas ocorrências de macrófitas em pontos antes não vistoriados pela equipe de campo; e especializar as alterações de acordo com as zonas de criticidade. Sendo assim, podem-se levantar os seguintes pontos positivos:

- Alta assertividade do algoritmo em detectar mudanças no uso e cobertura do entorno do reservatório e alta eficiência em identificar o tipo de classe de mudança.
- Alta confiabilidade dos dados cartográficos, atingindo eficiência nas validações das detecções realizadas em campo. As divergências observadas em campo se mostraram, em sua maioria absoluta, menores do que o valor mínimo de EP, caracterizando erro sistemático inerente à metodologia utilizada nas detecções e validações.
- Alto potencial para monitoramento da área baseado na capacidade de revisita diária na área de interesse, associada à qualidade das imagens e ao nível de detalhamento da imagem da constelação de satélites PlanetScope.

- Resolução espacial das imagens utilizadas compatível com a necessidade de monitoramento da área de interesse, tendo em vista que a maioria absoluta das mudanças apresentaram áreas significativamente maiores que a área mínima de detecção.
- Frequência de monitoramento empregada adequada às particularidades das mudanças de uso e cobertura da área em questão, visto que os registros resultantes do monitoramento *in loco* não apresentaram volume significativo nos períodos entre os monitoramentos remotos realizados.

Sendo assim, de forma geral, a aplicação de geotecnologias permite:

(1) Otimizar o processo de monitoramento de áreas no entorno de reservatórios.

(2) Direcionar o planejamento logístico e a forma de atuação no controle de intervenções com alta criticidade.

(3) Reduzir os custos com fiscalização.

(4) Manter atualizada a base de dados com imagens de satélite.

(5) Compreender a dinâmica do reservatório.

(6) Identificar tendências de ocupação.

(7) Prever os impactos em decorrência destas intervenções.

(8) Compartilhar os resultados com órgãos ambientais, federais e municipais.

(9) Subsidiar órgãos fiscalizadores na tomada de decisão em temas ambientais compartilhados com a Companhia.

(10) Reduzir a exposição ao risco de saúde e garantir a segurança do trabalho. Dessa forma, se constituem como ferramentas de enorme importância para a gestão fundiária de empreendimentos do setor elétrico.

REFERÊNCIAS BIBLIOGRÁFICAS

ARONOFF, S. *Geographic information systems*: a management perspective. Ottawa: WDL Publications, 1989. 295 p.

BURROUGH, P. A. *Principles of geographical information systems for land resources assessment*. Oxford: Clarendon Press, 1986. 193 p.

FLORENZANO, T. G. *Iniciação em sensoriamento remoto*. 2. ed. São Paulo: Oficina de Textos, 2007.

KONECKY, G. *Geoinformation*: remote sensing, photogrammetry and geographic information systems. Londres; Nova York: Taylor and Francis, 2003. 248 p.

MAGUIRE, D.; GOODCHILD, M.; RHIND, D. (eds.). *Geographical information systems:* principles and applications. Nova York: John Wiley and Sons, 1991.

MENESES, P. R.; ALMEIDA, T. (org.). *Introdução ao processamento de imagens de sensoriamento remoto*. Brasília: Conselho Nacional de Desenvolvimento Científico e Tecnológico, 2012. v. 1. 266 p.

MORAES, E. C. *Fundamentos de sensoriamento remoto.* São José dos Campos: Instituto Nacional de Pesquisas Espaciais, 2002, 23 p.

ZAIDAN, R. T. Geoprocessamento: conceitos e definições. *Revista de Geografia – PPGEO-UFJF*, Juiz de Fora, v. 7, n. 2, p. 195-201, 2017.

12

A INFORMAÇÃO GEOGRÁFICA E SEUS IMPACTOS NA FORMA DE GERIR ATIVOS E PRIORIZAR AÇÕES NO SETOR ELÉTRICO NACIONAL

*Valéria Carazzai de Castro**

1 INTRODUÇÃO

Há alguns anos, os mapas impressos e desenhos em CAD eram os recursos utilizados para subsidiar as etapas de implantação de empreendimentos de energia, tanto na área de transmissão como na geração.

Com a chegada de aplicações como o Google Earth, que popularizou o acesso às imagens de satélites e ferramenta de vetorização baseada nestes, o planejamento de empreendimentos, em ambientes virtuais, tornou-se cada vez mais próximo da realidade de campo e, com isso, iniciava-se uma nova forma de compreensão e ordenação do espaço em torno dos empreendimentos de energia elétrica.

A partir de então, iniciava-se uma nova forma de acesso a dados espaciais, de forma que o usuário com uma conexão de internet seria capaz de acessar dados cartográficos, dados 3D e de GPS, sem possuir conhecimento específico destas tecnologias.

Paralelamente, órgãos oficiais como o Ministério de Meio Ambiente (MMA), Instituto Brasileiro do Meio Ambiente e dos Recursos Naturais Renováveis (Ibama), Instituto do Patrimônio Histórico e Artístico Nacional (Iphan), Fundação Nacional do Índio (Funai), Empresa Brasileira de Pesquisa Agropecuária (Embrapa), Instituto Nacional de Pesquisas Espaciais (Inpe), e

---

* Formada em Engenharia Cartográfica pela Universidade Federal de Pernambuco (UFPE). Mestre em Planejamento Urbano pelo Faculty of Geo-information Sciences and Earth Observation (ITC), Holanda. Atualmente gerente do Departamento de Geotecnologia da Companhia Hidroelétrica do São Francisco (CHESF). Coordenadora do Sistema de Informação Geográfica Corporativo da CHESF – Portal GEO.

tantos outros, aceleraram o compartilhamento de informações oficiais, imprescindíveis para o estudo e o planejamento do espaço geográfico, que será modificado pela implantação de empreendimentos do setor elétrico, e sua relação com o meio físico e biótico.

Com o avanço dos anos, a precisão das informações georreferenciadas relacionadas às representações de informações legais, informações técnicas e econômico-financeira vem sendo cada vez mais decisiva para a qualidade dos projetos e competitividade das empresas nesse setor.

Assim, o uso de sistemas de informação geográficas, como plataforma de planejamento, gestão da implantação, operação e manutenção dos ativos de energia elétrica, ganhou mais força e aceitação entre as empresas do setor elétrico nacional e vem se tornando uma metodologia eficaz nesses mesmos processos.

2 A INFORMAÇÃO GEOGRÁFICA E A PERCEPÇÃO DO ESPAÇO

Ainda é comum, nos dias de hoje, encontrarmos documentações baseados em relatórios textuais, planilhas e gráficos.

Esses produtos deveriam descrever, de forma detalhada, o ambiente de planejamento de projetos, de forma a gerar estatísticas e indicadores, com os quais podemos acompanhar processos e eventos, como o planejamento de um empreendimento; no entanto, quando necessitamos elaborar planos de ação, priorizar atividades e decidir sobre recursos, sentimos a ausência de um componente que nos traga o entendimento da contextualização do problema (relacionamentos), ausência esta que dificulta a visualização das ações necessárias num processo decisório.

A informação geográfica é o componente que traz essa característica para o ambiente de monitoramento e tomada de decisão.

Neste ambiente, trabalha-se com a possibilidade de sobreposição de várias temáticas, de visualização de fenômenos de causa e efeito, consequentemente potencializando a visão do problema, trazendo segurança e qualidade à informação e elevando o grau de assertividade para a tomada de decisão.

Os Sistemas de Informação Geográfica (SIG) contam com informações espaciais, assim como com informações técnicas, não espaciais, de forma a promover um ambiente em que se podem visualizar cenários simulando situações diversas, nas quais os *stakeholders* consigam, de forma fácil e precisa, ter a visão do seu melhor cenário.

3 O PROCESSO DE MUDANÇA E O AVANÇO TECNOLÓGICO

O uso de recursos tecnológicos, que requerem diferentes níveis de conhecimento para sua utilização, propõe um desafio grande. No caso do uso de informações espaciais, que, muitas vezes, impacta diversos processos, ao mesmo tempo, não se trata de um processo simples. Quando implantamos um sistema de informação geográfica corporativo, é importante contar com uma transição entre as formas de executar os processos, antes e depois dessa transição, oferecendo todos os recursos de capacitação para assegurar a adesão daqueles envolvidos, direta e indiretamente.

Há de se considerar os diferentes níveis de conhecimento e formação que se encontram numa empresa do setor elétrico e a definição clara dos papéis de cada um dos atores do processo.

O uso da informação geográfica apresenta uma forma inovadora de realizar diversas atividades, de forma menos onerosa e mais eficiente. Porém, também introduz a necessidade de uso de equipamentos e de sistemas que exigem graus diferentes de conhecimento para que sejam utilizados de forma adequada e promovam o resultado esperado para seus usuários e para as empresas.

Nesse sentido, como em qualquer processo de mudança que impacta o *status quo* e o uso de novos equipamentos, o surgimento da resistência é natural em parte da equipe técnica e, até mesmo, de alguns gestores envolvidos, que sejam direta ou indiretamente impactados.

Nesse momento, é importante a demonstração de resultados práticos. É necessário evidenciar como o uso da tecnologia e os impactos positivos que ela traz, para os processos estratégicos, as oportunidades de evolução pessoal e profissional que poderão trazer benefícios diretos na forma de realização das tarefas, na economia de tempo e recursos financeiros e como se pode agregar ainda mais valor, realizando etapas que antes eram impossíveis de serem pensadas em razão da ausência de recursos e tempo.

Nesse ponto, a apresentação de um projeto piloto, demonstrando as diferentes etapas e os impactos práticos alcançados e os potenciais usos, pode ser uma ferramenta didática e de fácil compreensão para o engajamento dos envolvidos.

É importante ter a compreensão de que um processo de mudança, por mais bem definido, transparente, alinhado ao planejamento estratégico e às metas da empresa, compõe apenas o caminho racional deste processo. É necessário ter ações empáticas, levantar as necessidades diferentes de cada um e prever ações participativas e o envolvimento de todos, de forma a gerar um senso comum de pertencimento.

Cabe lembrar que todo processo de avanço tecnológico tem uma característica de continuidade e, por isso, é necessário revisitar os estímulos às equipes e a seus componentes, mesmo depois da conclusão de sua implantação, para garantir sua atualização e evolução permanente.

Temos de lembrar que a tecnologia avança, mas que os processos impactados por ela têm as pessoas como parte indispensável para seu sucesso.

No sistema elétrico brasileiro, há de ressaltarmos o papel de instituições a exemplo dos órgãos licenciadores e reguladores, como grandes fomentadores do avanço tecnológico e das mudanças nos processos de gestão de ativos.

Hoje, o setor elétrico busca uma evolução em ritmo acelerado, desenvolvendo aplicações que promovam maior eficiência e possibilitem a redução de custos, ao mesmo passo em que aumenta a produtividade das suas equipes. Isso só é possível devido à capacidade desses sistemas de promover um ambiente adequado, em que o planejamento está mais próximo da realidade de campo, tendo como consequência direta a redução do tempo para execução desta etapa do processo, com maior assertividade das ações preventivas e corretivas e melhor organização e gestão das equipes, promovendo a manutenção do foco em atividades estratégicas.

Esse avanço tecnológico torna os processos de coleta, registro e processamento de dados técnicos mais rápidos e seguros, oferecendo às equipes uma forma mais adequada de gestão da informação, um acesso mais amigável e eficiente, de forma que a disponibilização dessas informações seja possível num período muito menor de tempo, quando isso não seja possível de forma *online*, o que já é o resultado desejado.

4 O USO DA INFORMAÇÃO GEOGRÁFICA E SEUS IMPACTOS NAS VÁRIAS FASES DOS ATIVOS DE ENERGIA

Ao planejar a implantação de uma linha de transmissão ou mesmo de uma usina hidrelétrica, parque eólico ou usina solar, precisamos, minimamente, avaliar o espaço geográfico do seu entorno e todas as restrições legais no estudo de localização desses empreendimentos. Só depois disso, partimos para avaliarmos técnica e financeiramente a sua viabilidade.

Começando pela fase de planejamento, o uso da informação espacial, em particular dos sistemas de informação geográfica, introduz uma forma cognitiva e amigável de elaboração de cenários, de forma a apresentar alternativas que poderão ser avaliadas nos quesitos de locação do empreendimento, assim como para a avaliação de quesitos técnicos e financeiros.

Na legislação ambiental vigente, existem vários fatores impeditivos que devem ser avaliados, e alguns deles com critérios como distância mínima ao empreendimento que deve ser resguardada. O ambiente computadorizado fazendo uso do SIG torna-se, então, um ambiente favorável e com todos os requisitos para este tipo de avaliação. Nele, torna-se possível analisarmos temas simultâneos, definirmos situações restritivas e proibitivas e subsidiarmos as áreas de projeto e financeira com alternativas executáveis, mas que podem ser avaliadas sob a ótica mais competitiva para a empresa.

O uso desses recursos vem contribuindo para a melhoria da metodologia de prospecção de novos negócios e para a elevação da qualidade dos projetos de engenharia, de forma a reduzir custos e diminuir os prazos de implantação destes. A razão para isso é que a experiência vivenciada pelas empresas e a escolha baseada nos cenários disponíveis impactam o processo de tomada de decisão, promovendo maiores assertividade e segurança nas informações oferecidas, sem falar na possibilidade do monitoramento das diferentes fases de implantação dos empreendimentos.

Com o objetivo de aumentar a eficácia das ações de implantação, monitoramento e operação dos ativos de energia, a construção de sistemas de informação geográfica corporativo vem ganhando espaço nas empresas, tornando-se uma ferramenta decisiva para o ganho de eficiência e competitividade.

Na Figura 12.1, temos um resumo do uso do SIG nas diferentes fases de um projeto de energia elétrica.

Nas fases de implantação, durante as obras, o uso do SIG vem mostrando sua utilidade no acompanhamento das diversas fases do cronograma, proporcionando, em aplicações mais avançadas, uma forma de mensuração e avaliação dos serviços realizados, assim como monitoramento do cumprimento do cronograma conforme planejado, tornando-se uma ferramenta para gestão dos contratos e do cumprimento dos itens de contrato.

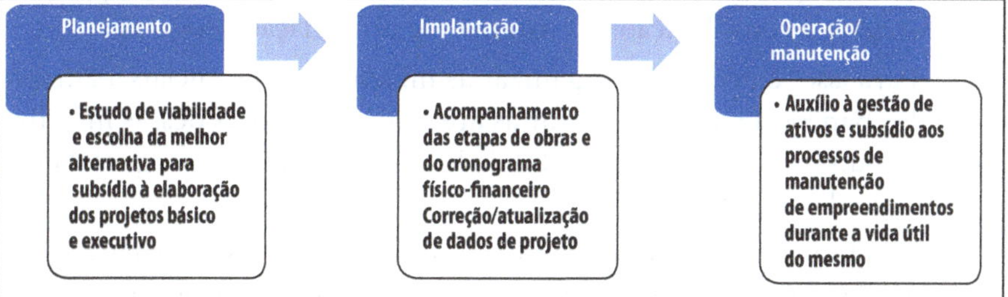

Figura 12.1 Utilização do SIG nas diferentes etapas de projetos de energia elétrica.

Durante a manutenção e operações dos ativos de uma empresa, os sistemas de informação geográfica são usados como ferramenta de planejamento para monitoramento da vegetação, subsidiando plano de cortes seletivos, mapeamento de áreas de erosão, identificação de áreas de risco de inundação, monitoramento de áreas de invasão (ocupações irregulares), entre outros.

Uma característica importante no uso do SIG para esta fase da vida útil do ativo é que a informação espacial permite que as informações sejam consultadas de forma concomitante, ou seja, o sistema representa as diversas informações em camadas, mostrando seus relacionamentos e a possibilidade de criar cenários de planejamento de diversas ações para escolha de melhor solução. Assim, são feitas as aplicações de roteamento, por exemplo, em que o acesso a um ponto, partindo de uma certa origem, é dado pela rota que leve menos tempo, de acordo com as condições num dado momento.

5 A QUALIDADE DA INFORMAÇÃO PARA ALIMENTAÇÃO DOS SISTEMAS DE INFORMAÇÃO GEOGRÁFICA

É preciso ressaltar que a qualidade do SIG depende da qualidade da informação geográfica que o alimenta, da precisão dos dados ali representados e da disponibilidade das informações necessárias, de forma a garantir um processo íntegro atualizado, e a sua disponibilidade, a qualquer momento, aos usuários finais. Outras questões relevantes para o sucesso da implantação de um SIG corporativo são a participação dos profissionais com conhecimento sobre as etapas aqui relacionadas e o entendimento da potencialidade da ferramenta pelos clientes finais. Por esse motivo, assim como no emprego das diversas tecnologias de ponta, a construção de um SIG passa pela multidisciplinaridade do processo participativo, em que todos os níveis de conhecimento, sobre o negócio e a ferramenta, devem ser reunidos em função da elaboração das aplicações específicas.

É comum em empresas técnicas, como as do setor elétrico, existirem registros múltiplos sobre a mesma informação. Esse problema representa um risco para a consolidação dos sistemas de informação geográfica.

Para isso, é necessário organizar as informações essenciais à alimentação dos bancos de dados e definir as áreas mantenedoras dessas informações, atribuindo a elas a responsabilidade da disponibilização, qualidade e atualização da informação.

Tão importante quanto as informações espaciais, as informações técnicas, não espaciais, representam uma relevante fonte de dados que podem influenciar de forma determinante uma tomada de decisão.

Sendo assim, para construção de um sistema de informação geográfica corporativo eficiente, temos de garantir a qualidade dos seus dados espaciais por meio da avaliação e validação destes e dos dados técnicos, promovendo um ambiente inovador, eficiente e seguro.

6 OS SISTEMAS DE INFORMAÇÃO GEOGRÁFICA E O DOMÍNIO DO CONHECIMENTO TÉCNICO ESPECÍFICO

> "Pelo conjunto de seus sistemas, o SIG pode ser considerado como uma das principais ferramentas de análise de sistemas, como definidas por Grigg (1996), pois consiste num ambiente de armazenamento, tratamento e manipulação de dados, aplicação de modelos e processamento de séries temporais, onde é possível visualizar cenários passados, atuais e simular cenários futuros" (ROCHA, 2021, p. 5).

No entanto, a mudança dos processos na utilização das ferramentas computacionais depende do conhecimento técnico específico das diversas áreas que compõem as equipes multidisciplinares responsáveis pelas aplicações desenvolvidas e pelas informações que as alimentam.

O uso de informações espaciais requer um conhecimento específico como topografia, sensoriamento remoto, geodésia, banco de dados, assim como todo o conhecimento das áreas técnicas que fazem parte do processo ou que fazem uso da ferramenta. No sistema elétrico, especificamente, em cada área, distribuição, transmissão, geração, gestão de ativos, fundiário, é necessário um aprofundamento técnico naqueles setores responsáveis pela gestão de cada um desses processos.

Por isso, o sucesso do uso das aplicações utilizando dados geográficos depende de uma equipe na qual a multidisciplinaridade seja imprescindível, sendo a soma dos conhecimentos o detalhe mais crítico e determinante para se ter um bom sistema de suporte à tomada de decisão.

Segundo ROCHA (2021, p. 6): "Logicamente o sistema depende de sua interação com o analista e o tomador de decisão, que é quem interpreta os resultados gerados, colocando toda a sua experiência, juntamente com um processo de discussão com a comunidade ou seus representantes, para sintetizá-los e analisá-los, gerando informações e decisões que afetam esta comunidade e o meio ambiente ao seu redor". Dessa forma, o SIG fica caracterizado como um importante sistema de suporte à decisão.

Figura 12.2. SIG e o processo de tomada de decisão.

7 CONSTATAÇÕES E MELHORIAS

Nas várias aplicações vistas no setor elétrico, ainda é necessário maior desenvolvimento para a integração dos sistemas de informação geográfica e os sistemas legados de gestão de ativos, como o SAP.

Apesar de já existir tecnologia que integre esses sistemas com as plataformas de SIG, o desenvolvimento dos dois sistemas de forma paralela, não integrada, vem demandar esforço adicional e maior tempo de maturidade para vencer essa etapa do processo.

Muitas empresas ainda trabalham com esses sistemas de forma isolada, o que exige a geração de informações utilizadas como insumos no outro sistema, ocasionando retrabalho de forma frequente.

Com a integração entre esses sistemas, o fluxo da informação apresenta maior segurança e a garantia de se ter em mãos, a qualquer tempo, a informação mais atualizada.

Outro aspecto muito importante que foi citado é a necessidade de mudar o processo de coleta de dados, fazendo com que a entrada manual por intermédio de campos texto ou planilhas seja minimizada, de forma a reduzir os erros grosseiros existentes e garantir maior agilidade a esse processo. Outros benefícios da automatização da coleta de dados em campo são a padronização do processo e a carga desses dados diretamente nos sistemas de informação.

Por fim, a valorização do conhecimento técnico das áreas de negócio é uma condição imprescindível para alimentação e garantia de eficiência do SIG, pois, como objetivo primário, esses sistemas são construídos para prestar suporte e trazer integridade aos processos de tomada de decisão, envolvendo a gestão do ativo em todo o seu ciclo de vida, desde sua concepção até sua entrada em operação.

REFERÊNCIAS BIBLIOGRÁFICAS

BOLFE, E. L.; MATIAS, L. F.; FERREIRA, M. C. *Sistemas de informação geográfica*: uma abordagem contextualizada na história. 2021. Disponível em: file:///C:/Users/valeriag/Downloads/1775-Texto%20do%20artigo-38395-2-10-20200821.pdf. Acesso em: 25 abr. 2021.

ROCHA, J. V. *O sistema de informações geográficas no contexto do planejamento integrado de bacias hidrográficas*. 2021. Disponível em: https://www.unicamp.br/fea/ortega/livro/c20-sigpibh-jansle.pdf. Acesso em: 25 abr. 2021.

SOUZA, G. L. de.; CÂNDIDO, G. V. *Novas tecnologias*: mudanças na sociedade e suas influências no processo educacional. Disponível em: http://docplayer.com.br/66863524-Novas-tecnologias-mudancas-na-sociedade-e-suas-influencias-no-processo-educacional.html. Acesso em: 25 abr. 2021.

13

DESENVOLVIMENTO DE ALGORITMOS PARA DETECÇÃO AUTOMÁTICA DE MACRÓFITAS NO RESERVATÓRIO DA UHE ENGENHEIRO SOUZA DIAS (JUPIÁ)

*Andressa Muraro**
*Danielle Drago***
*Ronan Max Prochnow****

1 INTRODUÇÃO

A proliferação excessiva de macrófitas aquáticas em reservatórios hidrelétricos coloca em risco os múltiplos usos, assim como demanda custos significativos em tecnologias para a visualização, limpeza sistemática e corretiva por

---

* Graduada em Engenharia Cartográfica e de Agrimensura pela UFPR e Intercâmbio Acadêmico na Universidade do Porto – Portugal. Possui MBA em Gestão de Projetos pela FIEP. Como Pesquisadora no Instituto de Tecnologia para o Desenvolvimento (LACTEC) participou com destaque em projetos com aplicação de geotecnologias em gestão e monitoramento de linhas de transmissão e reservatórios, SIG, aerolevantamento convencional e por ARP, aplicações de sensoriamento remoto, levantamentos hidrográficos e topográficos. Recentemente, foi contratada pela Klabin S/A para atuar na área de planejamento florestal.

** Mestre em Engenharia Florestal e graduada em Engenharia Cartográfica, ambos pela UFPR e MBA em Gerenciamento de Projetos pela Universidade de Vila Velha (UVV) no ES. Apresenta experiência na área técnica de produção cartográfica, sobretudo em fotogrametria, sensoriamento remoto e geoprocessamento. Desde 2016 é pesquisadora no Instituto de Tecnologia para o Desenvolvimento (LACTEC), atuando majoritariamente na coordenação de projetos de P&D na área de Geossoluções.

*** Graduado Bacharel em Geografia pela UDESC, MBA em Gestão de Projetos pela Universidade Estácio de Sá e Diploma Executivo em Sustentabilidade pela Help University. Foi bolsista de P&D no Laboratório de Geoprocessamento da UDESC atuando em projetos da Tractebel Energia. Atuação profissional no setor elétrico desde 2011 como Analista SIG no Departamento de Engenharia Ambiental e Fundiária da Eletrobras Eletrosul, onde atuou com SIG aplicado a transmissão e geração eólica bem como com a implantação do COGEO – Comitê de Geoprocessamento e do GIS Corporativo. Atualmente Coordenador Corporativo de Meio Ambiente na CTG Brasil e líder técnico de projeto de P&D para o monitoramento espacial de macrófitas no reservatório da UHE Jupiá da mesma concessionária.

remoção mecânica. Nesse sentido, as concessionárias buscam cada vez mais o suporte da inovação para que suas rotinas incorporem o monitoramento e o controle com o objetivo de reduzir as operações não planejadas de vertimento para o desvio destas plantas da tomada d'água para os vertedouros.

Assim, foi realizado um amplo estudo no âmbito do programa de Pesquisa e Desenvolvimento ANEEL da concessionária CTG Brasil para o reservatório da Usina Hidrelétrica Eng. Souza Dias (Jupiá), com o objetivo de gerar uma metodologia para o manejo de bancos de macrófitas aquáticas flutuantes e submersas. Por conseguinte, nesse projeto se desenvolveu uma plataforma *web* que monitora a lâmina d'água a partir de imagens de satélite da missão Sentinel-2, contemplando todas as regiões do reservatório e proporcionando o monitoramento de forma automatizada em relação à ocupação de macrófitas submersas e emergentes/flutuantes. Nesse ambiente, o controle das condições físicas e biológicas para o possível desprendimento e deslocamento das plantas se dará por meio de alertas oriundos de parâmetros bio-ópticos, hidrológicos e hidrodinâmicos.

O reservatório da UHE Jupiá possui uma extensão de 330 km² e está localizado entre os estados de São Paulo e Mato Grosso do Sul, envolvendo os municípios de Andradina e Castilho (SP) e Três Lagoas (MS) (Figura 13.1). Inserida na Bacia Hidrográfica do Paraná, a represa é formada, principalmente, pelo rio Paraná, tendo dois importantes tributários: o rio Tietê (margem esquerda) e rio Sucuriú (margem direita). A usina foi concluída em 1974 e sua operação se dá com um volume de geração constante em fluxo de fio d'água, sendo mínimo o rebaixamento do nível do reservatório.

Jupiá vem sofrendo impactos, principalmente, devido à grande pressão antrópica que existe no entorno do lago e na Bacia do Rio Tietê, densamente ocupada e com predomínio da cultura da cana-de-açúcar para a indústria sucroalcooleira. Outro aspecto importante da área de estudo é a formação de reentrâncias, conhecidas na região como "lagoas" e que são áreas perenes e marginais. Estes locais abrigados são considerados verdadeiros "berçários" para a reprodução das espécies de macrófitas (Figura 13.1).

2 ESTUDOS AMBIENTAIS

Segundo Thomaz et al. (2009), uma cascata de sete reservatórios regula a comunidade de macrófitas aquáticas ao longo do rio Tietê. Nesta cadeia, os reservatórios iniciais são eutróficos, túrbidos e dominados pelas plantas flutuantes como *Eichhornia crassipes*, espécies de *Salvinia* e *Pistia stratiotes*. Já os localizados no final da cadeia, como o reservatório de Jupiá, são oligotróficos e as plantas submersas são dominantes (*Egeria najas*, *Egeria densa* e *Ceratophyllum demersum*). Entretanto, seu estudo apontou que a maioria das estações amostrais foi classificada como mesotrófico, com exceção da estação localizada na ponte do rio Tietê, classificada como oligotrófico, indicando que nos últimos anos ocorreu uma possível mudança no estado trófico do reservatório. De modo geral, os reservatórios tropicais são primeiramente colonizados por plantas aquáticas flutuantes devido ao *input* de nutrientes associado com as altas temperaturas. Quando o *input* de nutrientes diminui, as plantas flutuantes não são favorecidas e então se inicia a colonização de plantas submersas.

Para compreender o cenário recente de ocupação de macrófitas, além dos amplos estudos sobre os dados históricos e referenciais teóricos, foram estabelecidas atividades *in loco* que ocorreram ao longo dos anos de 2018 e 2019. Assim, a partir de levantamentos realizados em 6 campanhas de campo foi possível avaliar as alterações sazonais do reservatório no decorrer de aproximadamente um ano, gerando-se um diagnóstico ambiental. Estes estudos resultaram na avaliação da qualidade da água, sedimentos e na identificação das principais espécies de macrófitas submersas, flutuantes e emergentes com a estimativa de biomassa fresca.

Para avaliar a profundidade de ocupação e as alturas que as plantas alcançam no reservatório, bem como determinar o biovolume, foram realizados levantamentos hidroacústicos com a ecossonda BioSonics MX-200. Estas medições juntamente com os aerolevantamentos por ARP (aeronave remotamente pilotada) possibilitaram validar as classificações das áreas ocupadas por plantas aquáticas e provenientes das técnicas de sensoriamento remoto. Os voos com *drone*, também possibilitaram fotografar os berçários de macrófitas com uma alta resolução espacial, trazendo o alcance visual nas regiões de difícil acesso por barco.

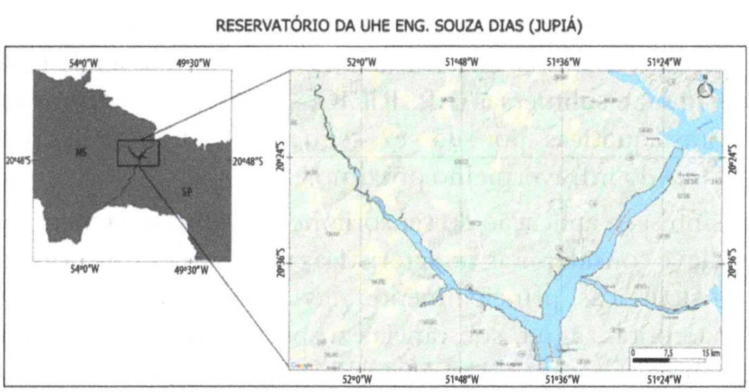

Figura 13.1 Localização da UHE Jupiá

Fonte: Lactec (2020).

Dentre os principais aspectos da qualidade da água e dos sedimentos de Jupiá, destacam-se a alta transparência do reservatório, as temperaturas propícias ao crescimento das macrófitas e a boa disponibilidade de nutrientes, principalmente no sedimento. De forma genérica, o reservatório dispõe de uma boa qualidade da água, com estado trófico classificado entre meso e oligotrófico, água transparente, levemente alcalina, oxigenada, com temperatura relativamente estável e sem sinais evidentes de limitação de nutrientes.

No levantamento florístico foram identificadas 17 espécies de plantas aquáticas, com predominância das submersas e flutuantes, tais como: *Egeria najas*, *Egeria densa*, *Ceratophyllum demersum*, *Pistia stratiotes*, *Eichhornia crassipes* e três espécies de *Salvínia*. Já as margens do reservatório e as ilhas no rio Tietê são ocupadas com densos povoamentos de *Typha domingensis*, a única espécie emergente. Nos períodos mais quentes do ano, a biomassa fresca das submersas tende a ser alta, especialmente no leito do rio Tietê e em suas áreas mais protegidas (lagoas ou berçários).

3 SENSORIAMENTO REMOTO E ÍNDICES ESPECTRAIS

Além dos estudos do ambiente em que as macrófitas estão inseridas também foi necessário entender a resposta espectral para a representação das mesmas a partir das imagens orbitais multiespectrais.

Em princípio, grande parte da radiação eletromagnética que incidente na água é absorvida. Nas regiões próximas a 0,48 µm existe uma alta transmitância na água, assim sendo, a luz nesse comprimento de onda consegue penetrar mais fundo em águas claras e puras.

Mesmo o reservatório dispondo de alta transparência, a área de estudo também exibe partículas dissolvidas ou em suspensão, as quais alteram a resposta espectral e a aparência da água. Desta forma, faz-se necessário dividir as análises das assinaturas espectrais de acordo com a posição das plantas e a profundidade em que se encontram no corpo hídrico, sendo emersas (ou ao nível da água) e submersas (APARICIO, 2007). As assinaturas espectrais das macrófitas aquáticas, por sua vez, seguem o padrão de maiores reflectâncias na faixa do infravermelho próximo.

Em síntese, a aplicação do sensoriamento remoto na identificação de macrófitas deve considerar as características peculiares de cada espécie e das alterações fisiológicas, principalmente, devido à mistura das respostas espectrais (macrófitas, água, substâncias suspensas, fundo do corpo hídrico etc.), entre outros fatores (BITTENCOURT; MANTELLI, 2015).

Para o alcance das cenas multiespectrais gratuitas mais aderentes aos propósitos de monitorar a dinâmica do reservatório, foram avaliados diversos sensores orbitais, tais como: Landsat-8, CBERS-4, TERRA, dentre outros. Por fim, a missão Sentinel-2 garantiu uma solução satisfatória na automação do ciclo de processamentos, pois suas imagens oferecem uma elevada qualidade radiométrica, bem como boa resolução espacial (10 metros), tornando-se bastante apropriadas para a obtenção de respostas espectrais das macrófitas aquáticas. Além disso, a periodicidade de imageamento com um satélite é de 10 dias no equador e 5 dias com 2 satélites, o que resulta em reocupações a cada 2 ou 3 dias nas latitudes médias.

Visando diferenciar as espécies numa imagem orbital, enfatiza-se a relevância das correções atmosféricas, as quais minimizam os efeitos ocasionados pela incidência de nuvens, vapor d´água, sombra e brilho do sol, com o objetivo de melhorar a acurácia dos dados quantitativos provenientes do sensoriamento remoto. Tais tratamentos nas imagens brutas envolveram a aplicação de algoritmos específicos de correção atmosférica, tais como: Acolite, iCOR e Sen2Cor. A validação destes foi realizada por meio da extração dos valores dos *pixels* de cada modelo, comparando-os com os dados da missão do Sentinel-3 através de análises de regressão linear e dos valores das raízes quadradas dos erros quadráticos médios (RMSE). Os satélites do programa Sentinel-3 são específicos para monitoramentos de águas continentais e oceânicas e, mesmo com uma resolução espacial de aproximadamente 300 metros, suas bandas espectrais têm valores similares aos do Sentinel-2 e Landsat-8. Assim, esta metodologia evitou o uso de espectrorradiômetros, equipamentos que medem a refletância em campo, mas que demandam elevados custos. Nos resultados, o programa Acolite apresentou uma vantagem devido aos seus processos incluírem a correção do efeito de Brilho do Sol (*Sun Glint*) (Figura 13.2).

Figura 13.2 Efeito de *Sun Glint* (à esquerda, manchas brancas) e correção atmosférica do Acolite (à direita)

Fonte: Lactec (2019).

Em paralelo, foram amplamente testados diversos métodos de classificação supervisionada até o alcance do mais satisfatório, cuja verdade terrestre foi conferida pelos pontos amostrais provenientes das diversas campanhas de campo. Esta atividade consiste em definir áreas de treino através da identificação por imagens aéreas ou fotografias terrestres da região, informando essas amostras ao computador. Diante dessa informação, os valores correspondentes às categorias são usados para cálculos de parâmetros estatísticos e, assim, aplicados em regras de decisão que determinam as classes de cada pixel presente na imagem. As etapas desse processo, portanto, envolvem: (1) Definição das classes; (2) Coleta das amostras de treinamento; (3) Análise da distinção entre as respostas espectrais das classes.

A separabilidade espectral no reservatório de Jupiá possibilitou o reconhecimento de 3 classes: Água (1), Macrófitas Submersas (2) e Macrófitas Emergentes e Flutuantes (3) (Figura 13.3).

Figura 13.3 Classes definidas para separabilidade espectra.

Fonte: Lactec (2018).

As classificações, portanto, representam alvos da superfície terrestre com determinadas generalizações, isto é, imagens orbitais com as características da missão Sentinel-2 não permitem distinguir os diferentes comportamentos das macrófitas emersas, seja flutuante ou emergente, por causa das suas semelhanças espectrais. Assim, a identificação de plantas aquáticas de um reservatório pode não ser determinada de modo preciso, onde muitas vezes são alcançados resultados generalizados na definição desses alvos, como a determinação do corpo d'água do reservatório e possíveis áreas infestadas por macrófitas. Outro limitante é a própria resolução espacial da imagem orbital, nesse caso de 10 metros, que pode causar omissões ou inclusões inadequadas entre as classes. Observou-se ainda que outra situação na qual não é possível discriminar as macrófitas submersas das demais categorias, é quando as mesmas estão no nível d'água, repercutindo para a classe "Macrófitas Emergentes e Flutuantes" conforme mostra a Figura 13.4.

Figura 13.4 Exemplo de generalização do sensoriamento remoto em relação às classes.

Fonte: Lactec (2019).

Durante o processo de classificação das macrófitas emersas (emergentes + flutuantes) e submersas, foram analisados os melhores descritores, tais como os índices espectrais. Estes têm por objetivo aplicar princípios da álgebra de mapas aos valores encontrados nas imagens de sensoriamento remoto, propiciando salientar a resposta das plantas aquáticas. A Figura 13.5 demonstra alguns dos índices avaliados.

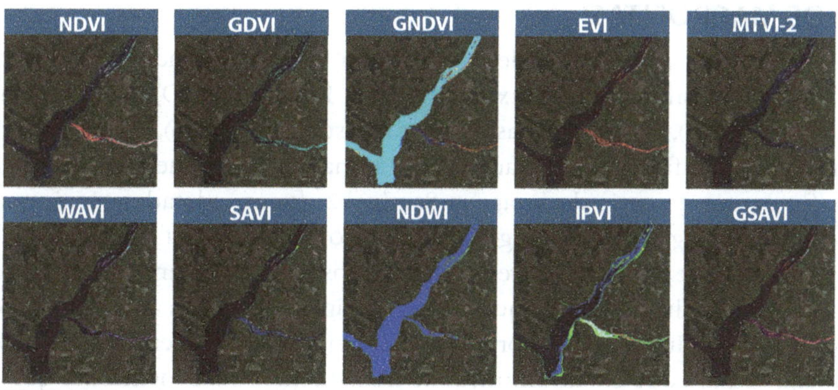

Figura 13.5 Exemplos de índices espectrais avaliados na pesquisa.

Fonte: Lactec (2018).

Os estudos foram promovidos especialmente com as imagens do Sentinel-2 e envolvendo os períodos de aquisição próximos às campanhas de campo e também um conjunto de outras datas, compondo-se uma série histórica desde 2016 até o período presente da pesquisa. De forma geral, o fator sazonalidade mostrou que houve crescimento de macrófitas da 1ª campanha (junho/2018) até a 5ª campanha (fevereiro/2019), principalmente das submersas, pois as emersas (emergentes e flutuantes) ficam condicionadas a deslocamentos devido à chuva e vazão. As fotografias e dados obtidos *in loco* consolidaram os resultados dos índices espectrais, evidenciando os que indicam de forma coerente os locais mais críticos em termos de infestação por macrófitas emergentes, flutuantes e submersas. Contudo, ressalta-se a dificuldade na limiarização entre as classes nos diferentes cenários de aquisição de imagens, em razão da interferência de condições climáticas. Concluiu-se que os índices que oferecem melhores resultados na classificação de macrófitas foram o NDWI (*Normalized Difference Water Index*), NDVI (*Normalized Difference Index*); GNDVI (*Green Normalized Difference Index*) e GSAVI (*Green Soil Adjust Vegetation Index*).

A extração das assinaturas espectrais médias empregadas nos estudos e as validações através da matriz confusão foram aplicadas para corroborar o exposto. Pelo gráfico das assinaturas espectrais, nota-se que a região do visível (RGB) apresentou pouca separabilidade entre as classes. Já no NIR (Infravermelho Próximo) as macrófitas emergentes e flutuantes apresentaram uma resposta espectral mais acentuada, e quando inseridos os índices (GNDVI, NDVI e NDWI), como descritores da classificação, a distinção entre as classes foram realçadas (Figura 13.6).

4 ALGORITMOS DE CLASSIFICAÇÃO AUTOMÁTICA DE MACRÓFITAS

Diversos algoritmos de classificação foram avaliados, tais como Máxima Verossimilhança (MaxVer), Mínima Distância (MD), Vizinho mais próximo (KNN), K-médias (Classificador não supervisionado). Por fim, com o intuito de identificar de forma automática as macrófitas submersas e emergentes/flutuantes a partir de imagens Sentinel-2, foram adotadas técnicas de *Machine Learning* com o emprego do algoritmo *Random Forest* (RF). O foco do "aprendizado de máquina" é treinar algoritmos para aprender padrões e fazer previsões a partir de dados, o que neste caso significa classificar as vegetações aquáticas a partir de imagens orbitais sem interação alguma entre o usuário e a máquina para a coleta de amostras de treinamento. Cabe mencionar que os dados coletados nas campanhas de campo e os aerolevantamentos com drones foram fundamentais para a criação de um modelo de classificação eficiente.

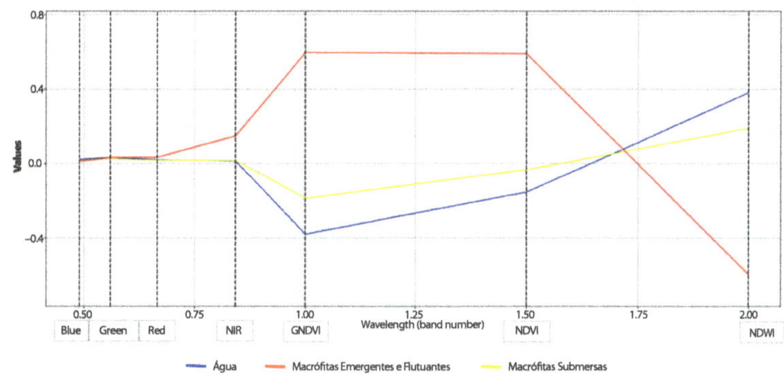

Figura 13.6 Gráfico de assinaturas espectrais das classes de interesse.

Fonte: Lactec (2018).

Assim sendo, foi desenvolvido um algoritmo na linguagem Python empregando a *Scikit-learn*, uma biblioteca gratuita e bastante recomendada em aplicações de *Machine Learning*, o que também trouxe confiabilidade e suporte para o desenvolvimento. A mesma contém múltiplos métodos de predição, sendo eleito o *RandomForestClassifier*, cujos resultados foram considerados satisfatórios nas validações com as amostras de campo e após testes realizados em diversos cenários nas imagens de satélite. De forma simplificada, o procedimento envolveu a geração de árvores de decisão que ao combinar os respectivos resultados das classificações, proporcionou encontrar a classe final (Figura 13.7).

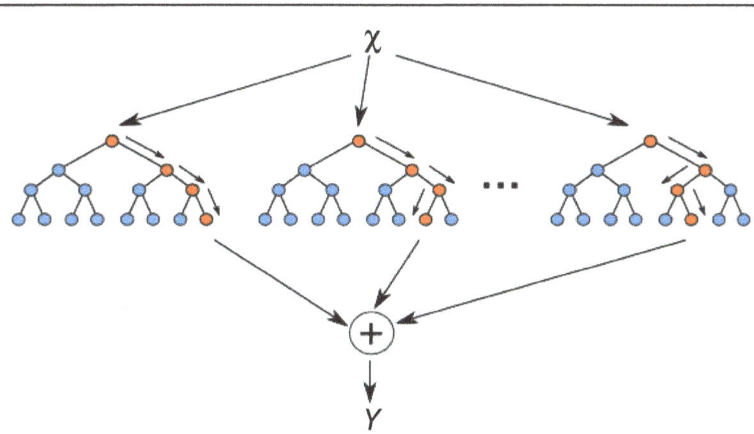

Figura 13.7 Árvores de decisão do método *RandomForestClassifier*.

Fonte: Baia (2016).

4.1 Coleta das amostras de treinamento

Para o algoritmo "aprender" e com isso fazer previsões, foram coletadas amostras de treinamento por meio de geoprocessamento ao longo de todo o reservatório da UHE Jupiá, o que envolve a seleção de feições reconhecidas na imagem. Esta operação foi estabelecida com o objetivo de guiar o encontro das amostras para a classe com separabilidade espectral semelhante, no caso: Água; Macrófitas Submersas; e Macrófitas Emergentes e Flutuantes.

Em função dos limites das cenas (*tiles*) do Sentinel-2 que compõem a área total de estudo, das diferentes respostas espectrais do corpo hídrico de acordo com o afluente e do tempo de processamento, o reservatório foi dividido em 5 (cinco) áreas distintas: Rio Tietê, Rio Paraná Sul, Rio Paraná Norte, Rio Sucuriú Sul e Rio Sucuriú Norte. Esta segmentação favoreceu o desenvolvimento de um modelo final mais consistente, minimizando as confusões entre classes, além de aumentar a sensibilidade humana de interpretar a real ocupação de macrófitas, permitindo particularizar as regiões mais críticas. A Figura 13.8 apresenta a localização das áreas e a distribuição espacial das amostras de treinamento.

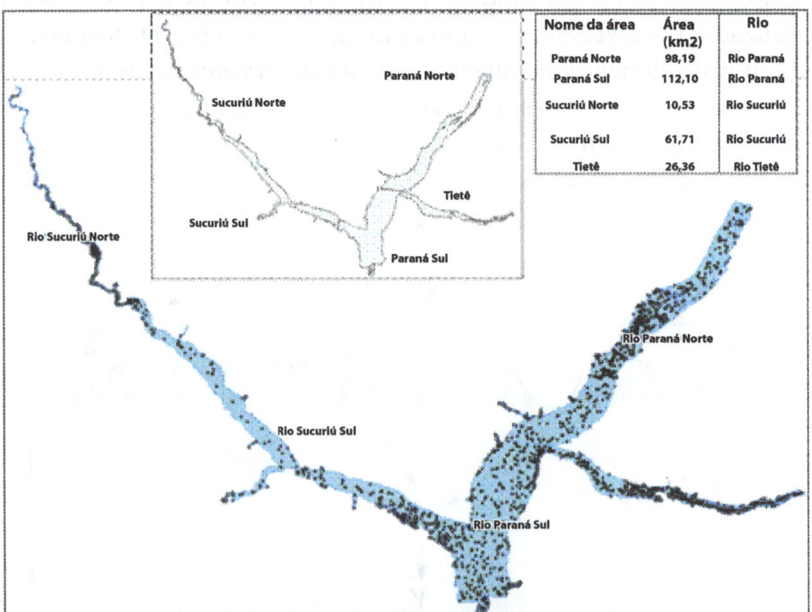

Figura 13.8 Localização das áreas e amostras de treinamento.

Fonte: Lactec (2019).

4.2 Descritores empregados no Random Forest

Os índices espectrais e as bandas mais representativas para a detecção de plantas aquáticas foram integrados para constituir uma única imagem. Em seguida, as amostras de treinamento dispõem de valores para cada banda espectral que compõe a imagem a ser classificada. Estes valores representam a respectiva classe para cada amostra coletada. Para as macrófitas emergentes e flutuantes, por exemplo, os índices espectrais possuem alta resposta, assim como as bandas do Sentinel-2 apresentam características específicas para cada uma das classes avaliadas.

Diante disso, ao total foram 14 descritores eleitos para auxiliar o algoritmo *RandomForestClassifier* na classificação das macrófitas (Tabela 13.1).

Tabela 13.1 Descritores empregados na classificação de imagem.

ID	Descritores
1	NDWI – Normalized Difference Water Index (Green-NIR)/(Green + NIR)
2	NDVI – Normalized Difference Index (NIR – Red)/(NIR + Red)
3	GNDVI – Green Normalized Difference Index (NIR – Green)/(NIR + Green)
4	GSAVI – Green Soil Adjust Vegetation Index (1,5*(NIR-Green)/(NIR + Green + 0,5)
5	FAI – Floating Algal Index (FAI = Rrc NIR – Rrc NIR'); Rrc NIR' = Rrc (Red) + (Rrc (SWIR) - Rrc (Red)) ∗ (λNIR – λRed)/(λSWIR – λRed)
6	B2 – Blue (490 nm)
7	B3 – Green (560 nm)
8	B4 – Red (665 nm)
9	B5 – Red Edge 1 (705 nm)
10	B6 – Red Edge 2 (740 nm)
11	B7 – Red Edge 3 (783 nm)
12	B8 – NIR (Near InfraRed) (842 nm)
13	B8A – Red Edge 4 (865 nm)
14	B11 – SWIR 1 (1610 nm)

4.3 Criação do modelo de identificação de macrófitas

A criação do modelo de identificação de macrófitas, realizado pelo método *RandomForestClassifier*, possui diversos parâmetros que, uma vez definidos, criam um modelo ótimo conforme cada aplicação e conjunto das amostras de treinamento. Seus processamentos podem ser resumidos com a implementação de dois algoritmos, sendo que o primeiro é responsável por criar 5 (cinco) modelos de predição correspondentes a cada uma das áreas que integram o reservatório, conforme mencionado anteriormente. Tal etapa demandou as amostras de treinamento e a técnica *GridSearchCV*, disponível na biblioteca *Scikit-learn*, a qual busca a combinação dos melhores parâmetros para a criação de um modelo ótimo respectivo a cada uma das áreas integrantes do reservatório.

Já o segundo algoritmo desenvolvido é responsável por realizar as previsões a partir dos valores oriundos de cada uma das bandas que constituem a imagem gerada na etapa do processamento, ou seja, identificar as macrófitas submersas e emergentes/flutuantes, bem como a água. Este segundo algoritmo cumpre duas etapas: (1) classificar a imagem e (2) salvar o resultado da classificação no banco de dados, juntamente com outras informações relevantes, como a área de ocupação das plantas aquáticas segmentada nas 5 regiões que integram o reservatório.

Assim, para as 5 áreas do reservatório, na primeira etapa é carregado o modelo específico da área e, em seguida, efetua-se a normalização gaussiana na cena a ser classificada. Tal processo é importante a fim de minimizar ruídos que estão presentes em imagens orbitais, muitas vezes ocasionados pelos efeitos atmosféricos. Posteriormente, ocorre a predição de valores, isto é, a classificação da imagem. O resultado é uma imagem contendo as 3 (três) classes: macrófitas submersas, emergentes/flutuantes e água, sendo esta última categoria ocultada, pois não será necessária para a visualização.

A segunda etapa consiste em converter o dado *raster* contendo as duas classes de macrófitas em vetor, com o objetivo de facilitar etapas de geoprocessamento e visualização na interface do sistema. Além disso, também são inseridas informações como data, localização, fonte da imagem e área em km^2. Em seguida, todos estes elementos são salvos no banco de dados para posterior acesso na plataforma *web*.

O fluxograma apresentado na Figura 13.9 evidencia as etapas de cada algoritmo aplicado para a classificação de macrófitas em Jupiá.

4.4 Refinamento da classificação automática de ocupação de macrófitas

Os avanços na pesquisa e resultados da série histórica apontaram a necessidade de algumas melhorias no ciclo de processamentos, tais como o refinamento na classificação automática pelo *Random Forest*. Portanto, foram coletadas 259 amostras adicionais, sendo distribuídas 128 em Água, 86 em Macrófitas Submersas e 45 em Macrófitas Emergentes e Flutuantes nas áreas denominadas Rio Paraná Norte, Rio Paraná Sul, Rio Sucuriú Sul e Rio Tietê.

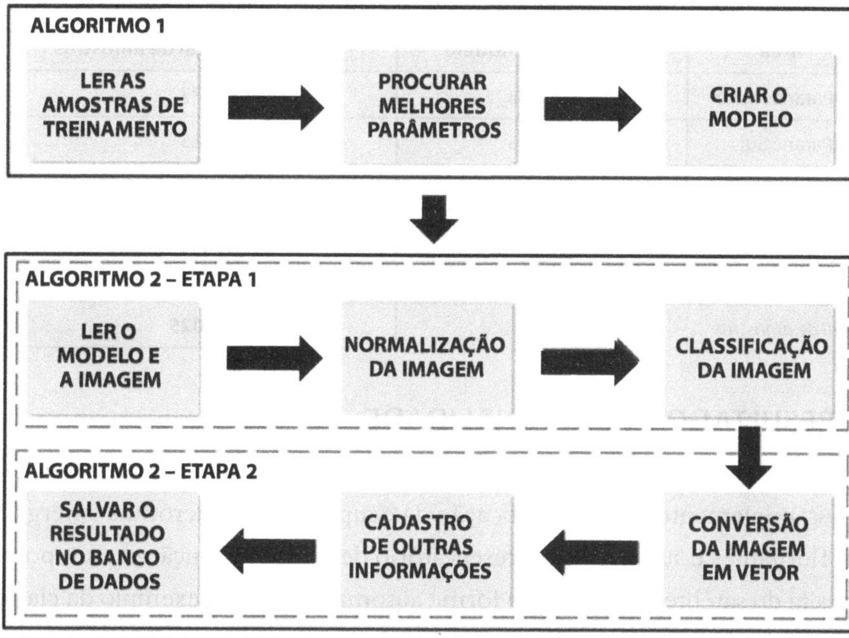

Figura 13.9 Fluxograma dos algoritmos de classificação de macrófitas.

Fonte: Lactec (2019).

Posteriormente, a técnica *GridSearchCV* utiliza uma lista de possíveis valores dos parâmetros para medir a eficiência dos modelos. Uma validação cruzada (*CrossValidation*) é então executada com as possíveis combinações dos parâmetros para que ao final do procedimento seja apresentado o melhor resultado.

No processo de validação as amostras de treinamento são divididas em várias partes ou *folds*, por exemplo: se as amostras são divididas em 5 (cinco) *folds*, 4 (quatro) são empregados no treinamento e 1 (um) para validar. Portanto, uma parcela dos *folds* é usada para validar e outra para treinar. Por fim, a média desses 5 (cinco) treinamentos compõe o resultado do modelo. Dessa forma, garante-se que todos os conjuntos de amostras são aplicados no treinamento, tal como na validação.

Inicialmente, os modelos foram gerados com *folds* igual a 5 (cinco), porém, com as novas amostras de treinamento, a partir da série histórica processada, observou-se que um aumento deste parâmetro para o valor 10 (dez) produziu a melhoria da acurácia do modelo. A Tabela 13.2 mostra esses resultados após o acréscimo das novas amostras de treinamento.

Tabela 13.2 Acurácia dos modelos após incremento de amostras de treinamento.

Área	Acurácia do modelo	Número de total de amostras
Rio Paraná Norte	96,63%	777
Rio Paraná Sul	90,31%	785
Rio Sucuriú Sul	93,29%	348
Rio Sucuriú Norte	93,29%	386
Rio Tietê	93,25%	729
Total de amostras		**3.025**

5 RESULTADO E FUNCIONALIDADE

Como principal resultado e funcionalidade alcançados com o *Random Forest*, implementou-se a classificação da ocupação das macrófitas emergentes/flutuantes e submersas no reservatório de Jupiá em função do tempo de revisita do satélite Sentinel-2 de forma automatizada. Um exemplo da classificação com o RF pode ser observado na Figura 13.10.

Figura 13.10 Exemplo de classificação através do algoritmo *Random Forest*.

Fonte: Lactec (2019).

Por sua vez, o módulo implementado na plataforma *web* do ciclo de processamentos com o algoritmo denominado *Random Forest Classification* pode ser sintetizado pela Figura 13.12.

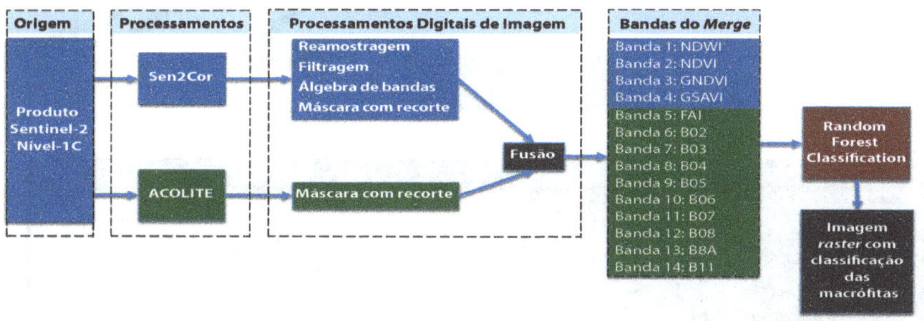

Figura 13.11 Ciclo de Processamento com *Random Forest Classification.*

Fonte: Lactec (2019).

A construção deste ciclo envolveu a codificação de fases essenciais para o processamento digital de imagens, tais como: *download* automático, aplicação de algoritmos de correção atmosférica, técnicas de reamostragem, mosaicagem, álgebra de bandas (índices espectrais), classificação temática de imagens e emprego de máscara para extração da área de interesse.

Cabe também mencionar que a qualidade média dos modelos de classificação avaliada ao longo dos estudos atingiu acima de 85% de acuracidade para situações isentas de *pixels* inválidos ocasionados pela incidência de nuvens, vapor d'água, sombra e brilho do sol. Estes resultados promissores viabilizaram a criação de uma interface GIS na plataforma *web* que exibe a ocupação das macrófitas e seus percentuais de ocupação. Um exemplo, pode ser verificado na Figura 13.12.

No produto final da presente pesquisa foi possível integrar de forma inovadora esta e outras automações em um sistema robusto com os melhores parâmetros indicadores do crescimento e desprendimento de macrófitas. Dessa forma, o sistema permite o monitoramento do reservatório, tanto no modo integrado, com a visão global de todo o reservatório, como setorizado nas 5 regiões (Rio Tietê, Rio Paraná Sul, Rio Paraná Norte, Rio Sucuriú Sul e Rio Sucuriú Norte), de modo que a problemática de ocupação excessiva possa ser tratada de forma particularizada de acordo com a região mais crítica, proporcionando interpretações, possibilitando o planejamento e a tomada de decisão mais eficiente e prevenindo, deste modo, maiores impactos à geração de energia.

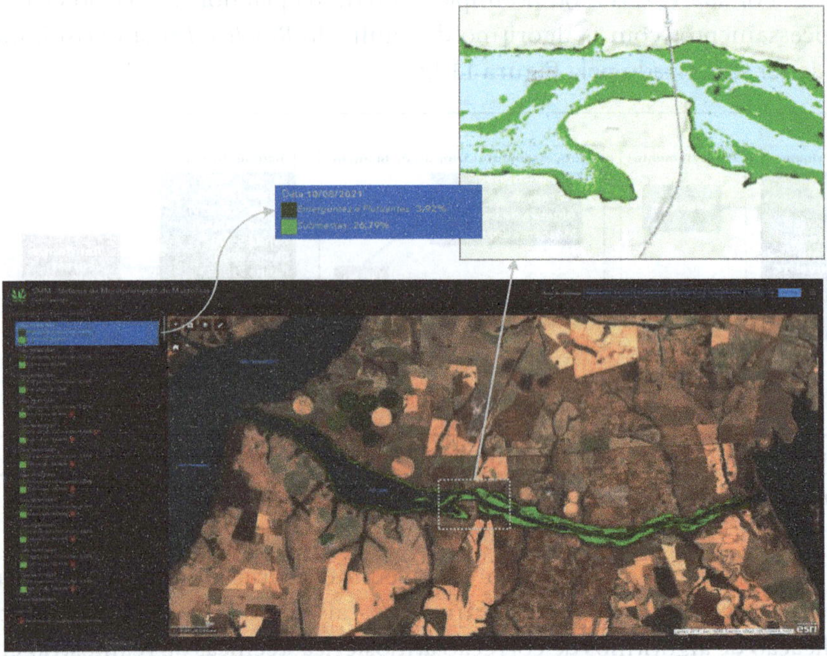

Figura 13.12 Processamento automatizado da ocupação de macrófitas no rio Tietê para cena Sentinel-2 de 10/08/2021 com o resultado disponível na plataforma *web* e detalhes.

Fonte: desenvolvida pelos autores do capítulo.

REFERÊNCIAS BIBLIOGRÁFICAS

APARICIO, C. *Análise da resposta espectral de espécies de macrófitas*. 2007. Tese (Doutorado) – Instituto de Biociências, Universidade de São Paulo, São Paulo, 2007.

BAIA, Carlos. *Decision Tree e Random Forest*. Disponível em: http://carlosbaia.com/2016/12/24/decision-tree-e-random-forest. Acesso em: abr. 2019.

BITTENCOURT, M. D.; MANTELLI, L. R. Análise espacial de parâmetros limnológicos utilizando sensoriamento remoto e geoprocessamento: dois estudos de caso. In: POMPÊO, M. et al. (Orgs.). *Ecologia de reservatórios e interfaces*. São Paulo: Instituto de Biociências da Universidade de São Paulo, 2015. p. 160-176.

INSTITUTO DE TECNOLOGIA PARA O DESENVOLVIMENTO (LACTEC). *relatório técnico final – fase II*: Etapa 1 – Instrumentação do Reservatório com Enfoque no Monitoramento em Tempo Real de Macrófitas; Atividade 1 – Definição dos locais críticos para estudo. 2020.

INSTITUTO DE TECNOLOGIA PARA O DESENVOLVIMENTO (LACTEC). *Relatório técnico final*: Etapa 2: Desenvolvimento de algoritmo para identificação de macrófitas; Atividade 3: Implementação de Sistema de PDI (Processamento Digital de Imagens). 2019.

INSTITUTO DE TECNOLOGIA PARA O DESENVOLVIMENTO (LACTEC). *Relatório técnico final*: Etapa 3: Integração com sistema de monitoramento hidrológico; Atividade 4: Desenvolvimento de algoritmos indicadores para monitoramento. 2019.

INSTITUTO DE TECNOLOGIA PARA O DESENVOLVIMENTO (LACTEC). *Relatório técnico final*: Etapa 1: Estudos iniciais; Atividade 3: Desenvolvimento de mecanismo para *download* periódico de imagens orbitais. 2018.

INSTITUTO DE TECNOLOGIA PARA O DESENVOLVIMENTO (LACTEC). *Relatório técnico parcial*: Etapa 4: Integração com GIS corporativo em ArcGIS Portal; Atividade 1: Desenvolvimento do módulo de Alertas; Atividade 2: Criação de interface GIS. 2019.

THOMAZ, S.M.; ESTEVES, F.A.; MURPHY, K.J.; SANTOS, A.M. dos; CALIMAN, A.; GUARIENTO, R.D. Aquatic Macrophytes in the Tropics: ecology of populations and communities, impacts of invasions and use by man. In: DEL CLARO, K; OLIVEIRA, P.S.; RICO-GRAY, V. (eds.) *Tropical Biology and Conservations Management – Botany*, v. IV. Unesco/Ewolss Publishers Co. Ltd., Oxford, 2009. p. 27-60.

